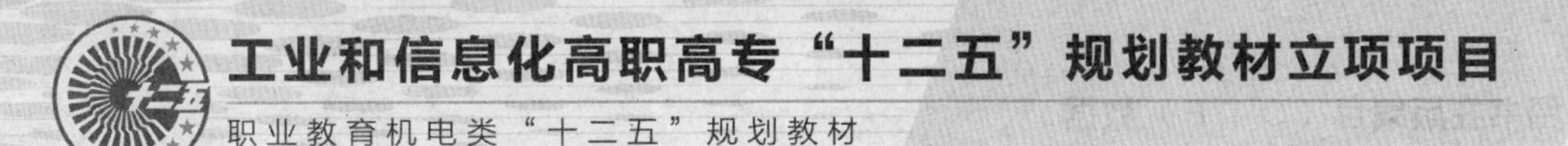

数控机床电气控制

韩志国　王同庆　主编
周树清　田涛　副主编
刘万菊　主审

人民邮电出版社
北京

图书在版编目（CIP）数据

数控机床电气控制 / 韩志国，王同庆主编. -- 北京
: 人民邮电出版社，2013.9（2016.7 重印）
职业教育机电类“十二五”规划教材
ISBN 978-7-115-32399-6

Ⅰ. ①数… Ⅱ. ①韩… ②王… Ⅲ. ①数控机床－电
气控制－职业教育－教材 Ⅳ. ①TG659

中国版本图书馆CIP数据核字(2013)第169046号

内 容 提 要

本书结合数控机床的生产管理、维修维护、改造等方面的生产实践编写，共设计 7 个教学模块，归纳和拓展了数控系统、数控机床常见低压电器、进给运动的控制、主轴的控制、可编程机床控制器（PLC）的知识，重点介绍了数控机床中常用的电器的知识和电机的知识。

本书适合作为高职高专数控设备应用与维护、数控技术、机电一体化及机电类相关专业的教材，也适合作为数控设备维修人员自学的参考书。

◆ 主　　编　韩志国　王同庆
副 主 编　周树清　田　涛
主　　审　刘万菊
责任编辑　李育民
责任印制　杨林杰

◆ 人民邮电出版社出版发行　　北京市丰台区成寿寺路 11 号
邮编　100164　　电子邮件　315@ptpress.com.cn
网址　http://www.ptpress.com.cn
北京天宇星印刷厂印刷

◆ 开本：787×1092　1/16
印张：13.75　　　　2013 年 9 月第 1 版
字数：321 千字　　　2016 年 7 月北京第 2 次印刷

定价：34.00 元

读者服务热线：(010) 81055256　印装质量热线：(010) 81055316
反盗版热线：(010) 81055315

Forward

前 言

数控机床电气控制是数控设备应用与维护专业必修的核心课程。本书依照数控设备应用与维护等专业人才培养方案涉及的相关专业培养目标对数控机床安装和调试能力的要求，以及数控机床装调维修工证书的能力要求，遵循国家职业标准和职业技能鉴定规范编写而成，目的是使职业技能型专业人才能够具备数控机床故障诊断能力和维修能力。

全书分为7个职业能力训练模块，主要内容包括数控机床系统的结构和组成、数控机床电气控制基础、数控机床进给运动的控制、数控机床主轴的控制、通用PLC指令、可编程序控制器程序和数控系统 PMC 程序。在每个职业能力训练模块中，首先介绍完成要求所需的必备条件，然后介绍相关知识。每个模块都进行详细的知识点介绍，以培养学生的数控机床安装和调试能力，培养学生分析实际问题和解决实际问题的综合能力。

本书的编写充分结合我院数控设备应用与维护专业现有实验设备，并紧密联系数控机床装调维修工国家职业资格证书所涵盖的内容，学生完成学习后，即可考取中级职业资格证书。该课程也是我院骨干校重点建设专业的核心课程，教材的编写为课程改革建设提供保障。

本课程建议学时为72～90学时。

本书由韩志国、王同庆任主编并负责总体组织策划，周树清、田涛任副主编，商丹丹、赵宏安参编，刘万菊主审。具体分工如下：韩志国编写模块六、模块七，王同庆编写模块二、模块四，周树清编写模块一，田涛编写模块五，商丹丹编写模块三，赵宏安在编写过程中提供素材，参与编写模块七的部分内容。

书中部分内容的编写参照了有关文献，恕不一一列举，谨对书后所有参考文献的作者表示感谢。在编写过程中，编者得到各方同仁的大力支持和帮助，他们对许多关键问题提出了宝贵意见，在此一并表示感谢！书中疏漏和错误之处，敬请广大读者批评指正。

编 者

2013年6月

Content
目 录

Chapter 1

模块一

数控系统的结构及组成

任务一 了解数控机床的基本知识

一、数控技术的基本概念

（1）数字控制：简称 NC（Numerical Control），是采用数字化信息实现加工自动化的控制技术。用数字化信号对机床的运动及加工过程进行控制的机床称作数控机床。

（2）NC 机床：早期的数控机床的 NC 装置是由各种逻辑元件、记忆元件组成随机逻辑电路，由硬件来实现数控功能的，称作硬件数控，用这种技术实现的数控机床称作 NC 机床。

（3）CNC 机床：现代数控系统采用微处理器或专用微机的数控（Computer Numerical Control）系统，用事先存放在存储器里的系统程序（软件）来实现逻辑控制，实现部分或全部数控功能，并通过接口与外围设备连接，这样的机床称作 CNC 机床。

二、数控机床的产生

随着科学技术的发展，机械产品的结构越来越合理，它们的性能、精度和效率日趋提高，更新换代频繁，生产类型从大批大量生产向多品种小批量生产转化。因此，对机械产品的加工相应提出了高精度、高柔性与高自动化的要求。数字控制机床就是为了解决单件、小批量，特别是复杂型面零件加工的自动化并保证质量要求而产生的。第一台数控机床是 1952 年美国 PARSONS 公司与麻省理工学院（MIT）合作研制的三坐标数控铣床，它综合应用了电子计算机、自动控制、伺服驱动、精密检测与新型机械结构等多方面的技术成果，可用于加工复杂曲面零件。

数控机床的发展先后经历了电子管（1952 年）、晶体管（1959 年）、小规模集成电路（1965 年）、大规模集成电路及小型计算机（1970 年）和微处理机或微型计算机（1974 年）等 5 代数控系统。

三、数控机床的发展趋势

（1）高速化。采用高速的 32 位以上的微处理器，可提高数控系统的分辨率并实现连续程序段的高速、高精加工。日本产的 FANUC15 系统开发出的 64 位 CPU 系统，能达到最小移动单位 0.1μm 时，最大进给速度为 100m/min。

（2）多功能化。过去的普通机床，大多只能完成某些单独的加工工艺过程，数控机床则可以完成一些复合的加工工艺，而不需要改变机床的结构。

（3）智能化。引进了自适应控制技术。自适应控制（Adaptive Control，AC）技术是能调节在加工过程中所测得的工作状态特性，且能使切削过程达到并维持最佳状态的技术。

（4）高精度化。通过减少数控系统误差、采用补偿技术可提高数控机床的加工精度。

（5）高可靠性。通过提高数控系统的硬件质量，采用模块化、标准化和通用化来提高其可靠性。

四、数控机床的加工过程

数控机床加工工件的基本过程即从零件图到加工好零件的整个过程。数控技术的创立，给机械制造业带来了革命性的变化。现在数控技术已成为制造业实现自动化、柔性化、集成化生产的基础技术，现代的 CAD/CAM、FMS 和 CIMS、AM 和 IM 等，都是建立在数控技术之上的。数控技术是提高产品质量，提高劳动生产率必不可少的物质手段；是国家战略技术和国家综合国力水平的重要标志。专家们预言：21 世纪机械制造业的竞争，实质是数控技术的竞争。图 1.1 所示为数控机床加工过程示意图。

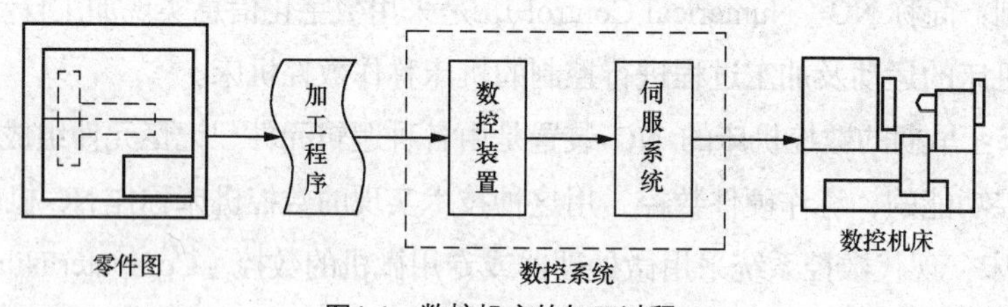

图1.1 数控机床的加工过程

任务二 掌握数控机床的基本结构及组成

一、数控机床的基本结构

数控机床一般由输入装置、数控系统、伺服系统、测量环节和机床本体（组成机床本体的各机械部件）组成，如图 1.2 所示。

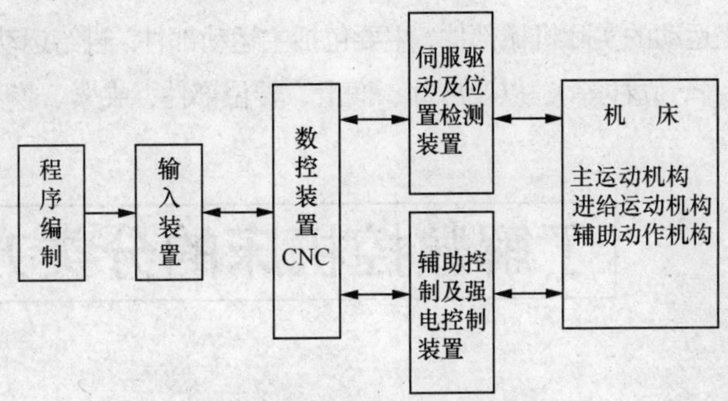

图1.2　数控机床的基本结构图

二、数控机床的组成

数控机床一般由输入装置、数控系统、伺服系统、测量环节和机床本体（组成机床本体的各机械部件）组成。

（1）程序的存储介质。人与数控机床之间建立某种联系的中间媒介物就是控制介质，又称为信息载体。常用的控制介质有穿孔带、穿孔卡、磁盘和磁带。

（2）输入输出装置（操作面板）。它是操作人员与数控装置进行信息交流的工具，通常包含按钮站、状态灯、按键阵列、显示器等。

（3）人机交互设备。数控机床在加工运行时，通常都需要操作人员对数控系统进行状态干预，对输入的加工程序进行编辑、修改和调试，同时对数控机床运行状态进行显示等，这就要求数控机床具有人机联系的功能。具有人机联系功能的设备统称为人机交互设备。常用的人机交互设备有键盘、显示器、光电阅读机等。

（4）通信。现代的数控系统除采用输入输出设备进行信息交换外，一般还具有用通信方式进行信息交换的能力。它们是实现 CAD/CAM 的集成、FMS 和 CIMS 的基本技术。通信采用的方式有以下 3 种。

① 串行通信（RS-232、RS-485 等串口）；

② 自动控制专用接口和规范（DNC 方式、MAP 协议等）；

③ 网络技术（Internet、LAN 等）。

DNC 是 Direct Numerical Control 或 Distributed Numerical Control 的缩写，意为直接数字控制或分布数字控制。

（5）数控装置是数控机床的核心，它接收脉冲信号，经过译码、运算和逻辑处理后，将指令信息输出给伺服系统，使设备按规定的动作运行。

（6）伺服装置是数控机床执行机构的驱动部件，作用是把来自数控装置的脉冲信号转换成机床执行部件的运动。

（7）检测反馈装置的作用是对机床的实际运动速度、方向、位移量以及加工状态加以检测并将结果反馈给数控装置，计算出与指令位移之间的偏差并发出纠正误差指令。

（8）机床主体是加工运动的实际机械部件，主要包括主运动部件、进给运动执行部件（如加工作台、刀架）、支承部件（如床身、立柱等），以及冷却、润滑、转位部件，夹紧、换刀机械手等辅助装置。

了解数控机床的分类方法

一、按工业用途分类

数控机床按工业用途可分为如下17类。

（1）数控车床（NC Lathe）。用于加工各种轴类、套筒类和盘类零件上的回转表面，如内外圆柱面、圆锥面、成型回转表面及螺纹面等。

（2）数控铣床（NC Milling Machine）。适合于各种箱体类和板类零件的加工，除对工件进行型面的铣削加工外，也可以对工件进行钻、扩、铰、锪、镗以及攻螺纹等加工。

（3）数控钻床（NC Drilling Machine）。数控钻床主要用于钻孔、扩孔、铰孔、攻丝等。在汽车、机车、造船、航空航天、工程机械等行业有广泛应用。在超长型叠板、纵梁、结构钢、管型件等多孔系的各类大型零件的钻孔加工中有出色表现。

（4）数控镗床（NC Boring Machine）。这是用镗刀对工件已有的预制孔进行镗削的机床。通常，镗刀旋转为主运动，镗刀或工件的移动为进给运动。它主要用于加工高精度孔或一次定位完成多个孔的精加工，此外还可以从事与孔精加工有关的其他加工面的加工。使用不同的刀具和附件还可进行钻削、铣削，它的加工精度和表面质量要高于钻床。镗床是大型箱体零件加工的主要设备。

（5）数控齿轮加工机床（NC Gearing Holding Machine）。数控齿轮加工机床是用数字控制技术加工各种圆柱齿轮、锥齿轮和其他带齿零件齿部的机床。

（6）数控平面磨床（NC Surface Grinding Machine）。平面磨床主要是用砂轮周边磨削，加工大型短宽工件的平面。磨削时工件可直接固定在工作台面上或电磁吸盘上。

（7）数控外圆磨床（NC External Cylindrical Grinding Machine）。数控外圆磨床是按加工要求预先编制程序，由控制系统发出指令进行加工，主要用于磨削圆柱形和圆锥形的外表面。

（8）数控轮廓磨床（NC Contour Grinding Machine）。轮廓控制数控机床能够对两个或两个以上运动的位移及速度进行连续相关的控制，使合成的平面或空间的运动轨迹能满足零件轮廓的要求。它不仅能控制机床移动部件的起点与终点坐标，而且能控制整个加工轮廓每一点的速度和位移，将工件加工成要求的轮廓形状。数控轮廓磨床就是典型的轮廓控制数控机床。

（9）数控工具磨床（NC Tool Grinding Machine）。数控工具磨床用来加工立铣刀、球头铣刀、阶梯钻、铰刀、成形铣刀、深孔钻、三角凿刀和牛头刨刀具等，能刃磨金属切削刀具的刃口和沟槽及一般中、小型零件的外圆、平面和复杂形面，最大磨削工件直径为250mm。

（10）数控坐标磨床（NC Jig Grinding Machine）。数控坐标磨床是具有最高磨削性能的精密万能外圆磨床，可以利用直线和圆弧逼近的方法，对淬火后的、具有任意曲线的平面图形的样板、模具型腔和冲头等零件进行加工。

（11）数控电火花加工机床（NC Dieseling Electric Discharge Machine）。数控电火花加工机床是采用电火花原理进行数控加工的机床。电火花加工的原理是在极短的时间内击穿工作介质，在工具电极和工件之间进行脉冲性火花放电，通过热能熔化、汽化工具材料来去除工件上多余的金属。电火花加工是在液体介质中进行的，机床的自动进给调节装置使工件和工具电极之间保持适当的放电间隙，当在工具电极和工件之间施加很强的脉冲电压（达到间隙中介质的击穿电压）时，会击穿介质绝缘强度的最低处，由于放电区域很小、放电时间极短，所以，能量高度集中，使放电区的温度瞬时高达10000℃～12000℃，工件表面和工具电极表面的金属被局部熔化，甚至汽化蒸发。局部熔化和汽化的金属在爆炸力的作用下被抛入工作液中，并被冷却为金属小颗粒，然后被工作液迅速冲离工作区，从而使工件表面形成一个微小的凹坑。一次放电后，介质的绝缘强度恢复，等待下一次放电。如此反复使工件表面不断被蚀除，并在工件上复制出工具电极的形状，从而达到成型加工的目的。

（12）数控线切割机床（NC Wire Discharge Machine）。它的基本工作原理是用连续移动的细金属丝（称为电极丝）作电极，对工件进行脉冲火花放电，蚀除金属、切割成型。

（13）数控激光加工机床（NC Laser Beam Machine）。数控激光加工机床是激光束高亮度（高功率）、高方向性特性的一种技术应用。其基本原理是把具有足够功率（或能量）的激光束聚焦（焦点光斑直径可小于0.01mm）后，照射到材料适当的部位，材料接受激光照射能量后，在10～11s内便开始将光能转变为热能，被照部位迅速升温。根据不同的光照参量，材料可以发生汽化、熔化、金相组织变化以及产生相当大的热应力，从而达到工件材料被去除、连接、改性和分离等加工的目的。

（14）数控冲床（NC Punching Press）。数控冲床是数字控制冲床的简称，是一种装有程序控制系统的自动化机床。该控制系统能够逻辑地处理具有控制编码或其他符号指令规定的程序，并将其译码，从而使冲床动作并加工零件。

（15）加工中心（Machine Center）。它是把铣削、镗削、钻削、攻螺纹和切削螺纹等功能集中在一台设备上，工件一次装夹后能完成较多的加工步骤的数控机床。由于加工中心配有刀塔和自动换刀控制系统，所以，它的加工效率和加工精度都很高。

（16）数控超声波加工机床（NC Ultrasonic Machine）。它是利用超声波技术与数字化控制相结合的数控加工机床。如数控超声波清洗器，可用于工矿企业、大专院校、科研单位的高精度的清洗、脱气、消泡、乳化、混匀、置换、提取、粉料粉碎及细胞粉碎等。

（17）三坐标测量机（Coordinate Measuring Machine，CMM）是指在一个六面体的空间范围内，能够表现几何形状、长度及圆周分度等测量能力的仪器，又称为三坐标测量仪或三次元。

二、按运动方式分类

数控机床按运动方式可分为点位控制系统、直线控制系统和连续轮廓控制系统。

（1）点位控制（Positioning Control）系统。只控制刀具从一点到另一点的位置，而不控制移动速度和轨迹，在移动过程中刀具不进行切削加工。点与点之间的移动轨迹、速度和路线决定了生产率的高低。为了提高加工效率，保证定位精度，系统采用“快速趋近，减速定位”的方法实现控制。常见的有数控钻床、数控测量机等。图 1.3 所示为点位加工示意图。三种加工走刀路线如图 1.4 所示。

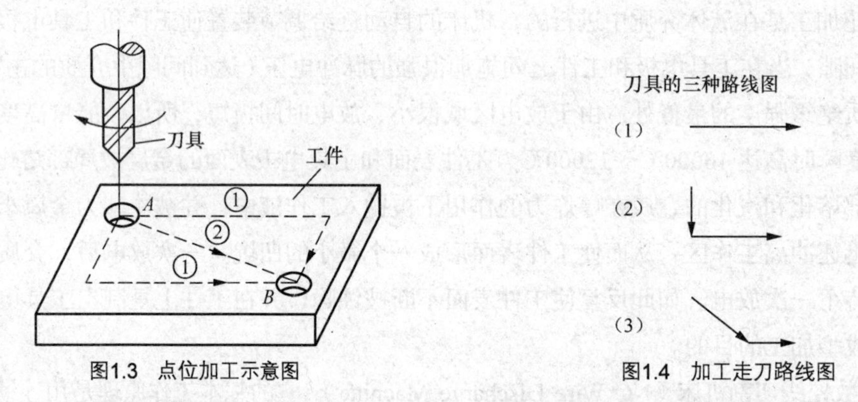

图1.3　点位加工示意图　　　图1.4　加工走刀路线图

（2）直线控制（Straight-line Control）系统。控制刀具或机床工作台以给定的速度，沿平行于某一坐标轴的方向，由一个位置到另一个位置精确移动，并且在移动过程中进行直线切削加工。直线控制系统不仅要求具有准确的定位功能，而且要控制两点之间刀具移动的轨迹是一条直线，且在移动过程中刀具能以给定的进给速度进行切削加工。直线控制系统的刀具运动轨迹一般是平行于各坐标轴的直线；特殊情况下，如果同时驱动两套运动部件，其合成运动的轨迹是与坐标轴成一定夹角的斜线。常见的有数控车床、数控镗床等。图 1.5 所示为直线控制系统的加工路线图。

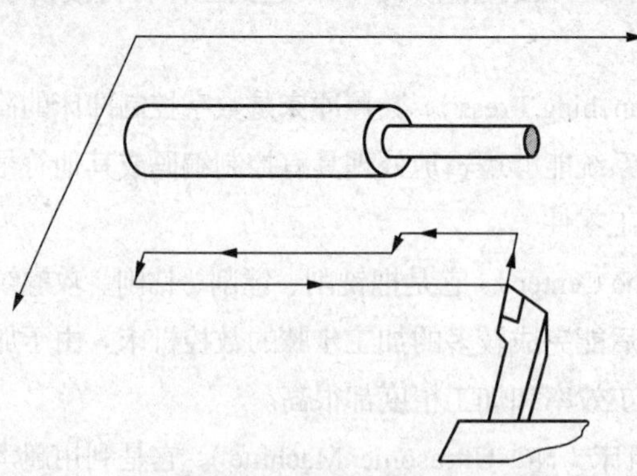

图1.5　直线控制系统的加工路线图

（3）连续轮廓控制数控机床。轮廓控制系统能同时控制两个或两个以上的坐标轴，需要进行复杂的插补运算，即根据给定的运动代码指令和进给速度，计算出相对工件的运动轨迹，实现连续控制。这类数控机床有数控车床、数控铣床、数控线切割机床、数控加工中心等。图 1.6 所示为数控线切割机床加工示意图。

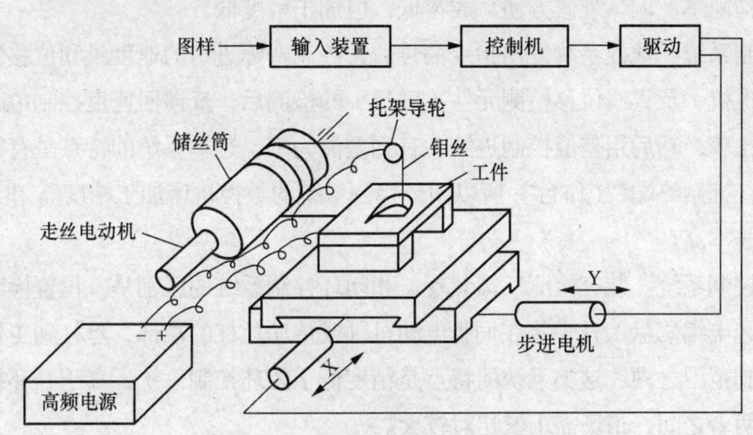

图1.6　数控线切割机床加工示意图

三、按工艺用途分类

按工艺用途可分为普通数控机床、数控加工中心、多坐标数控机床和特种加工数控机床。

（1）普通数控机床。工艺性能与传统的通用机床相似，包括数控车床（增加加工空间圆弧面）、数控铣床（增加加工空间曲面）、数控刨床、数控镗床、数控钻床、数控磨床等。

（2）数控加工中心。又称多工序数控机床，是带有刀塔和刀具自动交换装置的数控铣床。工件一次装夹后，能实现多种工艺、多道工序的集中加工，减少了装卸工件、调整刀具及测量的辅助时间，提高了生产效率，减少了工件因多次安装而带来的误差。

（3）多坐标数控机床。能实现 3 个或 3 个以上的坐标轴联动的数控机床称为多坐标数控机床，它能加工形状复杂的零件。常见的多坐标数控机床能实现联动的坐标轴数一般为 4～6 个。坐标数是指数控机床能进行数字控制的坐标轴数。注意，行业术语中的两坐标加工或三坐标加工是指数控机床能实现联动的坐标轴。

（4）特种加工数控机床。利用电脉冲、激光和高压水流等非传统手段进行加工的数控机床，如数控电火花、数控线切割机床和数控激光切割机床等。

四、按功能水平的高低分类

数控机床按功能水平可分为经济型数控机床、标准型数控机床和多功能高档数控机床。

五、按伺服系统分类

数控机床按伺服系统可分为开环控制系统、闭环控制系统、半闭环控制系统和混合型控制系统。

（1）开环控制系统。数控装置发出的指令信号经驱动电路放大后，驱动步进电动机旋转一定的角度，再经过传动部件，如螺杆螺母机构（把旋转运动转化为直线位移的机构），带着工作台移动。

它的指令信号发出后，控制移动部件到达的实际位置值没有反馈，即没有反馈检测装置。这类系统的特点是机床结构简单、调试维修方便、成本低，但加工精度低。

（2）闭环控制系统。数控系统发出指令信号后，控制实际进给的速度量和位移量，经过速度检测元件（测速发电机）及直线位移检测元件（磁尺）的检测后，反馈回速度控制电路和位置比较电路与指令值进行比较，然后用差值控制进给，直到差值为零。这类系统的特点是有检测反馈装置，且位置检测装置在控制终端（工作台），所以闭环控制系统的数控机床加工精度高，但它的结构复杂、调试维修困难、成本高。

（3）半闭环控制系统。装有检测反馈装置，和闭环控制系统的区别是，位置检测装置采用角位移检测元件 B（光电编码盘）且安装在伺服电动机轴或传动丝杠的端部，丝杠到工作台之间的传动误差不在反馈控制范围之内。这类系统的特点是精度低于闭环控制系统，高于开环控制系统，调试和维修难度介于两者之间，市场需求量相对较大。

（4）混合型控制系统。将开环、闭环、半闭环控制系统的优点有选择地组合起来，就构成了混合型控制系统，它特别适合用于精度要求高、进给速度快的大型数控机床。

认识伺服系统

“伺服”一词源于希腊语，是“奴隶”的意思。人们想把“伺服机构”当个得心应手的驯服工具，服从控制信号的要求而动作。在信号来到之前，转子静止不动；信号来到之后，转子立即转动；当信号消失，转子能即时自行停转。由于它的“伺服”性能，因此而得名——伺服系统。

1. 伺服系统的定义

伺服系统是使物体的位置、方位、状态等输出被控量能够跟随输入目标值（或给定值）任意变化的自动控制系统。

伺服系统的主要任务是按控制命令的要求，对功率进行放大、变换与调控等处理，使驱动装置输出的力矩、速度和位置控制得非常灵活方便。

2. 伺服系统的组成

伺服系统是具有反馈的闭环自动控制系统。它由位置检测部分、误差放大部分、执行部分及被控对象组成。

3. 伺服系统的性能要求

伺服系统必须具备可控性好、稳定性高和快速响应性强等基本性能。可控性好是指信号消失以后，系统能立即自行停转；稳定性高是指系统的转速随转矩增加而均匀下降；快速响应性强是指系统的反应快，灵敏。

4. 伺服系统的种类

按伺服驱动机的种类来分，有电气式、油压式和电气-油压式 3 种。

按伺服系统的功能来分，有计量伺服和功率伺服系统，模拟伺服和功率伺服系统，位置伺服和加速度伺服系统等。

电气式伺服系统根据电气信号可分为 DC 直流伺服系统和 AC 交流伺服系统两大类。AC 交流伺服系统又可分为异步电动机伺服系统和同步电动机伺服系统两种。

任务五　了解数控机床的坐标系

数控机床的坐标系是为了确定工件在机床中的位置，机床运动部件的特殊位置及运动范围而建立的几何坐标系。建立机床坐标系，可以确定机床位置关系，获得所需的相关数据。现代数控机床均可设置多个工件坐标系，在加工时通过指令进行转换。

一、机床原点与机床坐标系

1. 机床原点

（1）定义。机床原点也称机床坐标系的零点 M，是确定数控机床坐标系的零点以及其他坐标系和机床参考点（或基准点）的出发点。也就是说，数控机床坐标系是由生产厂家事先确定的，可在机床用户使用说明书（手册）中查到。这个原点是在机床调试完成后便确定了的，是机床上固有的一个基准点。可用回零方式建立机床原点。

（2）机床原点的建立过程实质上是机床坐标系的建立过程。

（3）数控车床的机床坐标零点多在主轴法兰盘接触面的中心（即株洲前端的中心）上。主轴为 *Z* 轴，株洲法兰盘接触面的水平面为 *X* 轴。+*X* 轴和 + *Z* 轴的方向指向加工空间。

（4）数控铣床的机床零点因生产厂家而异，如有的数控铣床的机床坐标零点在左前方，*X* 轴、*Y* 轴的正方向对着加工区，刀具在 *Z* 轴负方向移动接近工件。

2. 机床参考点

参考点是用来对测量系统定标，用以校正、监督工作台和刀具运动的。它是由机床制造厂家定义的一个点 *R*，点 *R* 和点 *M* 的坐标关系是固定的，其位置参数存放在数控系统中。当数控系统启动时，都要执行返回参考点 *R*，由此建立各种坐标系。参考点 *R* 的位置是在每个轴上用挡块和限位开关精确地预先确定好的，多位于加工区域的边缘。

3. 机床坐标系

以机床原点为坐标系原点的坐标系是机床固有的坐标系，具有唯一性。机床坐标系是数控机床中所建立的工件坐标系的参考坐标系。

机床坐标系一般不作为编程坐标系，仅作为工件坐标系的参考坐标系。

二、工件原点与工件坐标系

（1）工件原点。为编程方便在零件、工件夹具上选定的某一点或与之相关的点。该点也可以与对刀点重合。

（2）工件坐标系。以工件原点为零点建立的一个坐标系。编程时，所有的尺寸都基于此坐标系计算。

（3）工件原点偏置。使用夹具将工件安装在机床上后，工件原点与机床原点间的距离。

熟悉并掌握数控系统的组成和功能

一、数控系统的总体结构

数控系统的总体结构，主要分 3 部分，即电源系统、控制系统和独立单元。

1. 电源系统

数控机床的控制电源是数控系统硬件的重要组成部分，也是在维修中常常出现问题的部分。数控机床的电源系统有交流与直流两个部分。

（1）交流电源。为控制系统提供能源的器件，也是为伺服驱动提供能源的器件。交流电源上有各种保护及切换装置，如短路、隔离及失压保护。这个交流电源向伺服系统供电时，一定要注意有晶闸管器件的装置的供电相序，一旦程序接错，晶闸管器件就失去了同步的关系，从而造成故障。

（2）直流电源。直流电源作控制用多为开关稳压电源。

① 开关稳压电源有 + 5V、+ 24V、±15V 等电压，各设备的电压情况不尽相同，如 CRT 上的供电电压有的是直流 24V，有的是交流 110V 或 220V，所以，要尽可能地看好各端子供电电压的要求。电源非常重要，一旦出错会造成不可弥补的损失。对伺服系统供电的直流电压，大多数是经伺服变压器及整流装置获得的。

② 电池电源。由于数控装置中的有些信息要在机床断电情况下进行保持，因此有一部分 RAM 需用电池来进行数据保持，这些电池多数是锂电池，寿命长，但电量小。这部分电池也可用普通电

池经二极管降压达到所需电压值来代替，但一定要注意寿命。电池必须在通电情况下进行更换，否则数据就会丢失，这一点与常规习惯不同，更换时要注意不产生短路现象。在电源系统中，还有一个关键的装置，就是控制电压的稳压设备。

2. 控制系统

这里所指的控制系统是指数控装置中信号产生、处理、传输及执行过程中的所有单元及各单元的联系手段。

对于数控系统来说，弄清它的主要电气原理，把一个复杂系统大体情况分成各种各样的功能，然后对每一个功能的输入、输出信号进行分析，找出各功能框在总体中的地位以及各功能框之间的联系，会对机床的维护和维修提供很大方便。例如，一个旋转刀塔驱动系统有了问题，首先要分析故障的可能性，测量驱动板的各部件电压，缩小范围，进行测绘，再分析其工作原理及故障的原因。

PLC 综合信号来自于 NC、外围各种开关信号以及各种逻辑处理器的输出信号。PLC 的输出信号用以控制电磁阀、继电器、各种指示器及电动机，并把有关状态反馈给 NC。PLC 是一个具有相对独立性的独立单元，维修相对方便。

3. 独立单元

独立单元是指能够以简单的适配关系与系统中其他部分结合在一起的部分，如 NC 系统、外接 PLC、伺服单元、电动机、转速传感器、光栅系统、脉冲编码器、纸带阅读机、操作面板等。对于一个独立单元，应了解它的电源连接，所有输入输出信号线的功能，信号的类型、性质和机床运行中各种状态变化的情况，即掌握其“接口”。就伺服单元而言，有电源、速度反馈线、设定线、允许信号线、准备完成应答信号线等。

二、数控系统的组成及功能

1. 数控系统的组成

数控系统（CNC 系统）是在存储器内装有可以实现部分或全部数控功能软件的专用计算机，并配有接口电路和伺服驱动装置的系统。它由加工程序、输入输出设备、计算机数控装置、可编程控制器（PLC）、主轴控制单元及进给驱动装置等组成。

数控系统（CNC 系统）的结构如图 1.7 所示。

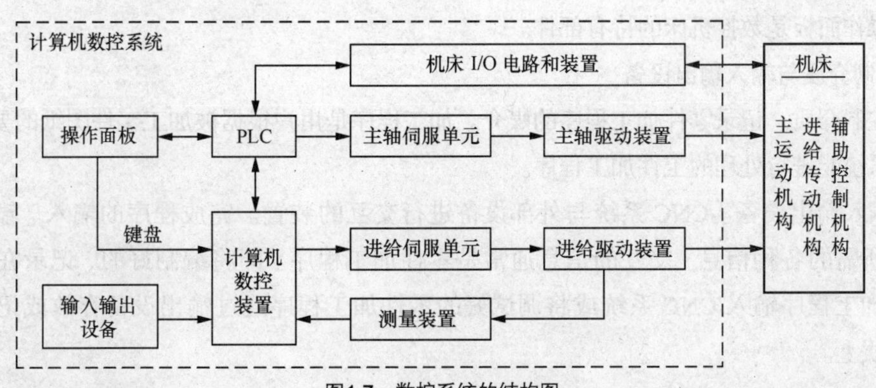

图1.7　数控系统的结构图

（1）加工程序。是用户根据被加工工件图纸的要求而编制的、数控系统能进行处理的工件加工程序。

（2）输入输出设备。能完成程序编辑、程序和数据输入、显示及打印等功能的设备。

（3）计算机数控装置。是指能根据输入的信息进行数值计算、逻辑判断、轨迹插补和输入输出控制的装置，它是数控系统的核心部分。

（4）可编程控制器（PLC）。是实现换刀、主轴启动（停止）以及变速、零件装卸等辅助功能控制和处理的专用微机。

（5）主轴控制单元。是由变频器对交流电动机实现主轴的无级变速及通过可编程控制器实现主轴定向停止的功能模块。

（6）进给驱动装置。把数控装置处理的加工程序信息，经过数字信号向模拟信号转化后，使位置控制部分驱动进给轴，按要求的坐标位置和进给速度进行控制。它分为位置控制和速度控制两个单元，数控机床对它的要求很高，因为它直接关系到加工质量的高低。

2. 数控系统的功能

数控系统有以下 6 种功能。

（1）多坐标控制（多轴联动）。

（2）准备功能（G 功能）。

（3）实现多种函数（直线、圆弧、抛物线等）的插补。

（4）代码转换（EIA/ISO 代码转换、英制/公制转换、绝对值/增量值转换等）。

（5）固定循环加工。

（6）指定进给速度。

三、数控系统设备及装置介绍

数控系统中使用的设备及数控装置包括：微控制系统（CNC 装置）及其相应的 I/O 设备、外部设备，机床控制装置及其 I/O 通道、通信装置、操作面板等。

1. 操作面板

（1）操作面板是操作人员与数控装置进行信息交流的工具。

（2）操作面板由按钮站、状态灯、按键阵列（功能与计算机键盘一样）和显示器等组成。

（3）操作面板是数控机床的特有部件。

2. 控制介质与输入输出设备

（1）控制介质。记录零件加工程序的媒介。加工程序是用户根据被加工工件图纸的要求而编制的、数控系统能进行处理的工件加工程序。

（2）输入输出设备。CNC 系统与外部设备进行交互的装置。完成程序的输入、输出，传递人机界面所需的各种信息。交互的信息通常是零件加工程序。即将编制好的、记录在控制介质上的零件加工程序输入 CNC 系统或将调试好的零件加工程序通过输出设备存放或记录在相应的控制介质上。

（3）数控机床常用的控制介质和输入输出设备见表 1.1。

表 1.1　　数控机床常用的控制介质和输入输出设备

控 制 介 质	输 入 设 备	输 入 设 备
穿孔纸带	纸带阅读机	纸带穿孔机
磁带	磁带机或录音机	
磁盘	磁盘驱动器	

3. 通信装置

现代的数控系统除采用输入输出设备进行信息交换外，一般还具有用通信方式进行信息交换的能力。它们是实现 CAD/CAM 的集成、FMS 和 CIMS 的基本技术。采用的方式有。

（1）串行通信（RS-232、RS-485 等串口）。

（2）自动控制专用接口和规范（DNC 方式、MAP 协议等）。

（3）网络技术（Internet，LAN 等）。

4. 微控制系统 CNC 装置（CNC 单元）

数控机床的核心是数控系统，数控系统的核心是微机数控系统（就是几张电路板放在一个盒子里），微机控制的核心是中央处理器（通称 CPU）。

（1）CNC 装置由硬件和软件两部分组成。

① 硬件组成。包括计算机系统（CPU、存储器、输入输出接口）、数控机床专用的总线、位置控制器、PLC 接口板、通信接口板、纸带阅读机接口、手动数据输入接口和 CRT 显示器接口、特殊功能模块以及相应的控制软件等。

② 软件组成。实现部分或全部数控功能的专用系统软件，对用户输入的加工信息进行自动处理，并对机床发出各种控制命令，或执行显示、I/O 处理等功能的部分。系统软件包括控制软件和管理软件，控制软件负责译码、刀具补偿、插补运算、速度控制和位置控制等；管理软件负责加工信息（数据）的输入和输出、人机对话显示及诊断等任务。

（2）CNC 装置的作用。根据输入的零件加工程序进行相应的处理（如运动轨迹处理、机床输入输出处理等），然后输出控制命令到相应的执行部件（伺服单元、驱动装置和 PLC 等），所有这些工作是由 CNC 装置内硬件和软件协调配合、合理组织而完成的。CNC 装置是 CNC 系统的核心。

5. 可编程控制器（简称 PLC）

可编程控制器（PLC）是用来实现辅助化控制的，是实现换刀、润滑、冷却、主轴启动（停止）以及变速、零件装卸等辅助功能（M、S、T）控制和处理的专用微机。使用 PLC 的目的是让微机系统把全部精力用在对零件加工的高精度控制上，不要为其他辅助的“后勤”琐事分散精力。PLC 按配置方式分内装型和外置型。现在较高档次的 PLC 都采用内装型。

6. 伺服单元、驱动装置和测量装置

（1）进给伺服控制装置。数控机床对进给轴的控制要求很高，它直接关系着机床位置、控制精度。进给伺服系统一般由速度控制与位置控制两个环节组成，它把数控装置处理的加工程序信息，

经过数字信号向模拟信号转化后，使位置控制部分驱动进给轴按要求的坐标位置和进给速度进行控制，数控机床对它的要求很高，因为它直接关系到加工质量的好坏。

（2）主轴控制装置。由变频器对交流电动机实现主轴的无级变速及通过可编程控制器实现主轴定向停止的功能模块组成。它的主要任务是控制主轴转速和主轴定位。主轴电动机有交流伺服电动机和交流变频电动机，所以相应的驱动装置也分为数字式交流伺服控制和变频调速控制。

（3）测量装置。完成主轴和进给的位置测量。检测装置有光电编码器、光栅尺等。

数控机床中的测量装置显示了数控机床中反馈系统的工作。反馈系统的作用是通过测量装置将机床移动的实际位置、速度参数检测出来，转换成电信号，并反馈到CNC装置中，使CNC能随时判断机床的实际位置、速度是否与指令一致，并发出相应指令，纠正所产生的误差。

机械手中的控制电动机与测量装置安装在数控机床的工作台或丝杠上。按有无检测装置，CNC系统可分为开环和闭环系统；按测量装置安装的位置不同可分为闭环与半闭环数控系统。开环控制系统没有测量装置，控制精度取决于步进电动机和丝杠的精度；闭环数控系统的精度取决于测量装置的精度。因此，检测装置是高性能数控机床的重要组成部分。

7. 机床电气控制

机床电气控制包括两个方面，一是PLC（可编程的逻辑控制器），用于完成与逻辑运算有关顺序动作的I/O控制；二是机床I/O电路和装置，以及用来实现I/O控制的执行部件，由继电器、电磁阀、行程开关、接触器等组成。

8. 机床本体

数控机床的机械部件包括主运动部件，进给运动执行部件，如工作台、滑板及其传动部件，床身、立柱等支承部件，此外，还有冷却、润滑、转位和夹紧等辅助装置。对于加工中心类的数控机床，还有存放刀具的刀塔，交换刀具的机械手等部件。数控机床是高精度和高生产率的自动化加工机床，与普通机床相比，它应具有更好的抗震性和刚度，要求相对运动面的摩擦因数要小，进给传动部分之间的间隙要小。所以其设计要求比通用机床更严格，加工制造要求精密，并采用加强刚性、减小热变形、提高精度的设计措施。辅助控制装置包括刀塔的转位换刀、液压泵、冷却泵等控制接口电路。

了解数控加工工艺系统的组成

机械加工中，由机床、夹具、刀具和工件等组成的统一体，称为工艺系统。数控加工工艺系统是由数控机床、夹具、刀具和工件等组成的。

（1）数控机床。采用数控技术，或者说装备了数控系统的机床，称为数控机床。它是一种技术密集度和自动化程度都比较高的机电一体化加工装备。数控机床是实现数控加工的主体。

（2）夹具。在机械制造中，用以装夹工件（和引导刀具）的装置统称为夹具。在机械制造工厂，夹具的使用十分广泛，从毛坯制造到产品装配以及检测的各个生产环节，都有许多不同种类的夹具。夹具是实现数控加工的纽带。

（3）刀具。金属切削刀具是现代机械加工中的重要工具。无论是普通机床还是数控机床都必须依靠刀具才能完成切削工作。刀具是实现数控加工的桥梁。

（4）工件。工件是数控加工的对象。

熟悉数控系统的分类

一、按数控装置类型分类

按照数控装置内部逻辑电路元件的不同，可以将数控系统分为硬件数控系统和计算机数控系统两大类。

二、按控制方式分类

按照数控装置的控制方式不同，可以将数据系统分为开环控制型数控系统、全闭环控制型数控系统、半闭环控制型数控系统和混合控制型数控系统。

（1）开环控制型数控系统。开环控制型数控系统不带检测装置，也无反馈电路，以步进电动机驱动，如图 1.8 所示。

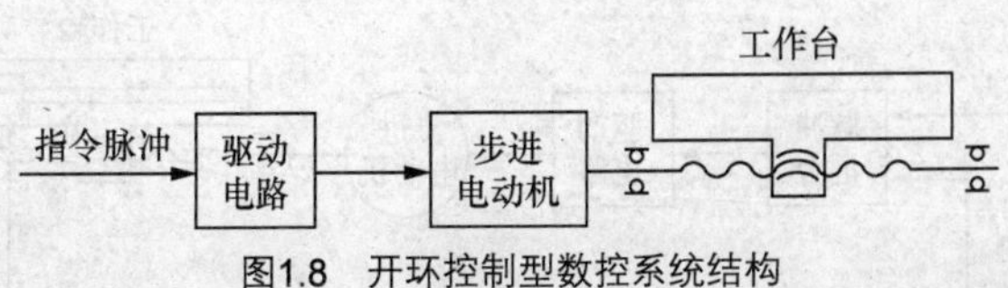

图1.8　开环控制型数控系统结构

（2）全闭环控制型数控系统。全闭环控制型数控系统带有位置检测反馈装置，以直流或交流伺服电动机驱动，位置检测元件安装在机床工作台上，用以检测机床工作台的实际位移（直线位移），并将其与 CNC 装置计算出的指令位置（或位移）相比较，用差值进行控制，其结构如图 1.9 所示。

（3）半闭环控制型数控系统。为了克服全闭环控制的缺点，可将位置检测元件安装在电动机轴端或丝杠轴端，通过角位移的测量间接计算出机床工作台的实际运行位置（直线位移），并将其与CNC装置计算出的指令位置（或位移）相比较，用差值进行控制，构成半闭环，其结构如图1.10所示。

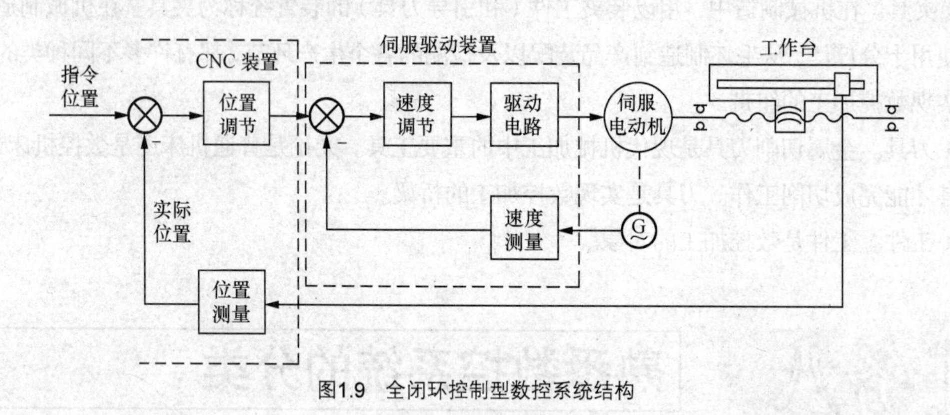

图1.9 全闭环控制型数控系统结构

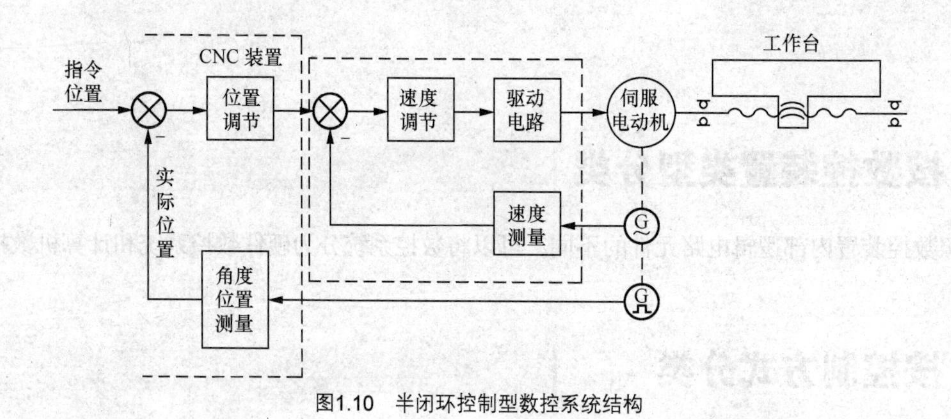

图1.10 半闭环控制型数控系统结构

（4）混合控制型数控系统。这类数控系统混合应用了开环、全闭环和半闭环等控制方式，常见的有如下两种。

① 开环补偿型数控系统，其结构如图1.11所示。

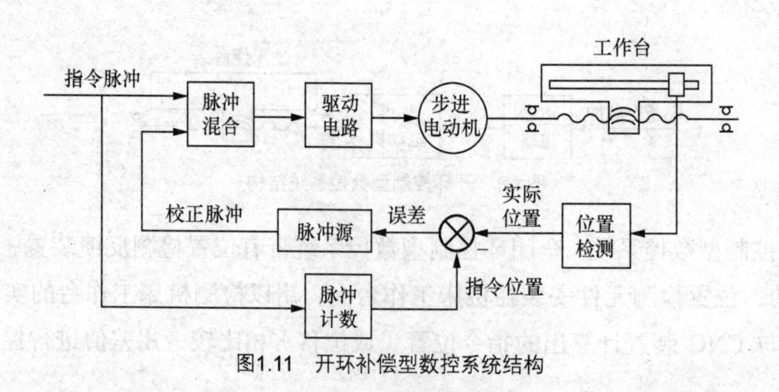

图1.11 开环补偿型数控系统结构

② 半闭环补偿型数控系统，其结构如图1.12所示

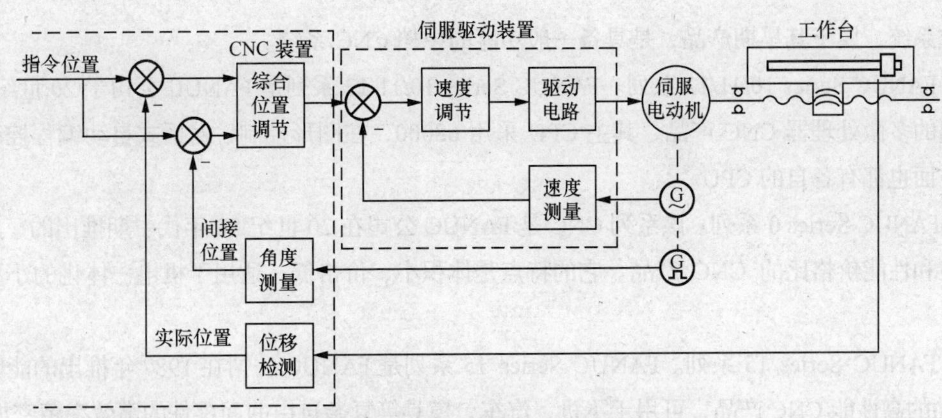

图1.12　半闭环补偿型数控系统结构

三、按照功能水平分类

按照功能水平，可以将数控系统分为低（经济型）、中、高三档。这种分类方法的界线是相对的，不同时期的划分标准会有所不同。就目前的发展水平来看，不同档次数控机床的功能和指标如表 1.2 所示。

表 1.2　各档次数控系统的功能

功　能	低档（经济型）	中　档	高　档
进给分辨率	10μm	1μm	0.1μm
快速进给速度	3～10m/min	10～20m/min	20～100m/min
伺服系统结构	开环	半闭环	半闭环或全闭环
进合驱动元件	步进电动机	伺服电动机	伺服电动机
联动轴数	2～3 轴	2～4 轴	5 轴以上
显示功能	LED 数码管	CRT 显示	CRT 显示，三维图形
内装 PLC	无	有	有
通信能力	无	RS-232	RS-232，网络接口

了解常见的典型数控系统及其产品

一、日本 FANUC 数控系统

（1）FANUC Series 3/5/6/7 系列。FANUC Series 3/5/6/7 系列是 FANUC 公司于 20 世纪 70 年代推

出的数控系统，属于其早期产品，是具备一般功能的中档 CNC 系统。

（2）FANUC Series 10/11/12 系列。FANUC Series 10/11/12 系列是 FANUC 公司于 20 世纪 80 年代初推出的多微处理器 CNC 产品，其主 CPU 采用 68000，在图形控制、对话式自动编程控制、轴控制等方面也都有各自的 CPU。

（3）FANUC Series 0 系列。该系列 CNC 是 FANUC 公司在 20 世纪 80 年代中期推出的、具有较高可靠性和性能价格比的 CNC 产品。它的特点是体积小、价格低，适用于机电一体化的小型数控机床。

（4）FANUC Series 15 系列。FANUC Series 15 系列是 FANUC 公司在 1987 年推出的能够控制 24 轴联动的高性能 CNC 产品，可用于飞机、汽车、模具等复杂自由曲面零件的高效率精密加工。

（5）FANUC Series 16/18/21 系列。FANUC Series 16/18/21 系列的功能位于 FANUC Series 15 系列和 F0 系列之间，采用高速 32 位 FANUC BUS 和薄型 TFT（薄膜晶体管）彩色液晶显示，是控制单元和 TFT 显示器集成于一体的超小型 CNC 产品。

（6）FANUC Series 20i 系列。FANUC Series 20i 系列是面向普通铣床、普通车床开发的 CNC 产品，不需要编写零件程序，只需在屏幕上输入一些参数，即可实现直线、圆弧等的半自动加工。

（7）FANUC Series 30i/300i/3000is 系列。FANUC Series 30i/300i/3000is 系列是 FANUC 公司近期推出的高端 CNC 产品，可控制 10 个系统、32 个进给轴和 8 个主轴，可用于高速、精密、多轴、多系统大型自动化复合加工设备。

二、德国 SIEMENS 公司的 CNC 产品

SIEMENS 公司的数控装置采用模块化结构设计，经济性好，在一种标准硬件上，配置多种软件，使它具有多种工艺类型，满足各种机床的需要，并成为系列产品。随着微电子技术的发展，系统越来越多地采用大规模集成电路（LSI），在表面安装器件（SMC）及应用先进加工工艺，所以新的系统结构更为紧凑，性能更强，价格更低。

SIEMENS 公司的 CNC 装置主要有 SINUMERIK3/8/810/820/850/880/805/802/840 系列。

（1）SINUMERIK 8 系列。SINUMERIK 8 系列是 SIEMENS 公司于 20 世纪 80 年代初期推出的 CNC 产品。

（2）SINUMERIK 3 系列。该系列产品适用于各种机床的控制，有 M 型、T 型、TT 型、G 型和 N 型等。

（3）SINUMERIK 810/820 系列。该系列是 20 世纪 80 年代中期的产品，分为 M 型、T 型、G 型等。M 型用于镗床、铣床和加工中心，T 型用于车床，G 型用于磨床。

（4）SINUMERIK 850/880 系列。该系列产品是 SIEMENS 公司于 20 世纪 80 年代后期推出的 CNC 产品，适用于高自动化水平的机床及柔性制造系统。

（5）SINUMERIK 840C/840D 系统有以下两种。

① SINUMERIK 840C 系统。主要由中央控制器、中央控制组件、外围组件、输入/输出组件、

接口组件、手持操作器和 14 英寸 TFT 彩色显示器等组成。中央控制器配有功能强大的 PLC l35WB2 及电源、接口等。中央控制组件有 NC-CPU386DX、MMC-CPU386SX、MMC-CPU386SX 附带 387SX。

② SINUMERIK 840D 系统。适用于所有的数控场合，有 10 个加工通道，可以实现从 2 轴到 31 轴控制。系统有三种基于不同计算机性能的主板而分别适用于高级、中级和基本的应用范围。840D 系统控制器和相关的软件均按照模块化结构进行配备，可以提供从复杂的多轴运动控制直到高速切削所需要的数控系统基础平台和应用范围很广的应用操作知识库。零件的编程以易于操作使用为原则，可使用循环方式和轮廓方式直接进行编程，用通俗易懂的图形模拟方式验证切削路径和几何尺寸，可选定一个面、顶部或三维观察的方式，采用带刀尖轨迹或不带刀尖轨迹进行模拟显示。

（6）SINUMERIK 802S/C/D 系列。SINUMERIK 802S 是 SIEMENS 公司在 20 世纪 90 年代中后期推出的经济型数控系统。802S 采用开环步进电动机驱动，可控制 3 个进给轴和 1 个主轴，主要用于经济型数控车床、数控铣床。图 1.13 所示为西门子 SINUMERIK 802C 数控系统的接口示意图。

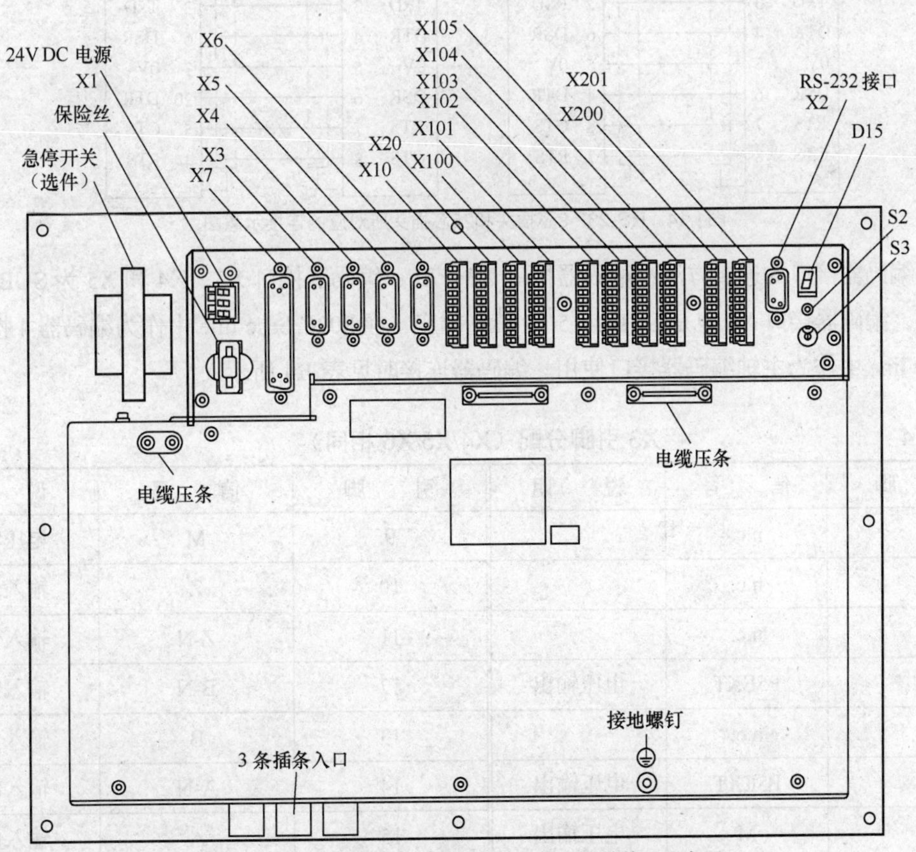

图1.13　西门子SINUMERIK 802C数控系统的接口示意图

图 1.13 所示的各接口的连接方法为：通信接口 X2-RS232 接口；编码器接口 X3～X6；驱动器接口 X7；电源端子 X1；手轮接口 Xl0；数字输入/输出接口 Xl00～X105，X200 和 X201。另外，SINUMERIK 802C 数控系统的工作电源连接如表 1.3 所示。

表 1.3　系统工作电源连接表

端子号	信号名	说明
1	PE	保护地
2	M	0V
3	P24	直流 24V

使用外部 PC/PG 与西门子 SINUMERIK 802C base line 进行数据通信(WINPCIN)或者编写 PLC 程序时，使用 RS-232 接口连接图 1.13 中的通信接口 X2。RS232 串行接口有 9 芯和 25 芯两种插头，连接时参照图 1.14 所示。

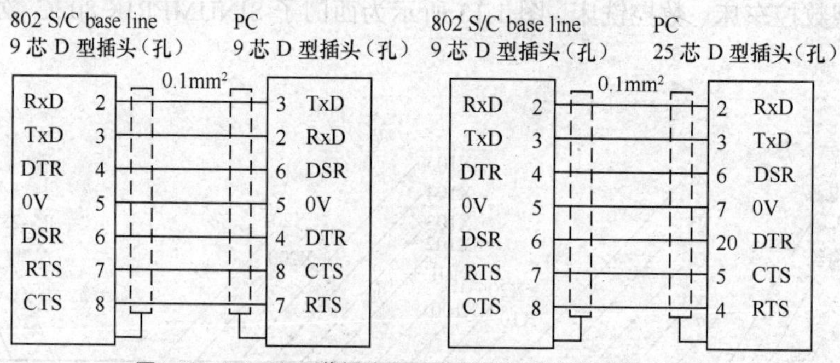

图1.14　RS-232 9芯插头和25芯插头所对应的连接示意图

主轴编码器接口的连接方法：编码器接口 X3～X6：编码器接口 X3，X4 和 X5 为 SUB-D15 15 芯孔插座，编码器接口 X6 也是 SUB-D15 15 芯孔插座，在 802C base line 中作为编码器 4 接口，在 802S base line 中作为主轴编码器接口使用。编码器连接时见表 1.4 所示。

表 1.4　X3 引脚分配（X4/X5/X6 相同）

引脚	信号	说明	引脚	信号	说明
1	n.c.		9	M	电压输出
2	n.c.		10	Z	输入信号
3	n.c.		11	Z-N	输入信号
4	P5EXT	电压输出	12	B-N	输入信号
5	n.c.		13	B	输入信号
6	P5EXT	电压输出	14	A-N	输入信号
7	M	电压输出	15	A	输入信号
8	n.c.				

驱动器接口连接方法：驱动器接口 X7，驱动器接口 X7 为 SUB-D50 50 芯针插座，SINUMERIK802C base line 中 X7 接口的引脚如表 1.5 所示。

表 1.5 X7 接口的引脚

引 脚	信 号	说 明	引 脚	信 号	说 明	引 脚	信 号	说 明
1	AO1		18	n.c.	O	34	AGND1	
2	AGND2		19	n.c.	O	35	AO2	
3	AO3		20	n.c.	O	36	AGND3	
4	AGND4	AO	21	n.c.	O	37	AO4	AO
5	n.c.	O	22	M	VO	38	n.c.	O
6	n.c.	O	23	M	VO	39	n.c.	O
7	n.c.	O	24	M	VO	40	n.c.	O
8	n.c.	O	25	M	VO	41	n.c.	O
9	n.c.	O	26	n.c.	O	42	n.c.	O
10	n.c.	O	27	n.c.	O	43	n.c.	O
11	n.c.	O	28	n.c.	O	44	n.c.	O
12	n.c.	O	29	n.c.	O	45	n.c.	O
13	n.c.		30	n.c.		46	n.c.	
14	SE1.1		31	n.c.		47	SE1.2*	
15	SE2.1		32	n.c.		48	SE2.2*	
16	SE3.1		33	n.c.		49	SE3.2*	
17	SE4.1	K				50	SE4.2*	K

手轮接口：X10，通过手轮接口 X10 可以在外部连接两个手轮。X10 有 10 个接线端子。手轮连接如表 1.6 所示。

表 1.6 X10 引脚分配

引 脚	信 号	说 明	引 脚	信 号	说 明
1	A1+	手轮 1 A 相+	6	GND	地
2	A1−	手轮 1 A 相−	7	A2+	手轮 2 A 相+
3	B1+	手轮 1 B 相+	8	A2−	手轮 2 A 相−
4	B1−	手轮 1 B 相−	9	B2+	手轮 2 B 相+
5	P5V	+5Vdc	10	B2−	手轮 2 B 相−

数字输入/输出接口：Xl00～X105，X200 和 X201，共有 48 个数字输入和 16 个数字输出接线端子。数字输入输出端连接时参照表 1.7 和表 1.8 所示。

表 1.7　　X100～X105 引脚分配

引脚序号	信号说明	X100 地址	X10 地址	X102 地址	X103 地址	X104 地址	X105 地址
1	空						
2	输入	I 0.0	I 1.0	I 2.0	I 3.0	I 4.0	I 5.0
3	输入	I 0.1	I 1.1	I 2.1	I 3.1	I 4.1	I 5.1
4	输入	I 0.2	I 1.2	I 2.2	I 3.2	I 4.2	I 5.2
5	输入	I 0.3	I 1.3	I 2.3	I 3.3	I 4.3	I 5.3
6	输入	I 0.4	I 1.4	I 2.4	I 3.4	I 4.4	I 5.4
7	输入	I 0.5	I 1.5	I 2.5	I 3.5	I 4.5	I 5.5
8	输入	I 0.6	I 1.6	I 2.6	I 3.6	I 4.6	I 5.6
9	输入	I 0.7	I 1.7	I 2.7	I 3.7	I 4.7	I 5.7
10	M24						

表 1.8　　X200/X201 引脚分配

引 脚 序 号	信 号 说 明	X200 地址	X201 地址
1	L+		
2	输出	Q 0.0	Q 1.0
3	输出	Q 0.1	Q 1.1
4	输出	Q 0.2	Q 1.2
5	输出	Q 0.3	Q 1.3
6	输出	Q 0.4	Q 1.4
7	输出	Q 0.5	Q 1.5
8	输出	Q 0.6	Q 1.6
9	输出	Q 0.7	Q 1.7
10	M24		

三、西班牙 FAGOR 公司的 CNC 产品

（1）101/102 系列。101/102 系列是 LED 数码管显示的单轴/双轴经济型数控系统，同时可连接手轮和控制主轴，并具有 ISO 代码编程和参数编程功能，可用于自动循环板带送料机，板带、管材

和型材切割机，冲压及剪切设备，分度装置，珩磨机等设备。

（2）8025/8030 系列。8025/8030 系列数控系统是 FAGOR 公司生产的中、高档数控系统，可用于铣床、加工中心、车床、冲床、激光加工机床、火焰切割机、磨床等设备，可控制 2～5 轴。

DNC 软件存储于主计算机内。使用探针操作有以下优点。

① 用户通过定义加工要求、进给率、转速等，可最大限度地控制 CNC 系统。

② 使用镜像方式、图形旋转及比例伸缩方式可减少数字化所用时间。

③ 可对多种几何形状的工件进行数字化，如矩形、环形、径直方向、仿形以及它们的混合形等。

（3）8040 系列。8040 系列是 FAGOR 公司于 2001 年投放市场的中、高档数控系统，其功能介于 8025 与 8055 之间。该系统可控制 4 个进给轴、1 个主轴、2 个手轮，用户内存可达 1MB，闪存可达 2MB，具有 ± 10V 模拟量接口及数字化 CAN 接口，可接收 1V PP 及 TTL 位置反馈信号，可连接 10.4 寸彩色或单色 LCD 显示器。

（4）8055 系列。8055 系列数控系统是 FAGOR 的高档数控系统，可实现 7 轴联动，按其处理速度不同分为 8055/A、8055/B、8055/C 三种档次，适用于车床、车削中心、铣床、加工中心、高速冲床、激光加工机床、表面磨床、工具磨床、坐标磨床等设备，具有连续数字化仿形、RTCP 补偿、内部逻辑分析仪、SERCOS 接口等许多高级功能。

（5）8070 系列。8070 系列是目前 FAGOR 公司最高档的数控系统。CNC 8070 是 CNC 技术与 PC 技术的结晶，是与 PC 兼容的数控系统，它采用 Pentium CPU，Windows 和 MS-DOS 操作系统，可控制 16 个进给轴、2 个主轴、3 个手轮；可运行 Visual BASIC、Visual C + +程序，程序段处理时间小于 1ms；PLC 可达 1024 输入点/1024 输出点，1k 指令的执行时间为 1 ms；具有以太网、CAN、SERCOS 通信接口，可选用 ± 10V 模拟量接口。

四、国产华中数控系统

近几年国产数控系统在引进消化国外数控技术的基础上有了很大的发展，我国目前已经生产出具有自主版权的数控系统和数控机床，自行研制成功了西方禁锢中国多年的三轴以上联动技术，从而一举打破了国外的技术封锁和经济垄断，为振兴民族数控产业，加速工业现代化奠定了坚实的技术基础。

目前，在国产数控机床中广泛应用的国产数控系统有华中、蓝天、航天、四开、凯恩帝、开通等品牌，下面以华中世纪星 HNC-21 为例介绍华中数控系统。

1. 基于 PC 的数控系统硬件

华中数控系统采用了先进的技术路线，具有可靠的质量保证，现已成为既具有国际先进水平又具有我国技术特色的数控产品。其特点体现在以下 5 个方面。

（1）通用工控计算机为基础的开放式和模块化体系结构；

（2）Windows 操作系统为基础，体系结构开放；

（3）有特点的数控软件技术和独创的曲面实时插补算法；

（4）友好的用户界面，便于用户学习和使用；

（5）有网络、通信和集成功能。

2. 具有开放体系结构的数控装置

（1）具有开放体系结构的数控装置的结构组成如图 1.15 所示。

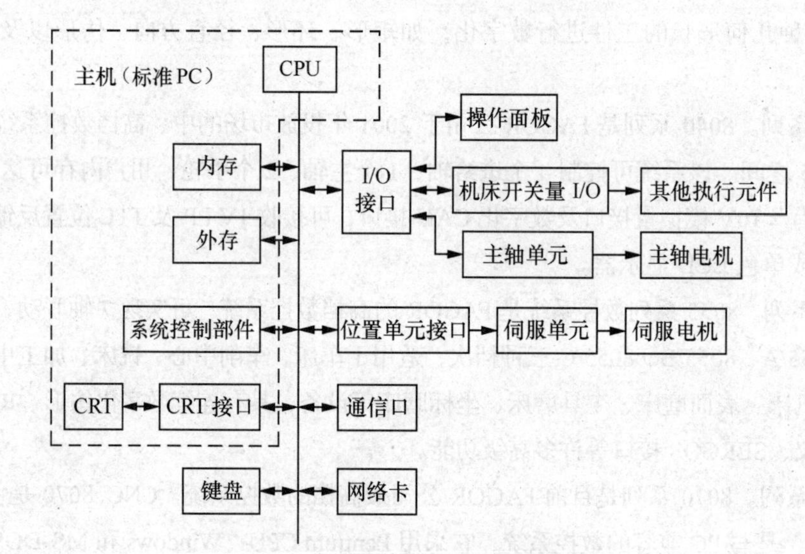

图1.15 具有开放体系结构的数控装置的组成

先进的开放体系结构，内置嵌入式工业 PC 机，配置 7.5 英寸彩色液晶显示屏和通用工程面板，集进给轴接口、主轴接口、手持单元接口、内嵌式 PLC 接口于一体，支持硬盘、电子盘等程序存储方式以及软驱、DNC、以太网等程序交换功能，具有价格低、性能高、配置灵活、结构紧凑、易于使用、可靠性高的特点，主要应用于小型车床、铣床和加工中心。

系统控制部件包括 DMA 控制器（外部设备，如软盘等，与内存进行高速数据传送）、中断控制器（作系统中断用）、定时器（作系统定时用）等，外存储设备包括硬盘、软盘和电子盘。

（2）具有开放体系结构的数控装置有如下优点。

① 向未来技术开放；

② 标准化的人机界面，标准化的编程语言；

③ 向用户特殊要求开放；

④ 可减少产品品种，便于批量生产、提高可靠性和降低成本，以增强市场供应能力和竞争能力。

3. 华中世纪星 HNC-21 数控设备的结构

（1）HNC-21 数控设备的结构框图如图 1.16 所示。

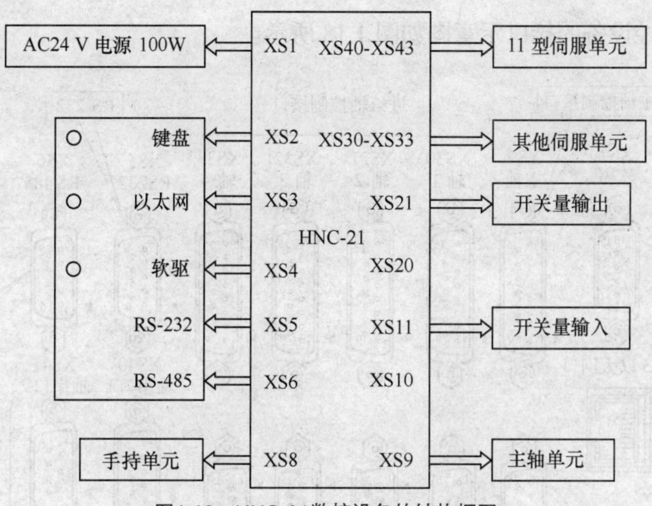

图1.16　HNC-21数控设备的结构框图

（2）HNC-21 数控设备的接线如图 1.17 所示。

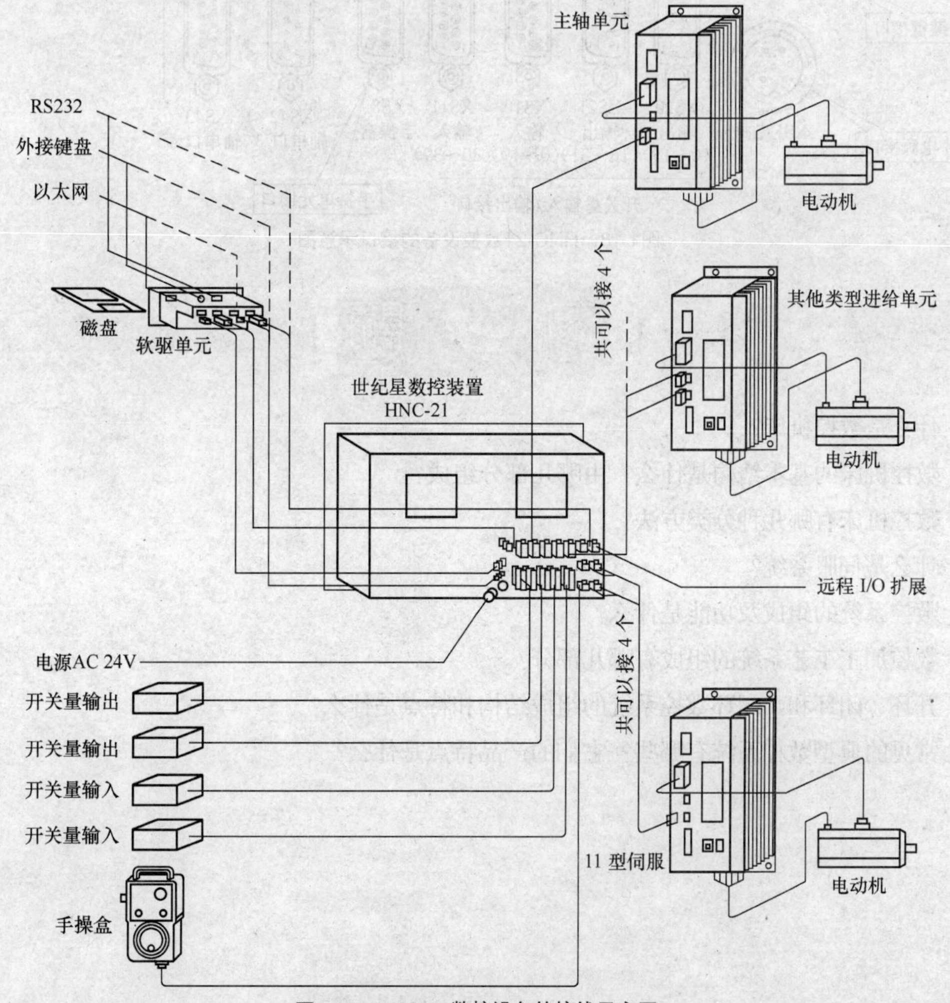

图1.17　HNC-21数控设备的接线示意图

（3）HNC-21 数控设备的接口示意图如图 1.18 所示。

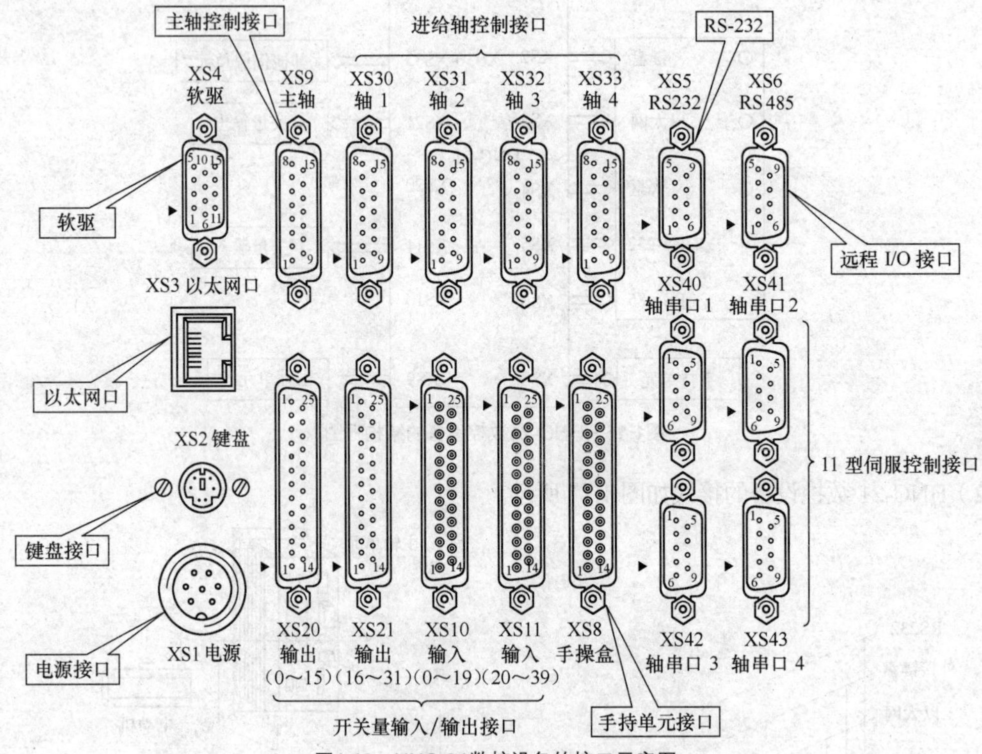

图1.18　HNC-21数控设备的接口示意图

习题

1. 什么是数控机床?
2. 数控机床的基本结构是什么？由哪几部分组成?
3. 数控机床有哪几种分类方法?
4. 什么是伺服系统?
5. 数控系统的组成及功能是什么?
6. 数控加工工艺系统的组成有哪几部分?
7. 开环、闭环和半闭环数控系统的组成结构和特点是什么?
8. 常见的典型数控系统有哪些？它们的产品特点是什么?

Chapter 2

模块二 数控机床电气控制基础

机床电器是电力拖动及自动控制系统的基本组成元件，被广泛应用在各种通用机床、组合机床、数控机床及柔性制造系统的配电装置和电力拖动控制系统中。低压电器是数控机床控制线路的基本组成元件，数控机床控制线路是由一些比较基本的控制环节构成的，只要掌握典型的基本环节，就能很容易地分析复杂机床的控制线路了。

本模块主要介绍常用机床电器的结构、工作原理、电路逻辑、主要技术参数、使用场合及选用方法。

掌握常用机床电器的基础知识

由于广泛应用于机床电气控制系统的主要电器元件都属于低压电器的范畴，因此，重点研究各种低压电器的基础知识。掌握机床电器的结构和工作原理，有利于机床电器及控制系统的故障分析，是掌握机床电气控制技术的重要基础。

一、电器的定义

电器是用于接通和断开电路或对电路和电气设备进行保护、控制和调节的电工器件。用于交流电压 1200V 以下及直流电压 1500V 以下电路中的电器都称为低压电器。

二、电器的分类

机床电器种类繁多、结构各异、用途广泛、功能多样，分类方法很多，下面介绍机床电器常用的分类方法。

1. 按在电路中的作用划分

（1）控制类电器。包括开关电器、主令电器、接触器、控制继电器等，在电路中主要起控制、转换作用。

（2）保护类电器。包括熔断器、热继电器、过电流继电器、欠电压继电器、过电压继电器等，在电路中主要起保护作用。

2. 按动作方式划分

（1）自动切换电器。电器在完成接通、分断或使电动机完成启动、反向以及停止等动作时，依靠自身的参数变化或外来信号而自动进行动作，如接触器、继电器、熔断器等。

（2）非自动切换电器。通过人力做功直接扳动或旋转操作手柄来完成切换的电器，如刀开关、转换开关、控制按钮等。

三、机床电器的主要性能参数

为了正确、可靠、经济地使用电器，必须要有一套用于衡量电器性能优劣的技术指标。

机床电器主要的技术参数有以下 7 种。

（1）额定绝缘电压。额定绝缘电压是指电器所能承受的最高工作电压，由各个电器的结构、材料、耐压等诸多因素决定。

（2）额定工作电压。额定工作电压是指在规定条件下能保证电器正常工作的电压值，通常指主触点的额定电压。有电磁机构的电器还规定了吸引线圈的额定电压。

（3）额定发热电流。在规定条件下，电器长时间工作，各部分的温度不超过极限值时所能承受的最大电流值称为额定发热电流。

（4）额定工作电流。额定工作电流是指在规定的使用条件下，能保证电器正常工作时的电流值。规定的使用条件是指电压等级、电网频率、工作制、使用类别等在某一规定的参数下。同一电器在不同的使用条件下，有着不同的额定电流等级。

（5）通断能力。通断能力是指低压电器在规定的使用条件下，能可靠地接通和分断的最大电流。通断能力与电器的额定电压、负载性质、灭弧方法等有着很大的关系。

（6）电器寿命。电器寿命是指机床电器在规定条件下，在不需要维修或更换器件时带负载操作的次数。

（7）机械寿命。机械寿命是指低压电器在不需维修或更换器件时所能承受的空载操作的次数。

此外，机床电器还有线圈的额定参数、辅助触点的额定参数等技术指标。

熟悉常见的数控机床控制电器

一、刀开关

刀开关也称闸刀开关，适用于不频繁地通断容量较小的低压供电线路。

刀开关主要由操作手柄、触刀、触点座和底座组成。图 2.1 所示为 HK 系列瓷底胶盖刀开关的结构图。

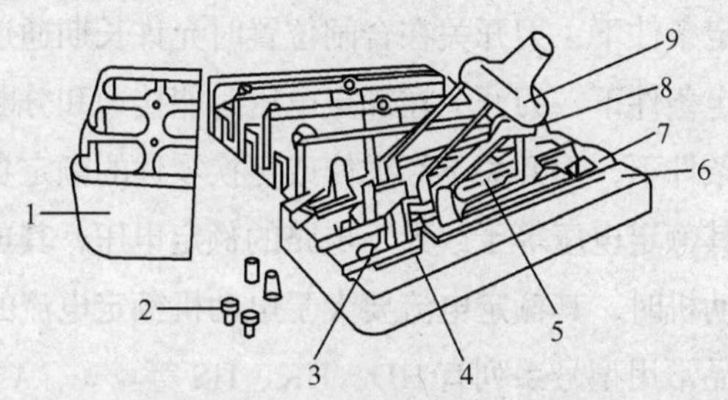

1—胶盖；2—胶盖紧固螺钉；3—进线座；4—静触点；
5—熔体；6—瓷底；7—出线座；8—动触点；9—瓷柄

图2.1 HK系列瓷底胶盖刀开关

该系列刀开关没有专门的灭弧设备，用胶木盖来防止电弧灼伤人手，拉闸和合闸时应动作迅速，使电弧较快地熄灭，以减轻电弧对刀片和触座的灼伤。

刀开关分单极、双极和三极。刀开关在电气原理图中的图形及文字符号如图 2.2 所示。

按刀的转换方向可分为单掷刀开关和双掷刀开关；按灭弧装置情况可分为带灭弧罩刀开关和不带灭弧罩刀开关；按操作方式可分为直接手柄操作式刀开关和远距离连杆操纵式刀开关；按接线方式可分为板前接线式刀开关和板后接线式刀开关。

QS QS QS

（a）单极 （b）双极 （c）三极

图2.2 刀开关的图形及文字符号

刀开关的型号含义如图 2.3 所示。

刀开关在安装和使用时应注意以下事项。

要保证它在合闸状态下手柄向上，不能倒装或平装。倒装时，手柄有可能会自动下滑而引起误合闸，从而造成人身伤亡事故。接线时，应将电源进线端接在静触点一边的端子上，负载应接在动触点一边的出线端子上。这样，拉开闸后刀开关与电源隔离，便于检修。

刀开关的主要技术参数有以下 4 个。

（1）额定电压。指在规定条件下，刀开关在长期工作时能承受的最大电压。

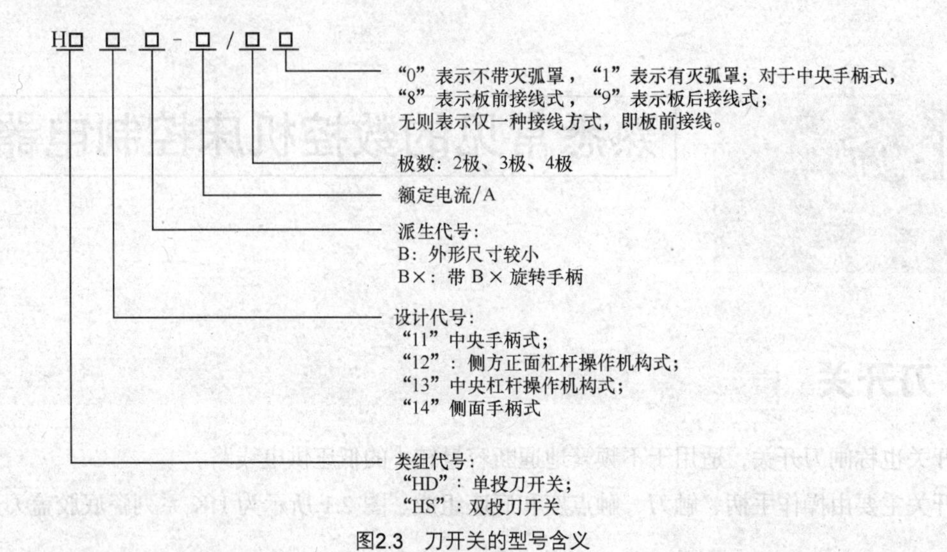

图2.3 刀开关的型号含义

（2）额定电流。指在规定条件下，刀开关在合闸位置时允许长期通过的最大工作电流。

（3）通断能力。指在规定条件下，刀开关在额定电压时能接通和分断的最大电流值。

（4）电寿命。指在规定条件下，刀开关不经维修或更换零件的额定负载操作循环次数。

在选择刀开关时，应使其额定电压等于或大于电路的额定电压，其电流应等于或大于电路的额定电流。当用刀开关控制电动机时，其额定电流要大于电动机额定电流的 3 倍。

目前，生产的刀开关产品常用型号系列有 HD、HK、HS 等。

二、转换开关

转换开关又称组合开关，是一种具有多操作位置和触点、能转换多个电路的手动控制电器。

转换开关有多对静触片和动触片，分别装在由绝缘材料隔开的胶木盒内，其静触片固定在绝缘垫板上，动触片套装在有手柄的绝缘转动轴上，转动手柄就可改变触片的通断位置，以达到接通或断开电路的目的。

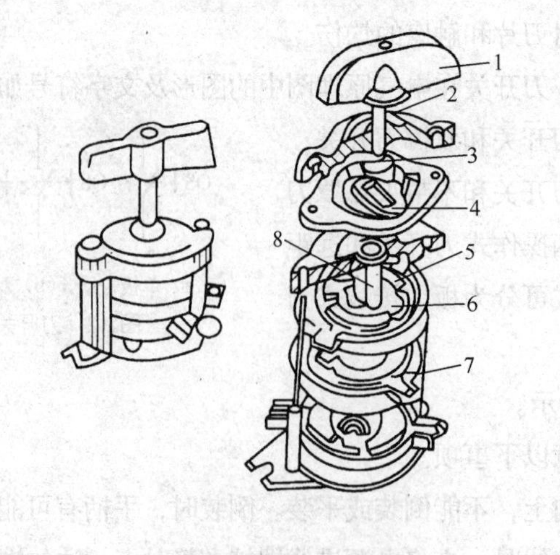

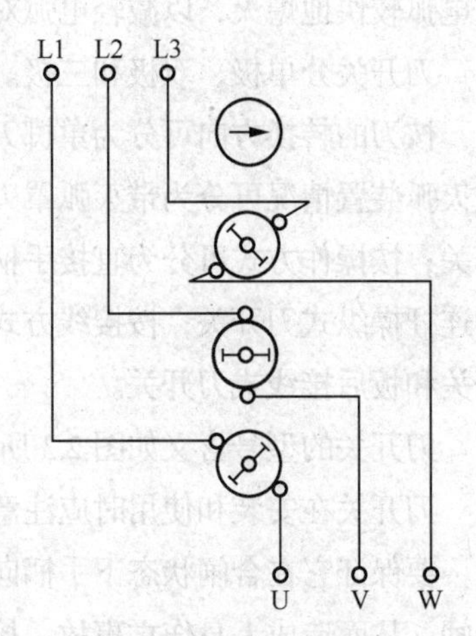

（a）外形图 （b）结构图 （c）结构示意图

1—手柄；2—转轴；3—凸轮；4—绝缘垫板；5—动触片；6—静触片；7—绝缘杆；8—接线柱

图2.4 HZ10-10/3型转换开关

HZ10-10/3 型转换开关的外形、结构与结构示意图如图 2.4 所示。

转换开关实际上是一种由多节触点组合而成的刀开关，与普通闸刀开关的不同之处是转换开关用动触片代替闸刀，操作手柄在平行于安装面的平面内向左或向右转动。

转换开关具有结构紧凑、体积小、操作方便等优点，在机床电气控制中主要用作电源开关，不带负载接通或断开电源。

HZ 系列转换开关的型号含义如图 2.5 所示。

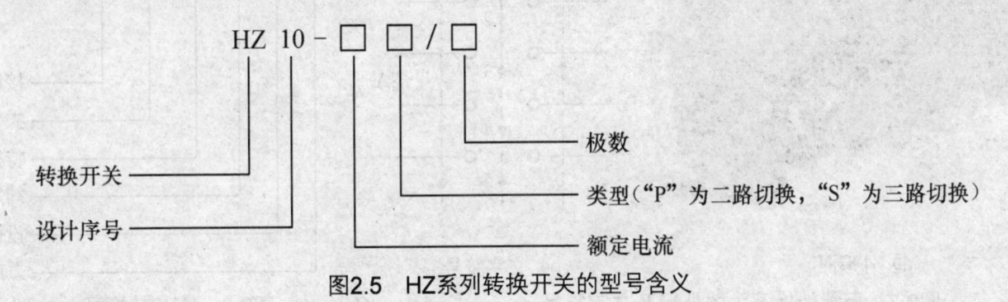

图2.5 HZ系列转换开关的型号含义

转换开关的主要参数有额定电压、额定电流、极数等，其额定电流有 10A、25A、60A、100A 等级别。转换开关常用的产品有 HZ10、HZ15 系列，其图形和文字符号如图 2.6 所示。

图中虚线表示操作位置，若在其相应触点下涂黑圆点，表示该触点在此操作位置是接通的，没有涂黑圆点则表示断开状态。

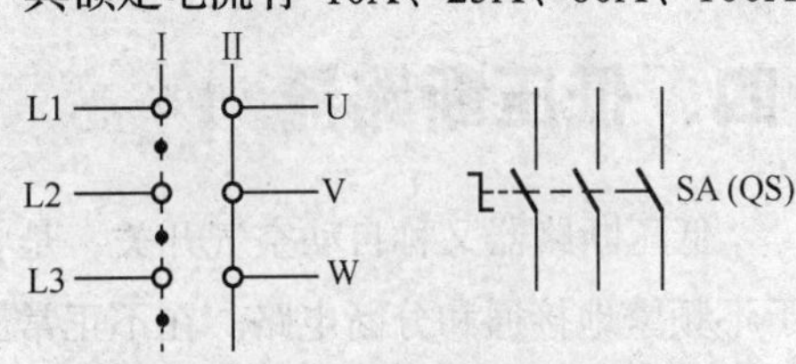

图2.6 转换开关的图形和文字符号

常用的转换开关有 HZ10、HZ15 等系列。表 2.1 所示为 HZ10 系列转换开关的额定电压和额定电流的数据。

表 2.1 HZ10 系列转换开关的额定电压和额定电流的数据

型 号	极 数	额定电流（A）	额定电压（V）		380V 时可控制的电动机功率（kW）
HZ10-10 HZ10-25 HZ10-60 HZ10-100	2，3 2，3 2，3 2，3	6，10 25 60 100	直流 220	交流 380	1 3.3 5.5 –

转换开关的特点是结构紧凑，体积较小。在机床电气控制系统中多用作电源开关，一般不用于带负载接通或断开电源，而是用于在启动前空载接通电源，或在应急、检修和长时间停用时空载断开电源。

转换开关应根据电源种类、电压等级、所需触点数和额定电流来选用。

三、万能转换开关

万能转换开关是一种多挡式、控制多回路的主令电器，广泛应用于各种配电装置的电源隔离、电路转换、电动机远距离控制等，也常作为电压表、电流表的换相开关。万能开关的外形及文字符号如图 2.7 所示。

常用万能转换开关有 LW5 和 LW6 系列。LW5 系列转换开关的型号含义如图 2.8 所示。

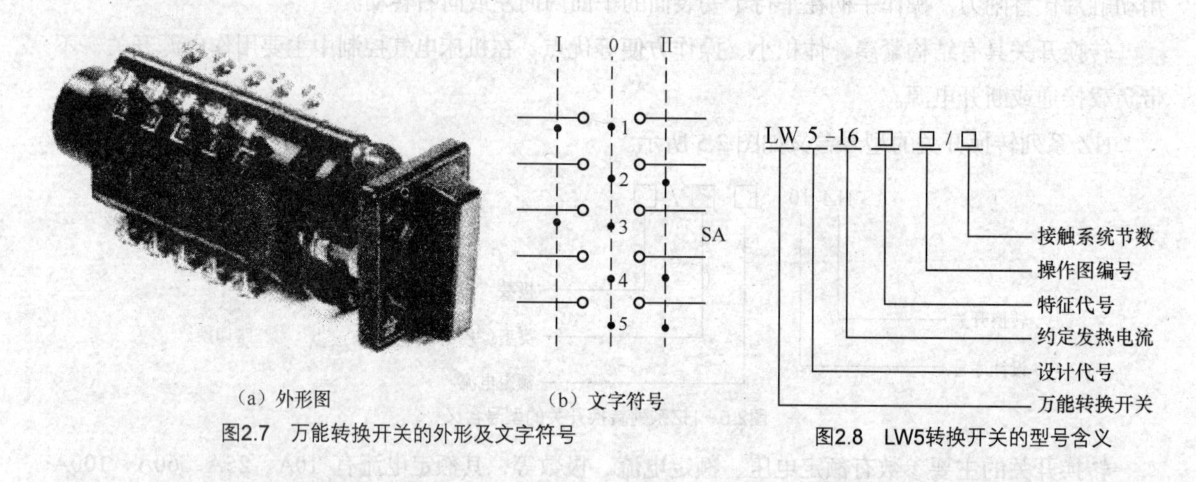

（a）外形图　（b）文字符号

图2.7　万能转换开关的外形及文字符号

图2.8　LW5转换开关的型号含义

四、低压断路器

低压断路器又称自动空气开关，是将控制和保护功能合为一体的电器。在正常情况下，可用于不频繁地接通和分断电路。在不正常工作时，可用来对主电路进行过载、短路和欠压、失压保护，自动断开电路。低压断路器既能手动操作又有自动功能，因此，在数控机床上的使用越来越广泛。

低压断路器种类繁多，按用途分为保护电动机用、保护配电线路用、保护照明线路用；按结构分为框架式和塑壳式；按极数分为单极、双极、三极和四极。

低压断路器的功能相当于熔断器式开关与欠压继电器、热继电器等的组合，而且具有保护、动作后不需要更换元件、动作电流可按需要整定、工作可靠、安装方便和分断能力较高等优点，因此，在各种线路和机床设备中得到广泛应用。

1. 低压断路器的结构及工作原理

低压断路器主要由触点、操作机构、灭弧系统和脱扣器等组成。图 2.9 所示为低压断路器的外形结构。

低压断路器的主触点由操作机构手动或电动合闸，主触点串接在被保护的三相主电路中。当电路正常运行时，电磁脱扣器的电磁线圈虽然串接在电路中，但所产生的电磁吸力不能使衔铁动作，当电路发生短路故障时，电路中的电流达到了动作电流，则衔铁被迅速吸合，撞击杠杆，使锁扣脱扣，主触点在弹簧的作用下迅速分断，从而将主电路断开，起到短路保护作用；当电源电压正常时，欠电压脱扣器的电磁吸力大于弹簧的拉力，将衔铁吸合，主触点处于闭合状态；当电源电压下降到额定电压的 40%～50%或以下时，并联在主电路中的欠电压脱扣器的电磁吸力小于弹簧的拉力，衔铁释放，撞击杠杆，将锁扣顶开，从而使主触点在弹簧的拉力作用下分断，断开主电路，起到失压和欠压保护作用；当线路发生过载时，过载电流使双金属片受热弯曲，撞击杠杆，使锁扣脱扣，主触点在弹簧的拉力作用下分断，从而断开主电路，起到过载保护作用。

图 2.10 所示为低压断路器的原理图及电气符号。

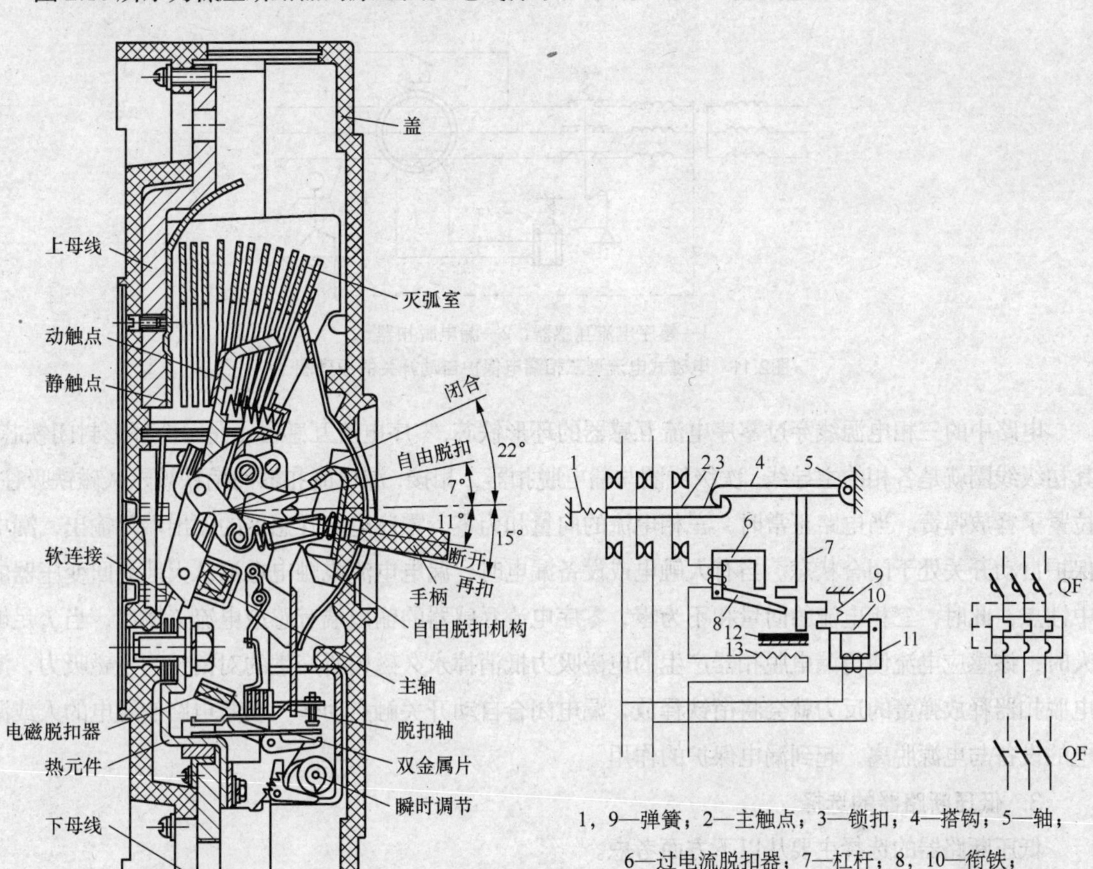

图2.9　低压断路器的外形结构

图2.10　低压断路器的原理图及电气符号

2. 漏电保护低压断路器

漏电保护低压断路器又称为漏电自动开关或漏电断路器。它在低压交流电路中主要用于配电、电动机过载、短路保护、漏电保护等。漏电保护自动开关有单极、两极、三极和四极之分。单极和两极用于照明电路，三极用于三相对称负荷，四极用于动力照明线路。漏电保护自动开关主要由三部分组成：自动开关、零序电流互感器和漏电脱扣器。实际上，漏电保护自动开关就是在一般的自动空气开关的基础上，增加了零序电流互感器和漏电脱扣器来检测漏电情况；因此，当人身触电或设备漏电时能迅速切断故障电路，避免人身和设备受到危害。常用的漏电保护自动开关有电磁式和电子式两大类。电磁式漏电保护自动开关又分为电压型和电流型。电流型的漏电保护自动开关比电压型的性能较为优越，所以目前使用的大多数漏电保护自动开关为电流型的。电磁式电流型的漏电保护自动开关的主要参数有额定电压、额定电流、极数、额定漏电动作电流、额定漏电不动作电流以及漏电脱扣器动作时间等。根据其保护的线路又可分为三相和单相漏电保护自动开关。下面介绍一下三相漏电保护自动开关。

图 2.11 所示为电磁式电流型三相漏电保护自动开关的原理图。

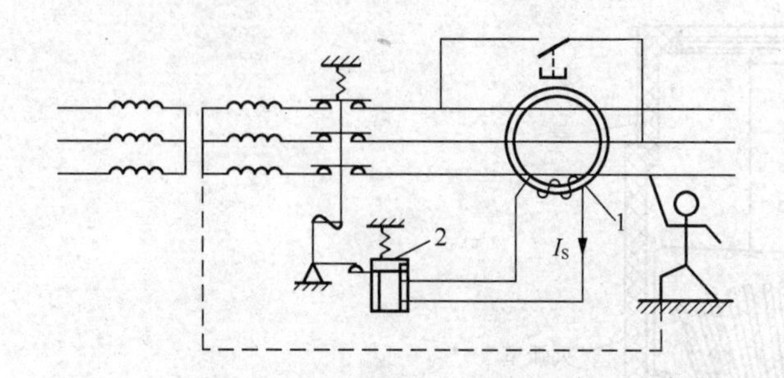

1—零序电流互感器；2—漏电脱扣器

图2.11　电磁式电流型三相漏电保护自动开关的原理图

电路中的三相电源线穿过零序电流互感器的环形铁芯，零序电流互感器 1 是一个环形封闭铁芯，其初级线圈就是各相的主导线，次级线圈与漏电脱扣器 2 相接，漏电脱扣器的衔铁被永久磁铁吸住，拉紧了释放弹簧。当电路正常时，三相电流的向量和为零，零序电流互感器的输出端无输出，漏电保护自动开关处于闭合状态。当有人触电或设备漏电时，漏电电流或触电电流从大地流回变压器的中性点，此时，三相电流的向量和不为零，零序电流互感器的输出端有感应电流 I_s 输出，当 I_s 足够大时，该感应电流使得漏电脱扣器产生的电磁吸力抵消掉永久磁场所产生的对衔铁的电磁吸力，漏电脱扣器释放弹簧的反力就会将衔铁释放，漏电闭合自动开关触点动作，切断电路使触电的人或漏电的设备与电源脱离，起到漏电保护的作用。

3. 低压断路器的选择

低压断路器的选择主要从以下方面考虑。

（1）额定电压和额定电流应不小于电路的正常工作电压和工作电流。

（2）各脱扣器的整定。

① 热脱扣器的整定电流应与所控制的电动机的额定电流或负载额定电流相等。

② 欠电压脱扣器的额定电压应等于主电路的额定电压。

③ 电流脱扣器又称过电流脱扣器，其整定电流应大于负载正常工作时的尖峰电流，对于电动机负载，通常按启动电流的 1.7 倍整定。

4. 低压断路器的使用及维护

低压断路器的维护应注意以下 6 点。

（1）使用前应将脱扣器电磁铁工作面的防锈油脂抹去，以免影响电磁机构的动作值。

（2）断路器与熔断器配合使用时，熔断器应尽可能装于断路器之前，以保证使用安全。

（3）断路器在分断短路电流后，应在切断上一级电源的情况下，及时地检查触点。若发现有严重的电灼痕迹，可用干布擦；若发现触点烧毛，可用砂纸或细锉小心修整。

（4）定期清除自动开关上的灰尘，以保持绝缘良好。

（5）灭弧室在分断短路电流或较长时期使用后，应及时清除其内壁和栅片上的金属颗粒和黑烟。

（6）应定期检查各脱扣器的整定值。

五、接触器

接触器是一种适用于远距离频繁地接通和断开主电路及大容量控制电路的电器，具有低电压释放保护功能、控制容量大、能远距离控制等优点，在自动控制系统中应用非常广泛，但也存在噪声大、寿命短等缺点。接触器能接通和断开负载电流，但不可以切断短路电流，因此常与熔断器、热继电器等配合使用。

接触器是用来频繁接通和切断电动机或其他负载主电路的一种自动切换电器，在机床电气控制系统中应用广泛。

接触器种类较多，按其主触点通过电流的性质，可分为交流接触器和直流接触器。两者都是利用电磁吸力和弹簧的反作用力使触点闭合或断开的一种电器，但在结构上有各自特殊的地方，不能混用。

按其主触点的极数（即主触点的个数）来分，直流接触器有单极和双极两种，交流接触器有三极、四极和五极 3 种。数控机床控制上以交流接触器应用最广泛。

1. 交流接触器

（1）交流接触器的结构。交流接触器常用于远距离接通和分断交流 50Hz（或 60Hz）、额定电压至 660V、电流 10A 至 630A 的交流电路及交流电动机。

交流接触器主要由触点系统、电磁机构和灭弧装置等部分组成，如图 2.12 所示。

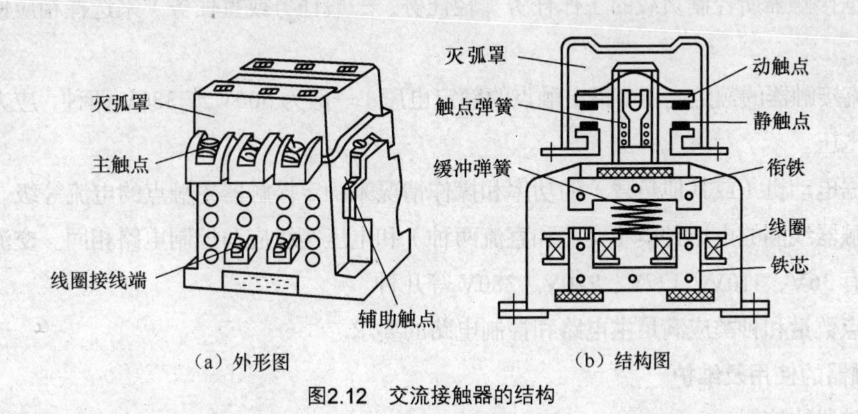

图2.12　交流接触器的结构

① 触点系统。接触器的触点用来接通和断开电路。触点分为主触点和辅助触点两种。主触点用来通断电流较大的主电路，一般由接触面较大的常开触点（指当接触器线圈未通电时处于断开状态的触点）组成；辅助触点用来通断电流较小的控制电路，由常开触点和常闭触点（指当接触器线圈未通电时处于接通状态的触点）成对组成。

② 电磁机构。电磁机构的作用是操纵触点的闭合和分断，由铁芯、线圈和衔铁 3 部分组成。

③ 灭弧装置。交流接触器的触点在分断大电流时，通常会在动、静触点之间产生很强的电弧。电弧的产生，一方面会烧伤触点，另一方面会使电路的切断时间延长，甚至会引起其他事故。因此，灭弧是接触器必须要采取的措施。

④ 其他部分。交流接触器还包括底座、缓冲弹簧、触点压力弹簧、传动机构和接线柱等。

（2）交流接触器的工作原理及表示符号。当线圈通入交流电后，线圈电流产生磁场，使静铁芯产生电磁吸力，将衔铁带动动桥向下运动，使常闭触点断开，常开触点闭合。当线圈断电时，电磁吸力消失，衔铁在反力弹簧的作用下，回到原始位置使触点复位。接触器的符号如图 2.13 所示。

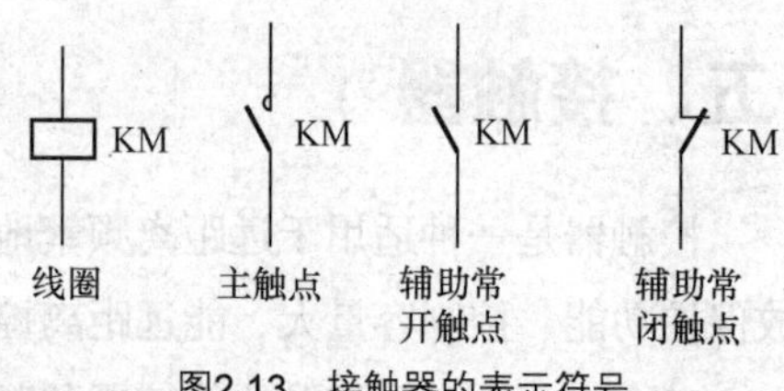

图2.13 接触器的表示符号

（3）交流接触器的型号。交流接触器型号的含义如图 2.14 所示。

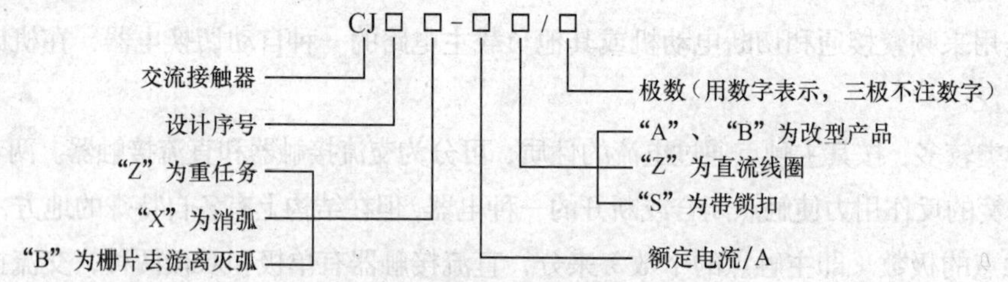

图2.14 交流接触器的型号及含义

常用的交流接触器有 CJ10、CJ12、CJ10X、CJ20、CJX、3TB、3TF、LC-D15 等系列。

2. 接触器的选择

选择接触器时主要考虑主触点的额定电压、额定电流、辅助触点的数量与种类、吸引线圈的电压等级、操作频率等，具体遵循以下 5 点原则。

（1）根据接触器所控制负载的工作任务（轻任务、一般任务或重任务）来选择相应使用类别的接触器。

（2）交流接触器的额定电压（指主触点的额定电压）一般为 500V 或 380V 两种，应大于或等于负载电路的电压。

（3）根据电动机（或其他负载）的功率和操作情况来确定接触器主触点的电流等级。

（4）接触器线圈的电流种类（交流和直流两种）和电压等级应与控制电路相同。交流接触器线圈电压一般有 36V、110V、127V、220V、380V 等几种。

（5）触点数量和种类应满足主电路和控制电路的要求。

3. 接触器的使用及维护

（1）接触器的使用。

① 新近购置或搁置已久的接触器，要把铁芯上的防锈油擦干净，以免油污的黏性影响接触器的释放，铁锈也要洗去。

② 检查接触器铭牌与线圈的技术数据是否符合控制线路的要求。接触器的额定电压、主触点的额定电流、线圈的额定电压及操作频率等均要符合产品说明书或线路的要求。

③ 检查接触器的外观，应无机械损伤，各活动部分要动作灵活，无卡滞现象。

④ 安装孔的螺钉应装有弹簧垫圈和平垫圈，并拧紧螺钉以防松脱或震动。注意不要有零件落入电器内部。

⑤ 一般应安装在垂直的平面上，倾斜度不超过 5°，注意要留有适当的飞弧空间，以免烧坏相

邻电器。

（2）接触器的维护。

① 定期检查接触器的元件，观察螺钉有没有松动，可动部分是不是灵活。对有故障的元件应及时处理。

② 灭弧罩往往较脆，拆装时应注意不要碰碎。在接触器运行时，不允许将灭弧罩去掉，因为这样容易短路。

③ 当触点表面因电弧烧蚀而有金属颗粒时，应及时清除；但银触点表面的黑色氧化银的导电能力很好，不要挫去，挫掉会缩短触点的寿命。当触点磨损到只剩1/3时，应更换。

六、继电器

继电器是一种根据电量参数（电压、电流）或非电量参数（时间、温度、压力等）的变化自动接通或断开控制电路，以完成控制或保护任务的电器，主要用于自动化装置控制、线路保护或信号切换，是现代机床自动控制系统中最基础的电器元件之一。

虽然继电器与接触器都是用来自动接通或断开电路的，但是它们仍有很多不同之处。继电器可以对各种电量或非电量的变化作出反应，而接触器只能在一定的电压信号下动作；继电器用于切换小电流的控制电路，而接触器用来控制大电流电路，因此继电器的触点容量较小（不大于5A）。由于触点通过的电流较小，所以继电器没有灭弧装置。

继电器的种类和形式很多。按用途可分为控制继电器和保护继电器；按动作原理可分为电磁式继电器、感应式继电器、热继电器、机械式继电器、电动式继电器和电子式继电器等；按感测的参数可分为电流继电器、电压继电器、时间继电器、速度继电器和压力继电器等；按动作时间可分为瞬时继电器和延时继电器。

继电器一般由感测机构、中间机构和执行机构3个基本部分组成。感测机构把感测得的电气量或非电气量传递给中间机构，将它与整定值进行比较，当达到整定值，中间机构便使执行机构动作，从而接通或断开电路。如果减少输入信号，则继电器只在输入减小到一定程度时才动作，返回起始位置，输出信号回零，这一特性称为继电特性。

1. 电磁式继电器

电磁式继电器是电气控制设备中用的最多的一种继电器，主要结构和工作原理与接触器相似。图2.15所示为电磁式继电器的典型结构图。

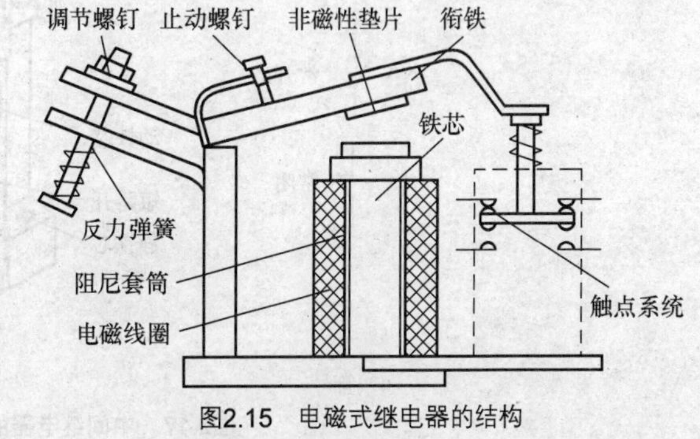

图2.15 电磁式继电器的结构

电磁式继电器又分为电磁式电流继电器、电磁式电压继电器和中间继电器3种。电磁式继电器的一般图形符号是相同的，如图2.16所示。

中间继电器的文字符号为 KA，电流继电器的文字符号为KI，线圈方格中用I>0（或I≤0）表示过电流（或欠电流）继电器。电压继电器的文字符号为KV，线圈方格中用U<0（或U＝0、U>0）表示欠电压（或零电压、过电压）继电器。

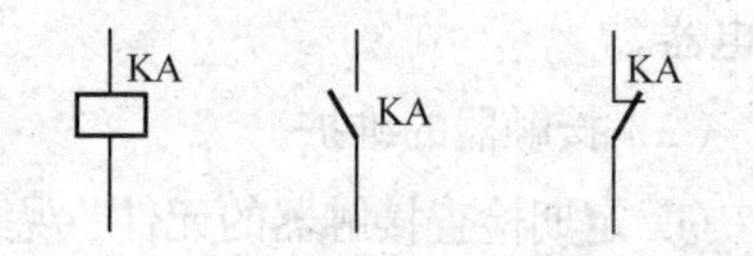

（a）线圈 （b）常开触点 （c）常闭触点

图2.16 电磁式继电器的图形符号及文字符号

（1）电磁式电流继电器。电流继电器的线圈与负载串联，用于反映负载电流，故线圈匝数少、导线粗、阻抗小。电流继电器既可按“电流”参量来控制电动机的运行，又可对电动机进行欠电流或过电流保护。

对于欠电流继电器，在电路正常工作时，衔铁是吸合的，只有当线圈电流降低到某一整定值时，继电器才释放，这种继电器常用于直流电动机和电磁吸盘的失磁保护；而过电流继电器在电路正常工作时不动作，当电流超过其整定值时才动作，整定范围通常为1.1～4倍额定电流，这种继电器常用于电动机的短路保护和严重过载保护。

常用的电流继电器有JL14、JL5、JT9等型号，主要根据主电路内的电流种类和额定电流来选择。

（2）电磁式电压继电器。电压继电器的线圈与负载并联，以反映电压变化，故线圈匝数多、导线细、阻抗大。按动作电压值的不同，电压继电器可分为过电压继电器和欠电压（或零电压）继电器。

一般来说，过电压继电器在电压为额定电压的110%以上时动作，对电路进行过电压保护；欠电压继电器在电压为额定电压的40%～70%时动作，对电路进行欠电压保护；零电压继电器在电压降至额定电压的5%～25%时动作，对电路进行零电压保护。机床电气控制中，常用的电压继电器有JT3、JT4型号。

（3）中间继电器。中间继电器实质上是电压继电器的一种，但它还具有触点数多（多至6对或更多）、触点电流容量较大（额定电流5A左右）、动作灵敏（动作时间不大于0.05s）等特点。它的主要用途是当其他电器的触点数量或触点容量不够时，可借助中间继电器来增加它们的触点数量或触点容量，起到中间信号转换的作用。中间继电器的符号和结构外形图如图2.17所示。

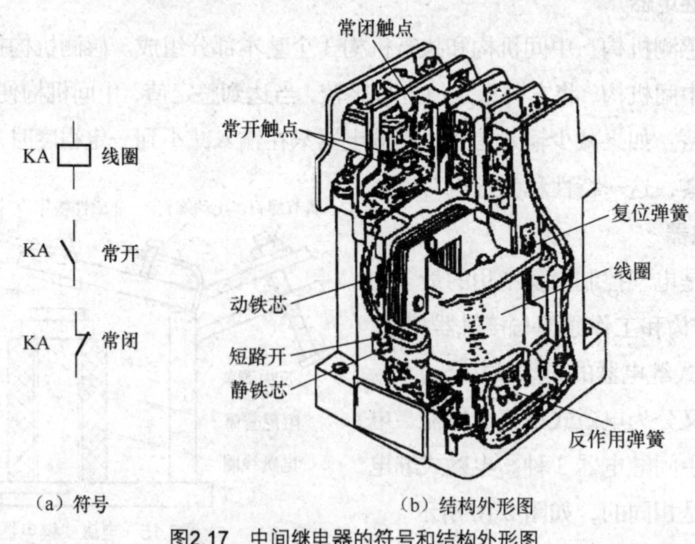

（a）符号 （b）结构外形图

图2.17 中间继电器的符号和结构外形图

常用的中间继电器有JZ7、JZ8等系列。JZ7系列中间继电器适用于交流电压380V、电流5A以下的控制电路，其技术数据如表2.2所示。

表 2.2　JZ7 系列中间继电器的技术数据

型　　号	触点额定电压/V	触点额定电流/A	触点数量		吸引线圈额定电压/V
			常开	常闭	
J7-44 J7-62 J7-80	380	5	4 6 8	4 2 0	12，36，110，127，220，380

中间继电器在选用时，线圈的电压或电流应满足电路的要求；触点的数量与容量（即额定电压和额定电流）应满足被控制电路的要求，还应注意电源是交流的还是直流的。

中间继电器主要依据被控制电路的电压等级，触点的数量、种类及容量来选用。

（1）线圈电源形式和电压等级应与控制电路一致。如数控机床的控制电路采用直流 24V 供电，则应选择线圈额定工作电压为 24V 的直流继电器。

（2）按控制电路的要求选择触点的类型（常开或常闭）和数量。

（3）继电器的触点额定电压应大于或等于被控制电路的电压。

（4）继电器的触点电流应大于或等于被控制电路的额定电流。

2．时间继电器

时间继电器是一种能使感受部分在感受到信号（线圈通电或断电）后，自动延时输出信号（触点闭合或分断）的继电器。时间继电器获得延时的方法是多种多样的，按其工作原理可分为电磁式、空气阻尼式、电动式和电子式等，其中空气阻尼式时间继电器在机床控制线路中的应用最为广泛。

数控机床一般由计算机软件实现时间控制，而不采用继电器方式。

图 2.18 所示为通电延时型时间继电器的结构图。

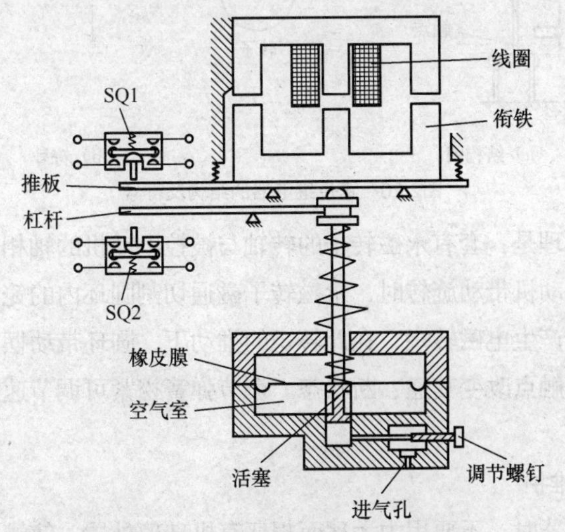

图2.18　通电延时型时间继电器的结构

时间继电器的符号如图 2.19 所示。

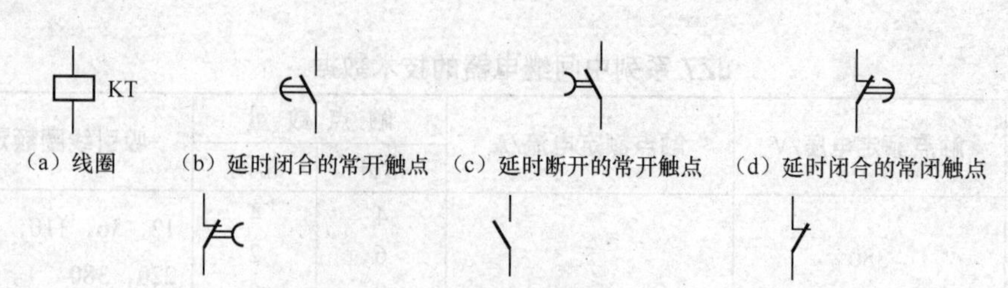

图2.19　时间继电器的电气符号

时间继电器型式多样，各具特点，选择时应从以下 3 方面考虑。

（1）根据控制电路对延时触点的要求选择延时方式，即通电延时型或断电延时型。

（2）根据延时范围和精度要求选择继电器类型。

（3）根据使用场合、工作环境选择时间继电器的类型。如电源电压波动大的场合可选空气阻尼式或电动式时间继电器，电源频率不稳定的场合不宜选用电动式时间继电器，环境温度变化大的场合不宜选用空气阻尼式和电子式时间继电器。

3. 速度继电器

速度继电器是当转速达到规定值时动作的继电器，常用于电动机反接制动的控制电路，当反接制动的转速下降到接近零时它能自动地及时切断电源。

速度继电器由定子、转子和触点 3 部分组成，其结构及表示符号如图 2.20 所示。

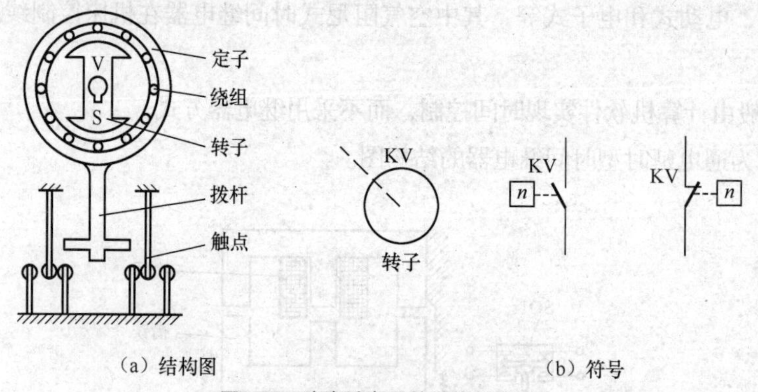

图2.20　速度继电器的结构及符号

速度继电器的工作原理是：套有永磁转子的转轴与被控电动机的轴相连，用以接收转速信号，当速度继电器的转轴由电动机带动旋转时，永磁转子磁通切割圆环内的笼型绕组，笼型绕组感应出电流，该电流与磁场作用产生电磁转矩，在此转矩的推动下，圆环带动摆杆克服弹簧力顺电动机方向偏转一定角度，并拨动触点改变其通、断状态。调节弹簧松紧可调节速度继电器的触点在电动机不同转速时切换。

4. 继电器的使用及维护

（1）在更换小型继电器时，不要用力太猛而损坏有机玻璃外罩，使触点离开原始位置。焊接接线底座时最好用松香等中性焊剂，以防产生腐蚀或短路。

（2）定期检查继电器各个零部件。要求可动部分灵活可动，紧固件无松动，损坏的零部件应及时更换或修理。

（3）在使用中应定期去除污垢和尘埃。如果继电器的金属触点出现锈斑，则可用棉布蘸上汽油轻轻揩拭，不要用砂纸打磨。

（4）各继电器整定值的确定应该和现场的实际工作情况相适应，并通过对整定值的微调来实现。

（5）在实际使用中，继电器每年要通电校验一次。在设备经历过很大短路电流后，应注意检查各元件和金属触点有没有明显变形。若已明显变形，则应通电进行校验。

七、主令电器

主令电器是自动控制系统中用来发送控制命令的电器。

主令电器是用来接通和分断控制电路以发布命令或信号、改变控制系统工作状态的电器，广泛应用于各种控制线路。主令电器的种类繁多，常见的主令电器有控制按钮、行程开关等。

1. 控制按钮

控制按钮是一种结构简单、使用广泛的手动主令电器，在控制一般电路时发出手动指令远距离控制其他电器，再由其他电器去控制主电路或转移各种信号，也可以直接用来转换信号电路和电器联锁电路等。它适用于交流电压 500V 或直流电压为 400V、电流不大于 5A 的电路。

控制按钮的结构如图 2.21 所示。

控制按钮一般由按钮、恢复弹簧、桥式动触点、静触点、外壳等组成。控制按钮的电气符号如图 2.22 所示。

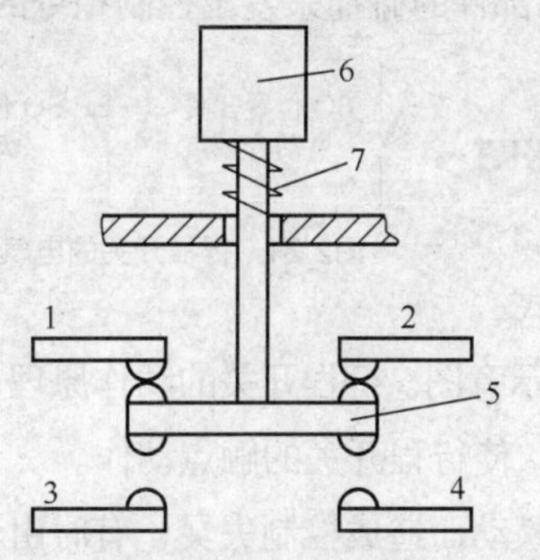

1，2，3，4—静触点；5—桥式动触点；
6—按钮；7—恢复弹簧

图2.21　控制按钮的结构图

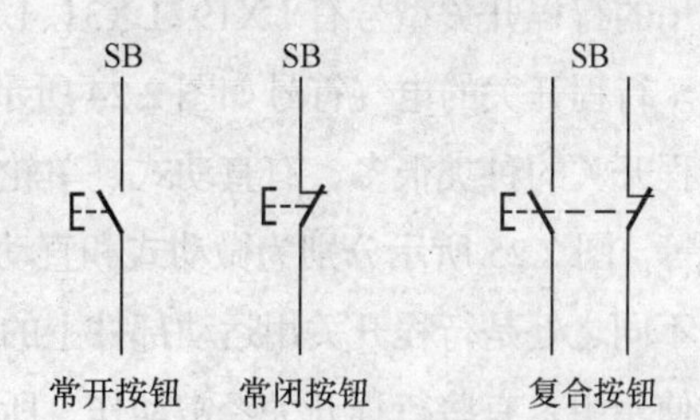

图2.22　控制按钮的电气符号

常态（未受外力）时，在恢复弹簧 7 的作用下，静触点 1、2 与桥式动触点 5 闭合，该触点习惯上称为常闭（动断）触点；静触点 3、4 与桥式动触点 5 分断，该触点习惯上称为常开（动合）触点。当按下按钮 6 时，桥式动触点 5 先和静触点 1、2 分断，然后和静触点 3、4 闭合。常用的控制按钮的型号有 LA2、LA10、LA18、LA19、LA20、LA25 等系列，其中 LA25 是全国统一设计的新型号，而且 LA25 和 LA18 系列是组合式结构，其触点数可按需要拼装。LA19、LA20 系列有带指示灯和不带指示灯两种。

控制按钮的主要技术要求包括规格、结构形式、触点对数和按钮颜色。常用的规格为交流额定电压 500V、额定电流 5A。不同的场合可以选用不同的结构形式，一般有以下几种：紧急式——装有突出的蘑菇形钮帽，以便紧急操作；旋钮式——用手旋转进行操作；指示灯式——在透明的按钮内装有信号灯，以便信号显示；钥匙式——为使用安全起见，用钥匙插入方可旋转操作。为便于识别各个按钮的作用，避免误操作，通常将按钮帽做成不同颜色以示区别，其颜色有红、绿、黄、蓝、白等，红色表示停止按钮，绿色表示启动按钮。

按钮的图形和文字符号如图 2.23 所示。

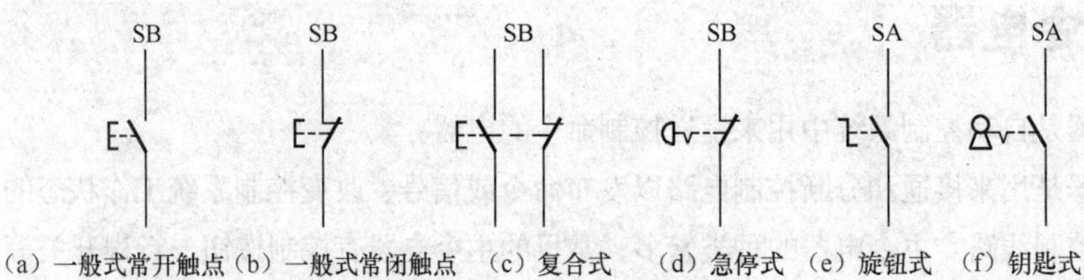

（a）一般式常开触点（b）一般式常闭触点 （c）复合式 （d）急停式 （e）旋钮式 （f）钥匙式

图2.23 按钮的图形符号和文字符号

按钮的选择主要根据使用场合、触点数和颜色等来确定。更换按钮时应注意："停止" 按钮必须是红色的，"急停" 按钮必须用红色蘑菇按钮，"启动" 按钮是绿色的。按钮必须有金属的防护挡圈，且挡圈必须高于按钮帽，这样可以防止意外触动按钮帽时产生误动作。安装按钮的按钮板和按钮盒必须是金属的，并与总接地线相连，悬挂式按钮应有专用接地线。

2. 行程开关

行程开关又称为限位开关，是一种利用生产机械的某些运动部件的碰撞来发出控制指令的电器，用于生产机械的运动方向、行程的控制和位置保护。

常用的行程开关型号有 LX19、LX31、LX32、LX33 以及 JLXK1 等系列。行程开关的电气符号如图 2.24 所示。

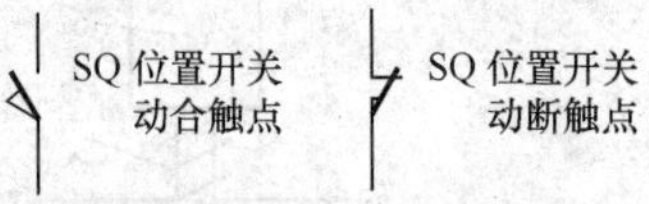

SQ 位置开关动合触点　SQ 位置开关动断触点

图2.24 行程开关的电气符号

行程开关的种类很多，有直动式、单轮滚动式、双轮滚动式、微动式等。图 2.25 所示分别为微动式和直动式行程开关的结构示意图。行程开关的动作原理与按钮类似，不同之处是行程开关用运动部件上的撞块来碰撞其推杆，使行程开关的触点动作。

在使用中，有些行程开关经常动作，所以安装的螺钉容易松动而造成控制失灵；有时由于灰尘或油类进入而引起不灵活，甚至接不通电路。因此，应对行程开关进行定期检查，除去油垢及粉尘，清理触点，经常检查动作是否可靠，及时排除故障。

3. 接近开关

接近开关又称无触点行程开关，它除了可以完成行程控制和限位保护外，还是一种非接触型的检测装置，常常用来检测零件的尺寸或测速，也可用于变频计数器、变频脉冲发生器、液面控制和加工程序的自动衔接等。接近开关可以克服有触点限位开关可靠性较差、使用寿命短和操作频率低的缺点。

常用的接近开关有电感式和电容式两种。

图 2.26 所示为电感式接近开关的工作原理图。

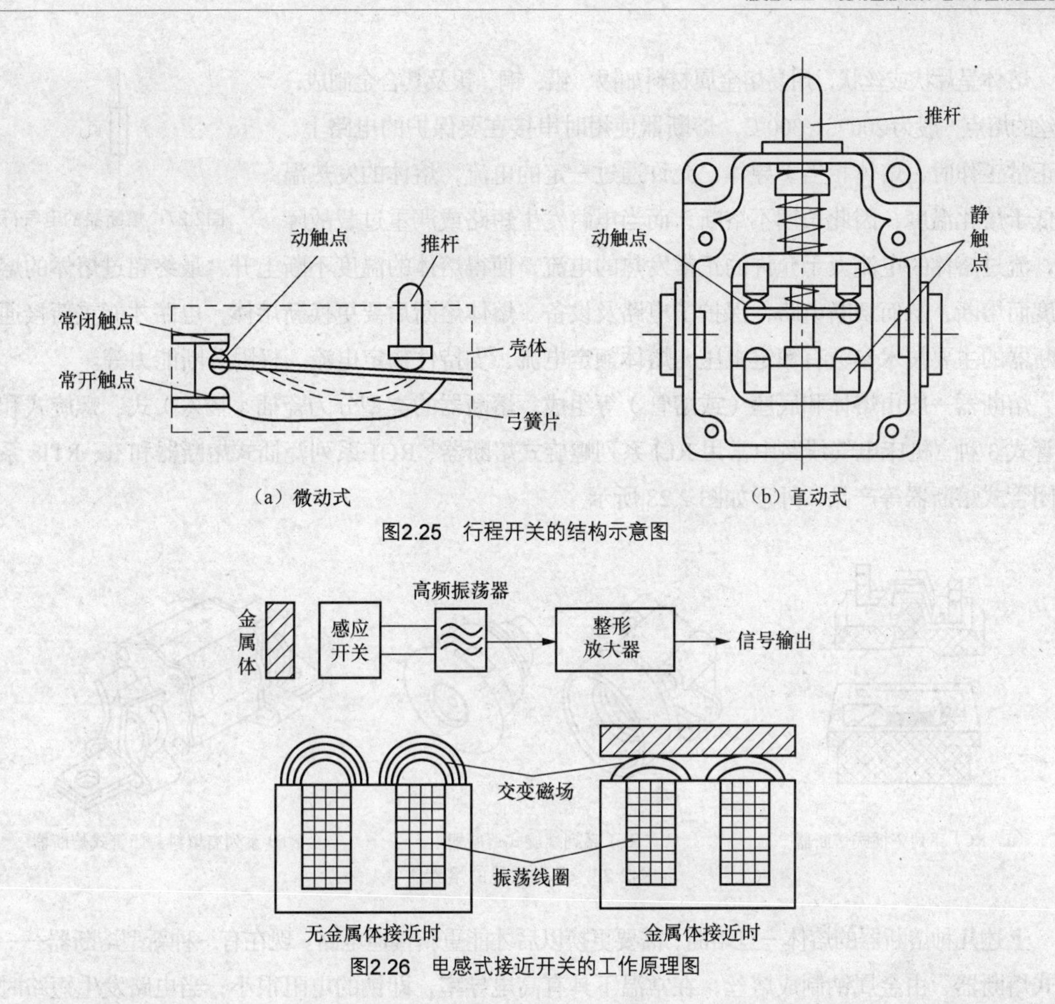

（a）微动式 （b）直动式

图2.25 行程开关的结构示意图

图2.26 电感式接近开关的工作原理图

电感式接近开关由一个高频振荡器和一个整形放大器组成，振荡器振荡后，在开关的检测面产生交变磁场。当金属体接近检测面时，金属体产生涡流，吸收了振荡器的能量，使振荡减弱以致停振。“振荡”和“停振”这两种状态由整形放大器转换成“高”和“低”两种不同的电平，从而起到“开”和“关”的控制作用。目前常用的电感式接近开关有 LJ11、LJ2 等系列。

电容式接近开关的感应头是一个圆形平板电极，既能检测金属，又能检测非金属及液体，因而应用十分广泛，常用的有 LXJ15 系列和 TC 系列。

接近开关的选用主要从以下两方面考虑。

（1）因价格高，仅用于工作频率高、可靠性及精度要求均较高的场合。

（2）按动作距离要求选择型号、规格。

八、熔断器

1. 熔断器的结构和原理

低压熔断器是在低压线路及电动机控制电路中起短路保护作用的电器。它由熔体（俗称保险丝）和安装熔体的绝缘底座或绝缘管等组成。熔断器的电气符号如图 2.27 所示。

熔体呈片状或丝状，用易熔金属材料如锡、铅、铜、银及其合金制成，熔丝的熔点一般为200℃～300℃。熔断器使用时串接在要保护的电路上，在正常工作时，熔体相当于导体，允许通过一定的电流，熔体的发热温度低于熔化温度，因此长期不熔断；而当电路发生短路或严重过载故障时，流过熔体的电流大于允许的正常发热的电流，使得熔体的温度不断上升，最终超过熔体的熔化温度而熔断，从而切断电路，保护了电路及设备。熔体熔断后要更换新熔体，电路才能重新接通。熔断器的主要技术参数有额定电压、熔体额定电流、支持件额定电流、极限分断能力等。

FU

图2.27 熔断器的电气符号

熔断器一般由熔体和底座（或熔管）等组成。熔断器的类型分为瓷插（插入）式、螺旋式和封闭管式 3 种。机床电气线路中常用 RL1 系列螺旋式熔断器、RC1 系列瓷插式熔断器和 R、RT18 系列封闭管式熔断器等产品，外形如图 2.28 所示。

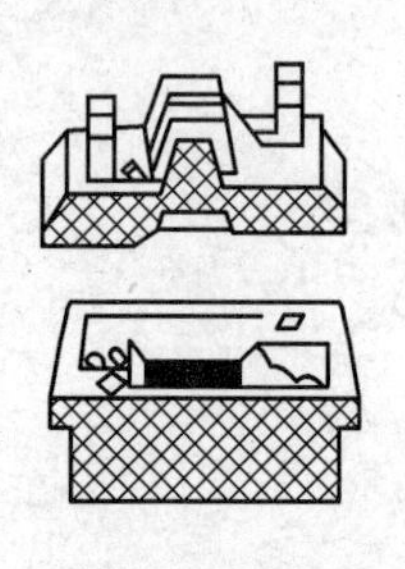

（a）RC1 系列瓷插式熔断器

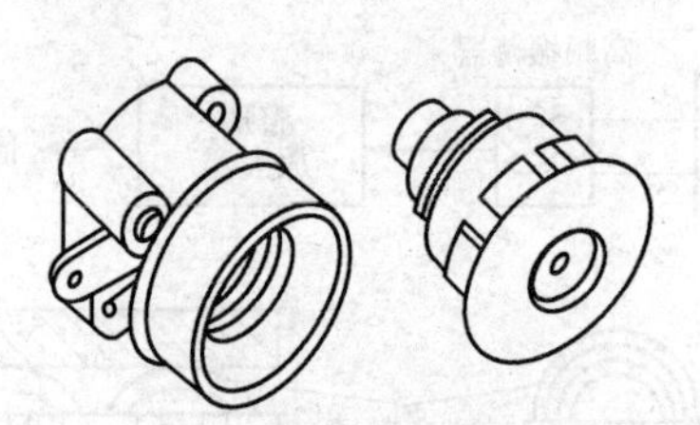

（b）RL1 系列螺旋式熔断器

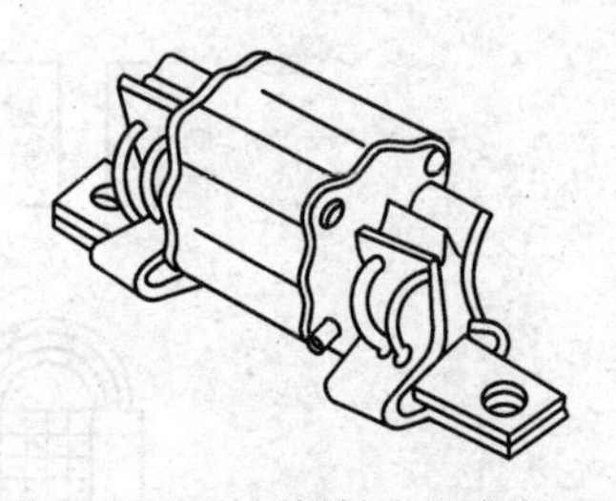

（c）RT0 系列有填料封闭管式熔断器

图2.28 几种常见的熔断器

上述几种熔断器的熔体一旦熔断，需要更换以后才能重新接通电路。现在有一种新型熔断器——自复式熔断器，由金属钠制成熔丝，在常温下具有高电导率，即钠的电阻很小；当电路发生短路时，短路电流产生高温，使钠汽化，气态钠的电阻很大，从而限制了短路电流。当短路电流消失后，温度下降，气态钠又变成固态钠，恢复原有的良好的导电性。自复式熔断器的优点是不必更换熔断器，可重复使用。但它只能限制故障电流，不能分断故障电路，因而常与断路器串联使用，提高电路分断能力。常用的型号有 RZ1 系列。熔断器的型号和含义如图 2.29 所示。

2. 熔断器的使用及维护

（1）应正确选用熔体和熔断器。有分支电路时，分支电路的熔体额定电流应比前一级小 2～3 级。对不同性质的负载，如照明电路、电动机电路的主电路和控制电路等，应尽量分别保护，装设单独的熔断器。

（2）必须在电源断开后，才能更换熔体或熔管，以防止触电；尤其不允许在负荷未断开时带电换熔丝，以免发生电弧烧伤。

（3）熔体烧断后，应查明原因，排除故障后，才可更换。更换的新熔体规格要与原来的熔体一致。不要随意加大熔体，更不允许用金属导线代替熔断器接入电路。

（4）对于带有熔断指示器的熔断器，应该经常注意检查指示器的情况。若发现熔体已经烧断，应及时更换。

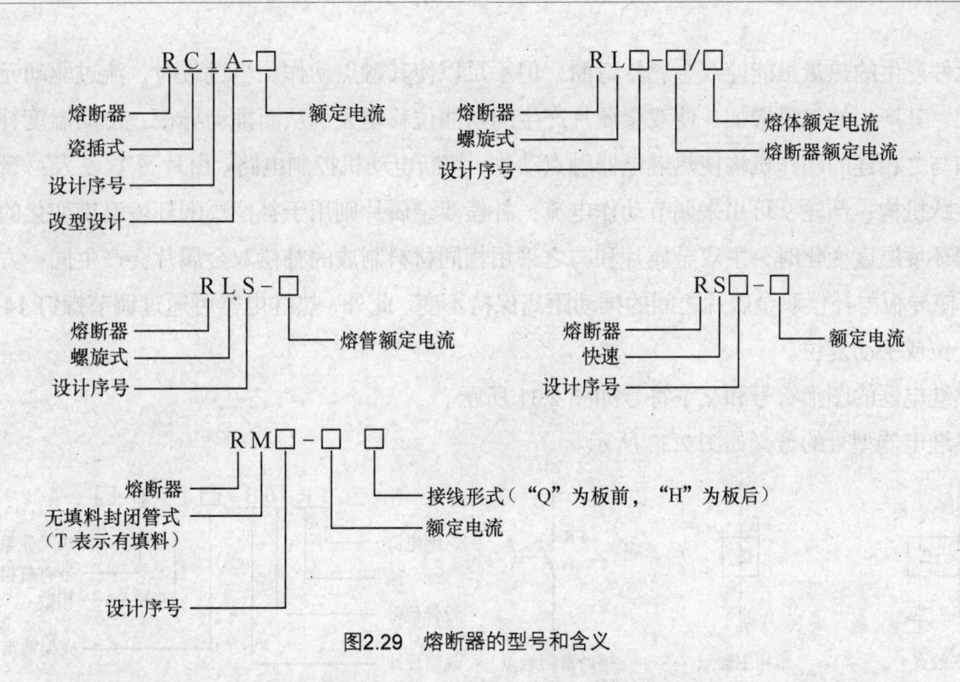

图2.29　熔断器的型号和含义

九、热继电器

电动机在实际运行中，短时过载是允许的，但如果长期过载或断相运行，虽然熔断器是不会熔断的，但这会引起电动机过热，损坏绕组的绝缘，缩短电动机的使用寿命，严重时甚至会烧坏电动机。因此必须采取过载保护措施，最常用的是利用热继电器进行过载保护。

1. 热继电器的结构和原理

热继电器是一种利用电流的热效用原理进行工作的保护电器。热继电器的种类很多，其中双金属片式由于结构简单、体积较小、成本较低，同时选择适当的热元件可以得到良好的反时限特性，即电流越大越容易动作，所以应用最广泛。图 2.30 所示为热继电器的结构示意图。

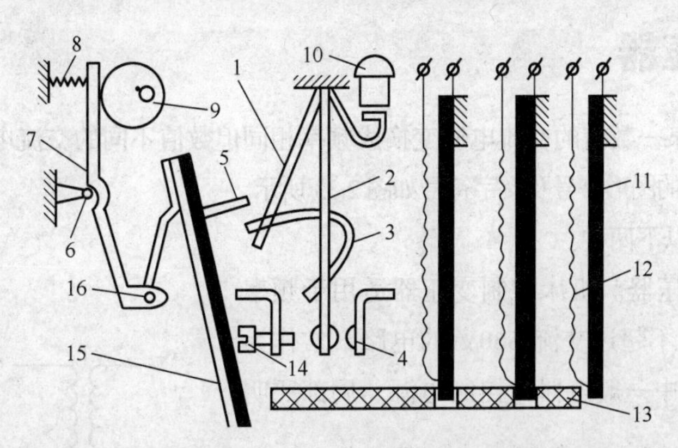

1，2—片簧；3—弓簧；4—触点；5—推杆；6—固定转轴；7—杠杆；8—压簧；9—凸轮；10—手动复位按钮；11—双金属片；12—驱动元件；13—导板；14—调节螺钉；15—补偿双金属片；16—轴

图2.30　热继电器的结构示意图

驱动元件串接在电动机定子绕组中，绕组电流即为流过驱动元件的电流。当电动机正常工作时，

驱动元件产生的热量虽能使双金属片弯曲，但不足以使其触点动作。当过载时，流过驱动元件的电流增大，其产生的热量增加，使双金属片产生的弯曲位移增大，从而推动导板，带动温度补偿双金属片和与之相连的动作机构使热继电器触点动作，切断电动机控制电路。由片簧 1、2 及弓簧 3 构成一组跳跃机构；凸轮 9 可用来调节动作电流；补偿双金属片则用于补偿周围环境温度变化的影响，当周围环境温度变化时，主双金属片和与之采用相同材料制成的补偿双金属片会产生同一方向的弯曲，可使导板与补偿双金属片之间的推动距离保持不变。此外，热继电器可通过调节螺钉 14 来选择自动复位或手动复位。

热继电器的图形符号和文字符号如图 2.31 所示。

热继电器型号的含义如图 2.32 所示。

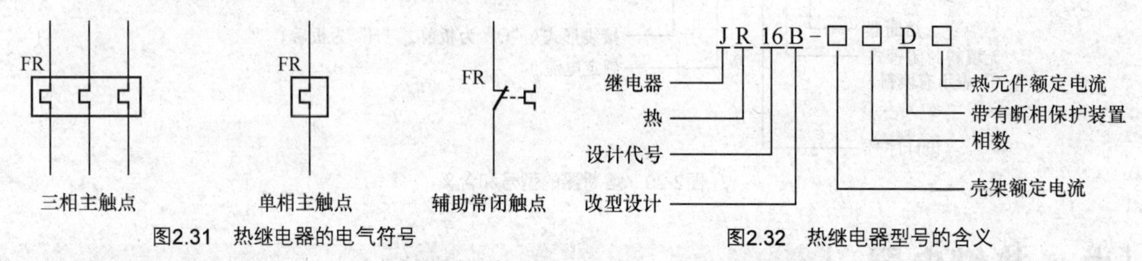

图2.31 热继电器的电气符号

图2.32 热继电器型号的含义

常用的热继电器有 JR0、JR14、JR15、JR16、JR16B、JR20 等系列。JR20 是更新换代产品，引进产品有 T 系列、3UA 系列等。

2. 热继电器的使用

（1）一般情况下可选用两相结构的热继电器。对于工作在环境较差、供电电压不稳等条件下的电动机，宜选用三相结构的热继电器。定子绕组采用为三角形接法的电动机，应采用有断相保护装置的热继电器。

（2）热元件的额定电流等级一般略大于电动机的额定电流。

（3）由于热元件受热变形需要时间，故热继电器不能作短路保护。

十、控制变压器

变压器是一种将某一数值的交流电压变换成频率相同但数值不同的交流电压的静止电器。

单相、三相变压器的图形符号及文字符号如图 2.33 所示。

变压器的类型有以下两种。

（1）机床控制变压器。机床控制变压器适用于频率 50～60Hz、输入电压不超过交流 660V 的电路，常作为各类机床、机械设备中一般电器的控制电源、局部照明及指示灯的电源。

（2）三相变压器。在三相交流系统中，三相电压的变换可用一台三相变压器来实现。在数控机床中，三相变压器主要给伺服系统供电。

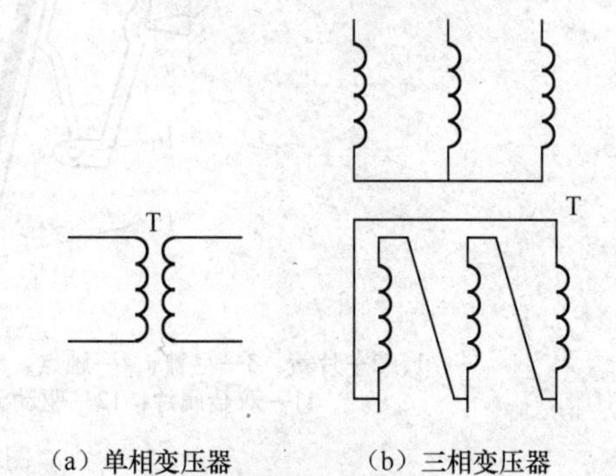

（a）单相变压器 （b）三相变压器

图2.33 变压器的电气符号

十一、直流稳压电源

直流稳压电源的功能是将非稳定交流电源变成稳定直流电源。

在数控机床电气控制系统中，需要稳压电源给驱动器、控制单元、直流继电器及信号指示灯等提供直流电源。在数控机床中主要使用开关电源。

图 2.34 所示为开关电源的电气符号。

选择开关电源时，需要考虑电源的输出电压路数、电源的尺寸及环境条件等因素。

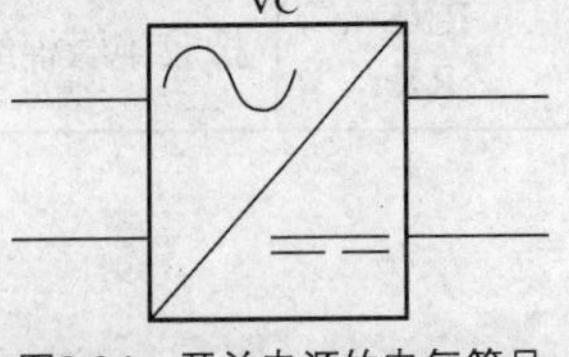

图2.34 开关电源的电气符号

十二、导线和电缆

数控机床上主要使用三种类型的导线：动力线、控制线、信号线，相对应有三种类型的电缆。导线的选择应考虑工作条件和环境影响。导线的横截面积、材质、绝缘材料等都是设计时要考虑的因素，可以参考相关技术手册。

常用绝缘电线的型号、名称和用途如表 2.3 所示。

表 2.3 常用绝缘电线的型号、名称和用途

型 号	名 称	用 途
BLXF	铝芯氯丁橡胶线	适用于交流额定电压 500V 以下或直流 1000V 以下的电气设备及照明装置
BXF	铜芯氯丁橡胶线	
BLX	铝芯橡胶线	
BX	铜芯橡胶线	
BXR	铜芯橡胶软线	
BV	铜芯聚氯乙烯绝缘软线	适用于各种交流、直流电器装置，电工仪器、仪表，电信设备，动力及照明线路固定敷设
BLV	铝芯聚氯乙烯绝缘电线	
BVR	铜芯聚氯乙烯绝缘软电线	
BVV	铜芯聚氯乙烯绝缘聚氯乙烯护套圆型电线	
BLVV	铝芯聚氯乙烯绝缘聚氯乙烯护套电线	
BVVB	铜芯聚氯乙烯绝缘聚氯乙烯护套平型电线	
BLVVB	铝芯聚氯乙烯绝缘聚氯乙烯护套平型电线	
VB-105	铜芯耐热 105℃聚氯乙烯绝缘电线	
RV	铜芯聚氯乙烯绝缘软线	适用于各种交流、直流电器，电工仪器，家用电器，小型电动工具，动力及照明装置的连接
RVB	铜芯聚氯乙烯绝缘平型软线	
RVS	铜芯聚氯乙烯绝缘绞型软线	
RVV	铜芯聚氯乙烯绝缘聚氯乙烯护套圆型连接软电线	
RVVB	铜芯聚氯乙烯绝缘聚氯乙烯护套平型连接软电线	
RV-105	铜芯耐热 105℃聚氯乙烯绝缘连接软电线	

续表

型 号	名 称	用 途
RFB RFS	复合物绝缘平型软线 复合物绝缘绞型软线	适用于交流额定电压 250V 以下或直流 500V 以下的各种移动电器、无线电设备和照明灯座接线
RXS RX	橡胶绝缘棉纱编织软电线	适用于交流额定电压 300V 以下的电器、仪表、家用电器及照明装置

绘制机床电气原理图

电气原理图是根据生产机械运动形式对电气控制系统的要求，采用国家标准规定的电气图形符号和文字符号，按照电气设备和电器的工作顺序，详细表示电路、设备或成套装置的全部基本组成和连接关系，而不考虑实际位置的一种简图。

一、电路图

1. 主电路和辅助电路

按电路的功能来划分，控制线路可分为主电路和辅助电路。一般把交流电源和起拖动作用的电动机之间的电路称为主电路，它由电源开关、熔断器、热继电器的热元件、接触器的主触点、电动机以及其他按要求配置的启动电器等电气元件连接而成。主电路一般通过的电流较大，但结构形式和所使用的电气元件大同小异。主电路以外的电路称为辅助电路，即常说的控制回路，其主要作用是通过主电路对电动机实施一系列预定的控制。辅助电路的结构和组成元件随控制要求的不同而变化，辅助电路中通过的电流一般较小（在 5A 以下）。一般主电路用粗实线表示，画在左边（或上部）；辅助电路用细实线表示，画在右边（或下部）。

2. 对图形符号、文字符号的规定

电气控制线路图涉及大量的元器件，为了表达电气控制系统的设计意图，便于分析系统工作原理，安装、调试和检修控制系统，电气控制线路图必须采用符合国家标准的图形符号和文字符号。为了便于先进技术引进和国际交流，国家标准局参照 IEC（国际电工委员会）颁布的标准，制定了我国电气设备有关标准。在电气控制系统图中，电器元件的图形符号和文字符号必须使用国家统一规定的图形符号和文字符号。国家规定从 1990 年 1 月 1 日起，电气控制线路中的图形符号和文字符号必须符合最新的国家标准。

二、电气控制线路图

常用机械设备的电气控制线路图一般有电气原理图、电气安装图和电气接线图。

1. 电气原理图

图 2.35 所示为某机床电气控制系统的电气原理图。

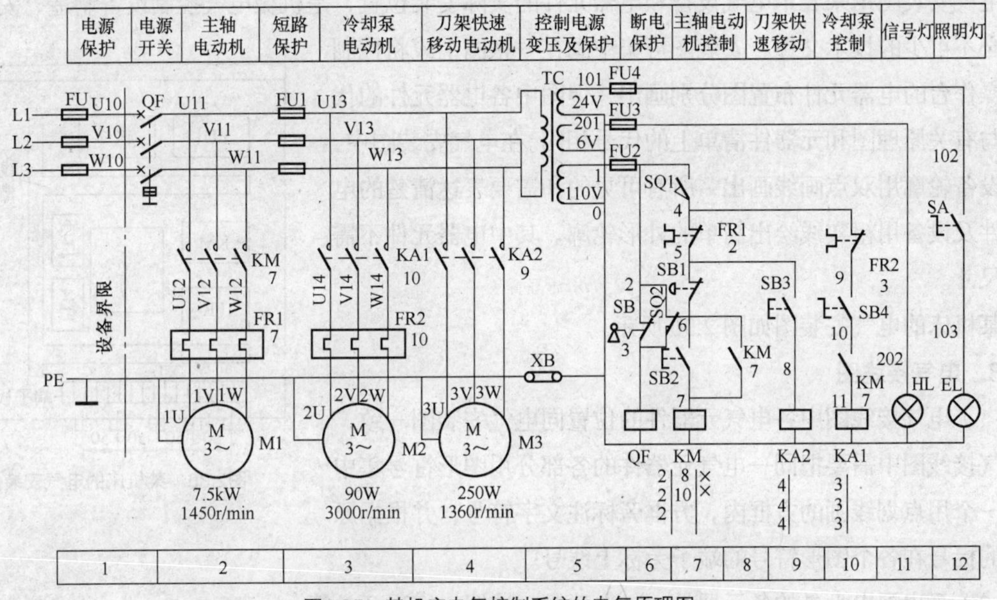

图2.35　某机床电气控制系统的电气原理图

电气原理图是用图形符号和项目代号来表示电器元件连接关系及电气工作原理的，它是在设计部门和生产现场广泛应用的电路图。

（1）电气原理图可水平或垂直布置。水平布置时，电源线垂直画，其他电路水平画，控制电路中的耗能元件（如线圈、电磁铁、信号灯等）画在电路的最右端。垂直布置时，电源线水平画，其他电路垂直画，控制电路中的耗能元件画在电路的最下端。

（2）一般将主电路和辅助电路分开绘制。

（3）电气原理图中，各电器元件不画实际的外形图，而是采用国家规定的统一标准来画，文字符号也要符合最新国家标准。属于同一电器的线圈和触点，都要用同一文字符号表示。当使用相同类型的电器时，可在文字符号后加注阿拉伯数字序号来区分。

（4）可将电气原理图分成若干图区，以便阅读查找。在其下方沿横坐标方向划分图区并用数字标明，同时在图的上方沿横坐标方向划区，分别标明该区电路的功能和作用。

（5）在电气原理图中，接触器和继电器线圈与触点的从属关系如下。

接触器触头位置的索引：在每个接触器线圈的文字符号下方画两条竖线，分成左、中、右 3 栏，把主触头所在图区号标在左边，辅助常开触头所在的图区号标在中间，辅助常闭触头所在的图区号标在右边，对备而未用的触头，在相应的栏中用“×”示出或不进行标注。

继电器触点位置的索引：在每个继电器线圈的文字符号下方画一条竖线，分成左、右两栏，常开触头所在的图区号标在左边，常闭触点所在的图区号标在右边，对备而未用的触头，在相应的栏中用“×”示出或不进行标注。

（6）电气元件的技术数据，除在电气元件明细表中标明外，有时也可用小号字体标在其图形符号的旁边。

2. 电气安装图

电气安装图用来表示电气设备和电器元件的实际安装位置，是机械电气控制设备制造、安装和维修必不可少的技术文件。安装图可集中画在一张图上或将控制柜、操作台的电器元件布置图分别画出，但图中各电器元件的代号应与有关原理图和元器件清单上的代号相同。在电气安装图中，机械设备轮廓用双点画线画出，所有可见的和需要表达清楚的电器元件及设备用粗实线绘出简单的外形轮廓。其中电器元件不需标注尺寸。

某机床的电气安装图如图 2.36 所示。

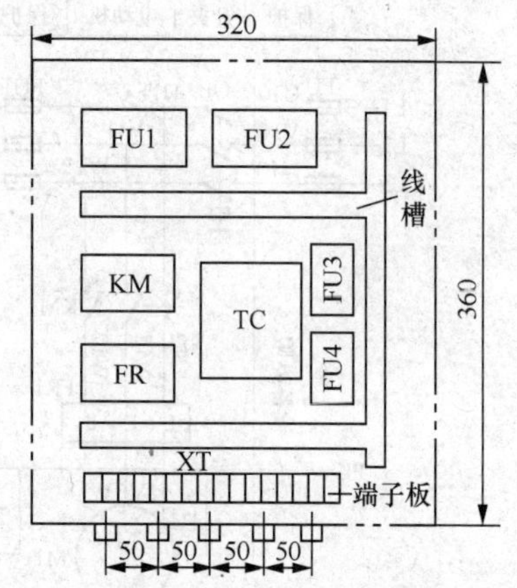

图2.36 某机床的电气安装图

3. 电气接线图

（1）电气接线图中各电气元器件的位置同电气安装图一致，在电气接线图中需要把同一电气元器件的各部分用图形符号集中画在一个用点划线画的方框内，方框旁标注文字符号，并根据原理图的标号在各个图形符号的端子旁标上线号。

（2）画出配电盘外的各元器件，如电动机、按钮、行程开关等。

（3）接线图中的导线有单根导线，也有导线组和电缆等，可用连续线和中断线来表示。

图 2.37 所示为某设备的电气接线图。

4. 电气原理图的电气常态位置

在识读电气原理图时，一定要注意图中所有电器元件的可动部分通常表示的是在电器非激励或不工作时的状态和位置，即常态位置。其中常见的器件状态有：

（1）继电器和接触器的线圈处在非激励状态；

（2）断路器和隔离开关处在断开位置；

（3）零位操作的手动控制开关处在零位状态，不带零位的手动控制开关处在图中规定的位置；

（4）机械操作开关和按钮处在非工作状态或不受力状态；

（5）保护用电器处在设备正常工作状态。

5. 原理图中连接端上的标志和编号

在电气原理图中，三相交流电源的引入线采用 L1、L2、L3 来标记，中性线以 N 表示。电源开关之后的三相交流电源主电路分别按 U、V、W 顺序标记，分级三相交流电源主电路采用文字代号 U、V、W 的前面加阿拉伯数字 1、2、3 等标记，如 1U、1V、1W 及 2U、2V、2W 等。电动机定子三相绕组首端分别用 U、V、W 标记，尾端分别用 U'、V'、W' 标记。双绕组的中点则用 U"、V"、W" 标记。

另外，根据电气原理图的复杂程度，既可将其完整地画在一起，也可按功能分块绘制，但整个线路的连接端是统一用字母和数字加以标记的，这样可方便地查找和分析其相互关系，保证电气原理图的一致性。

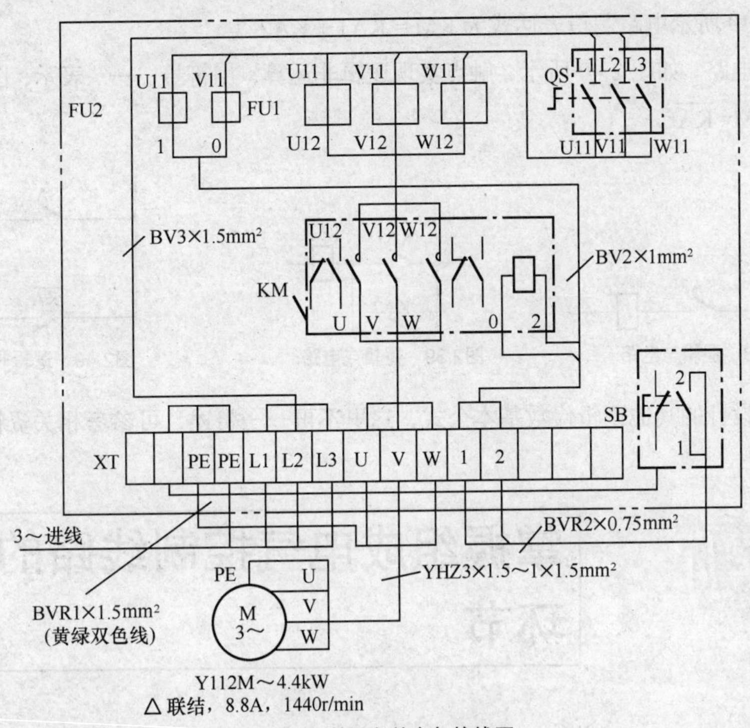

图2.37 某设备的电气接线图

任务四 掌握数控机床电气控制的逻辑表示

一、逻辑表示方法

逻辑变量通常用“0”和“1”来表示两种相反的逻辑状态。在电气控制中，常用逻辑变量描述开关、触点的开、关状态和线圈的得、失电。通常用“1”表示线圈通电，开关闭合状态；“0”则相反。因此继电器和接触器控制线路的基本规律是符合逻辑代数的运算规律的，是可以用逻辑代数来帮助设计和分析的。

二、逻辑运算法则

（1）逻辑与电路。如图 2.38 所示，触点串联实现逻辑与运算，相当于算术中的“乘”，用符号

“·”表示，图 2.38 所示电路逻辑表达式为 KM = KA1 · KA2。

（2）逻辑或电路。如图 2.39 所示，触点并联实现逻辑或运算，相当于算术中的“加”，用符号“+”表示，图 2.39 所示电路逻辑表达式为 KM = KA1 + KA2。

（3）逻辑非电路。如图 2.40 所示，触点实现逻辑非运算，用符号“—”表示，图 2.40 所示电路逻辑表达式为 $KM=\overline{KA}$ 。

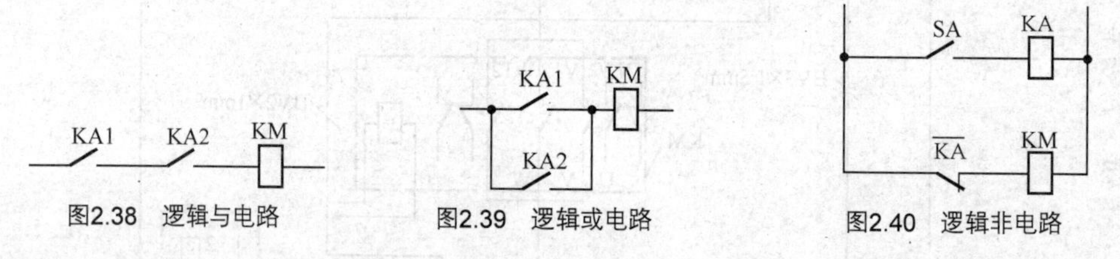

图2.38 逻辑与电路　图2.39 逻辑或电路　图2.40 逻辑非电路

逻辑运算中设计的其他逻辑代数基本公式，这里不再一一赘述，可参考相关资料。

任务五 掌握组成电气控制线路的基本环节

一、正转、点动及两地控制

1. 开关控制电路

图 2.41 所示为电动机的单向旋转开关控制电路，图中 M 为三相笼型感应电动机，Q 为刀开关，QF 为自动空气开关，FU 为熔断器。

图 2.41（a）所示为刀开关控制电路，图 2.41（b）所示为自动空气开关控制电路。它们用刀开关或自动空气开关直接控制电动机的启动和停车，一般适用于不频繁启动的小容量电动机。工厂中小型电动机如砂轮机、三相电风扇等常采用这种控制电路，但是这种控制电路不能实现远距离控制和自动控制。

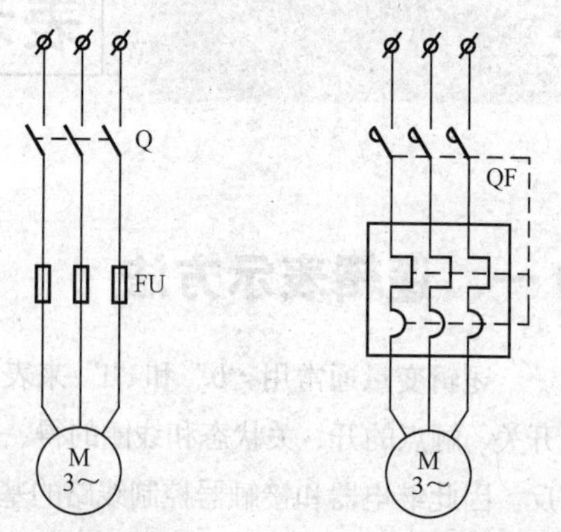

（a）刀开关控制电路　（b）自动空气开关控制电路

图2.41 单向旋转开关控制电路

2. 接触器点动控制电路

在需要频繁启动、停车的点动控制场合，一般采用由按钮、接触器等实现的点动控制电路（见图 2.42）。图中组合开关 QS、熔断器 FU、交流接触器 KM 的主触点、热继电器 FR 的热元件与电动机组成主电路，主电路中通过的电流较大。控制电路由启动按钮 SB、接触器 KM 的线圈及热继电器 FR 的常闭触点组成，控制电路中流过的电流较小。

控制线路的工作原理如下：接通电源开关 QS，按下启动按钮 SB，接触器 KM 的吸引线圈通电，常开主触点闭合，电动机定子绕组接通三相电源，电动机启动。松开启动按钮，接触器线圈断电，主触点分开，切断三相电源，电动机停止。

3. 接触器长动控制线路

图 2.43 所示为长动控制线路。

控制线路的工作原理如下：接通电源开关 QS，按下启动按钮 SB2 时，接触器 KM 吸合，主电路接通，电动机 M 启动运行；同时并联在启动按钮 SB2 两端的接触器辅助常开触点也闭合，故即使松开按钮 SB2，控制电路也不会断电，电动机仍能继续运行。按下停止按钮 SB1 时，KM 线圈断电，接触器所有触点断开，切断主电路，电动机停转。这种依靠接触器自身的辅助触点来使其线圈保持通电的现象称为自锁。

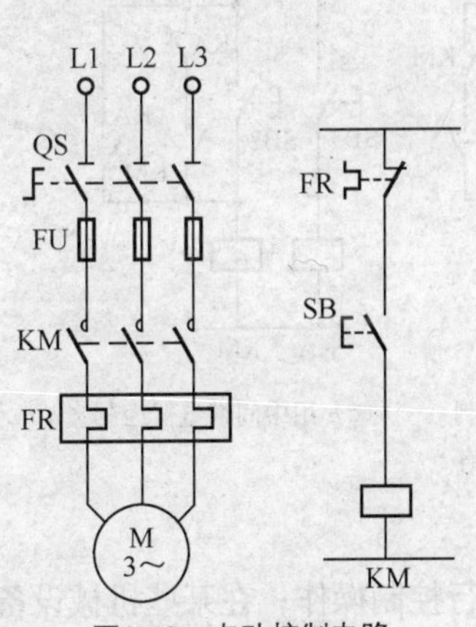

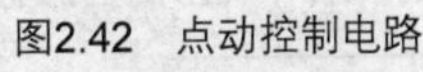
图2.42　点动控制电路

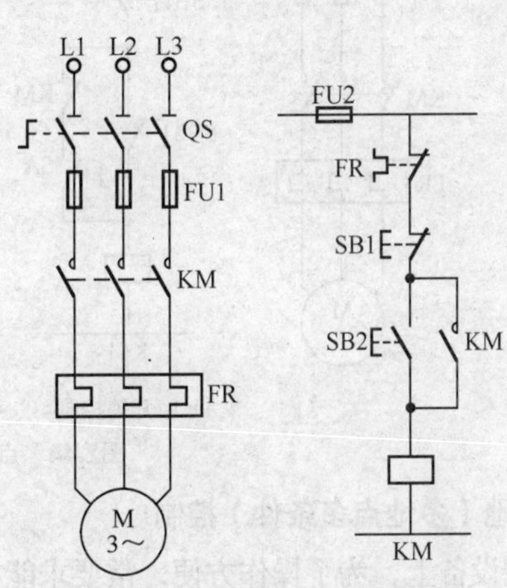

图2.43　长动控制线路

本电路具有以下 3 个保护环节。

（1）过载保护：由热继电器 FR 实现电动机的长期过载保护。热继电器的双金属片串接在电动机的主电路中，其常闭触点接在接触器的线圈控制回路中，当电动机发生长期过载时，热继电器的双金属片受热弯曲，使其常闭触点断开，切断接触器线圈的控制回路，接触器线圈失电，接触器的主触点断开，从而使电动机断电，起到电动机的过载保护作用。

（2）短路保护：由熔断器 FU1、FU2 分别实现电动机的主电路和控制电路的短路保护。

（3）失压和欠压保护：当电源电压因某种原因严重下降或消失（降到额定电压的 85%）时，接触器的电磁吸力下降或消失，使得接触器的衔铁释放，主触点和自锁触点断开，电动机停止转动。当线路电压正常时，接触器线圈不能自动通电，必须再次按下启动按钮 SB2 后才能重新启动，从而避免了线路正常后电动机突然启动所引起的设备或人身事故。具有自锁电路的接触器控制电路都有失压和欠压保护作用。

4. 长动和点动控制线路

在实际生产中，往往需要既可以点动又可以长动的控制线路。它们的主电路相同，但控制电路有多种，如图 2.44 所示。

比较图 2.44 所示的三种控制线路，图（a）比较简单，它是以开关 SA 的打开与闭合来区别点动与长动的，由于启动均用同一按钮 SB2 控制，若疏忽了开关的动作，就会混淆长动与点动的作用；图（b）虽然将点动按钮 SB3 与长动按钮 SB2 分开了，但当接触器铁芯因油腻或剩磁而发生缓慢释放时，点动可能变成长动，故虽简单但并不可靠；图（c）采用中间继电器实现点动控制，可靠性大大提高，点动时按 SB3，中间继电器 KA 的常闭触点断开接触器 KM 的自锁触点，KA 的常开触点使 KM 通电，电动机点动，连续控制时按 SB2 即可。

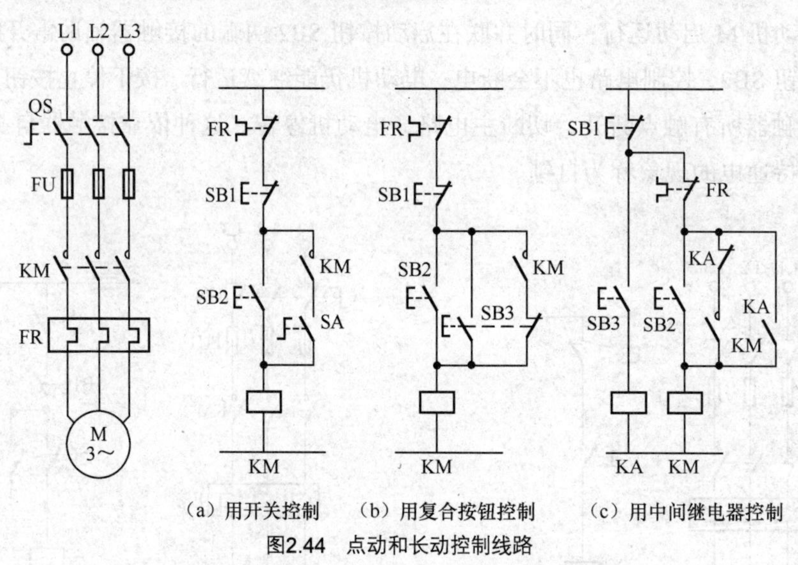

（a）用开关控制　（b）用复合按钮控制　（c）用中间继电器控制

图2.44　点动和长动控制线路

5. 两地（多地点多条件）控制

在大型设备上，为了操作方便，常要求能在多个地点进行控制操作；在某些机械设备上，为保证操作安全，需要满足多个条件，设备才能开始工作，这样的控制要求可通过在电路中串联或并联常闭触点和常开触点来实现。

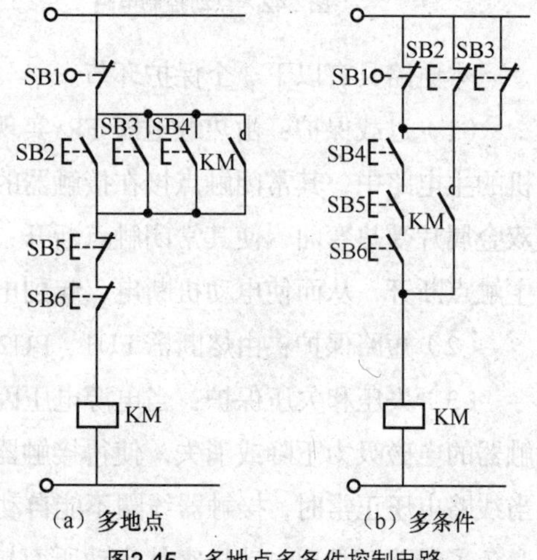

（a）多地点　（b）多条件

图2.45　多地点多条件控制电路

图 2.45（a）所示为多地点操作控制电路，KM 线圈的通电条件为按钮 SB2、SB3、SB4 的任一常开触点闭合，KM 辅助常开触点构成自锁，这里的常开触点并联构成逻辑或的关系，满足任一条件，接通电路；KM 线圈电路的切断条件为按钮 SB1、SB5、SB6 的任一常闭触点打开，常闭触点串联构成逻辑与的关系，其中满足任一条件，即可切断电路。图 2.45（b）所示为多条件控制电路，KM 线圈通电条件为按钮 SB4、SB5、SB6 的常开触点全部闭合，KM 的辅助常开触点构成自锁。即常开触点串联成为逻辑与的关系，全部条件满足，接通电路；KM 线圈电路的切断条件为按钮 SBl、SB2、SB3 的常闭触点全部打开，即常闭触点并联构成逻辑或的关系，全部条件满足，切断电路。

二、正反转控制

在生产实践中经常需要电动机能正反转，例如机床工作台的前进和后退、主轴的正转与反转、摇臂钻床摇臂的上升和下降、起重机吊钩的上升和下降等。控制电动机的正反转，可用改变输入三相电源相序的方法实现，只需将接至交流电动机的三相电源进线中的任意两相对调，即可实现反转。

1. 常用的电动机正反转控制电路

（1）用倒顺开关实现的正反转控制电路。图 2.46 所示为用倒顺开关控制的电动机的正反转的控制电路。图 2.46（a）为直接用倒顺开关实现电动机正反转控制的电路，由于倒顺开关无灭弧机构，所以只适用于容量小于 5.5kW 的电动机的正反转控制电路。对于容量大于 5.5kW 的电动机，则采用如图 2.46（b）所示的控制电路，通过倒顺开关预选电动机的旋转方向，而由接触器 KM 来接通和断开电源，控制电动机的启动和停车。此电路采用接触器控制，并且在主电路中接入了热继电器 FR，所以此电路具有失压、欠压和过载保护功能，熔断器 FU1 实现了电路保护。

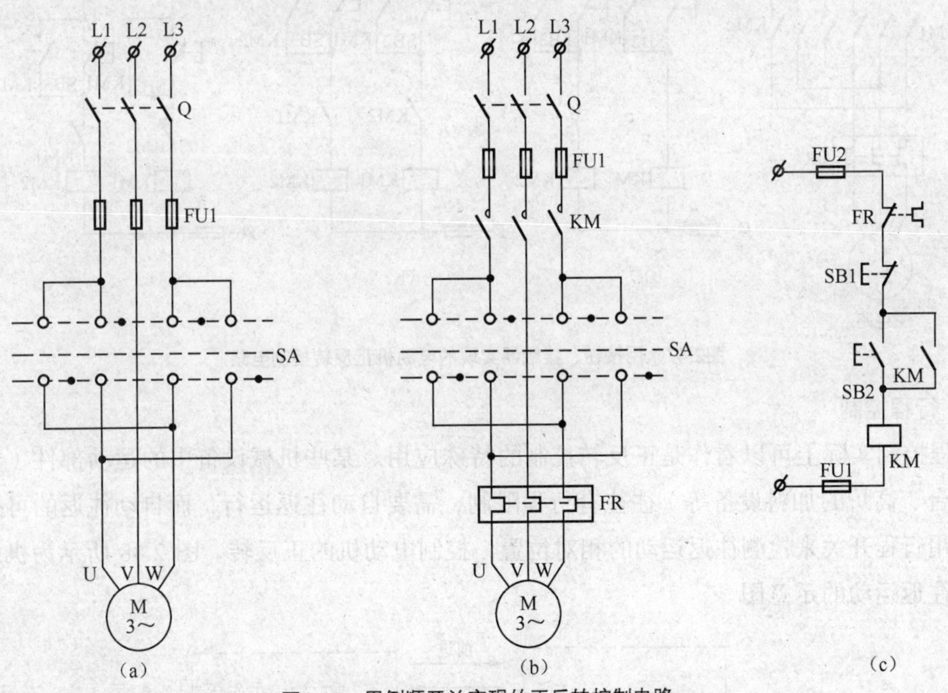

图2.46　用倒顺开关实现的正反转控制电路

（2）用按钮、接触器实现的正反转控制电路。图 2.47（a）所示为按钮控制的电动机正反转控制电路。其中 KM1 为正转接触器，KM2 为反转接触器。KM1 主触点闭合时与 KM2 主触点闭合时电动机的电源相序正好改变了其中两相的相序，实现了电动机的正反转。图 2.47（a）所示的控制电路有缺点：当误操作（即按下按钮 SB2 后又同时按下按钮 SB3）时，KM1、KM2 主触点同时闭合，使得电源短路，造成电动机无法正常工作甚至发生事故。因此，可将 KM1、KM2 正反转接触器的常闭辅助触点串接在对方线圈回路中（如图 2.47（b）所示），这样 KM1、KM2 线圈就不可能同时

得电，防止发生电源短路事故。这种由接触器或继电器常闭触点构成的互锁称为电气互锁。这种线路的主要缺点是操作不方便，为了实现其正反转，必须先按下停止按钮，然后再按启动按钮才行，这样难以提高劳动生产率。这种工作方式为“正转—停止—反转”。

为此，可以采用如图 2.47（c）所示的控制电路。该电路可以实现电动机由正转直接变反转或由反转直接变正转的操作，它是在图 2.47（b）的基础上增加了由启动按钮的常闭触点构成的机械互锁，构成了具有电气和机械双重互锁的控制电路。

利用接触器来控制电动机与用开关直接控制相比的优点是：减轻了劳动强度，操纵小电流的控制电路就可以控制大电流的主电路；能实现远距离控制与自动控制。

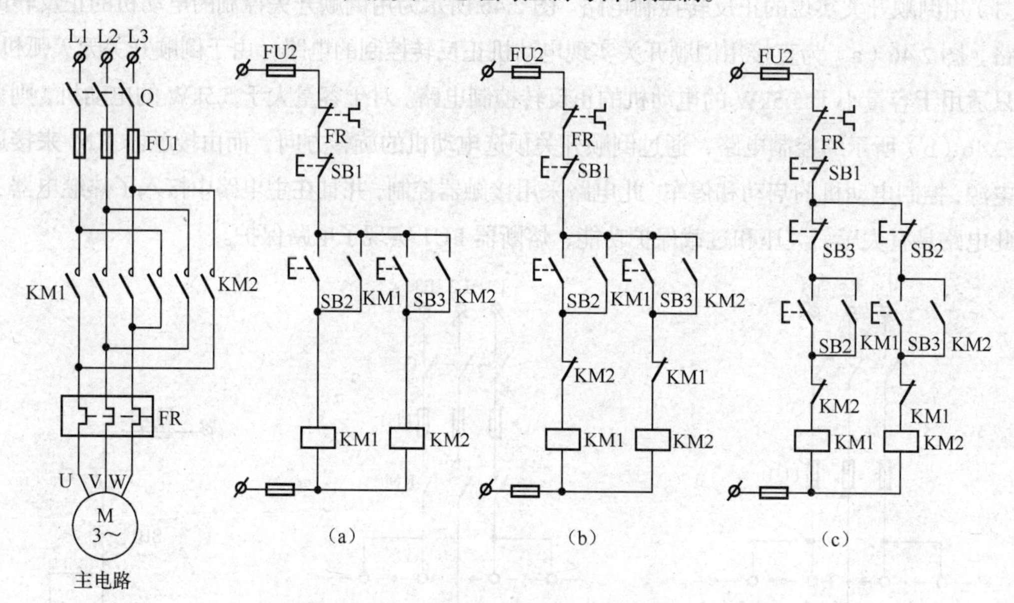

图2.47 用按钮、接触器实现的电动机正反转控制电路

2. 行程控制

行程控制实际上可以看作是正反转控制的特殊应用。某些机械设备中的运动部件（如机床的工作台、高炉的加料设备等）往往有行程限制，需要自动往返运行，而自动往返的可逆运行通常利用行程开关来检测往返运动的相对位置，控制电动机的正反转。图 2.48 所示为机床工作台自动往返运动的示意图。

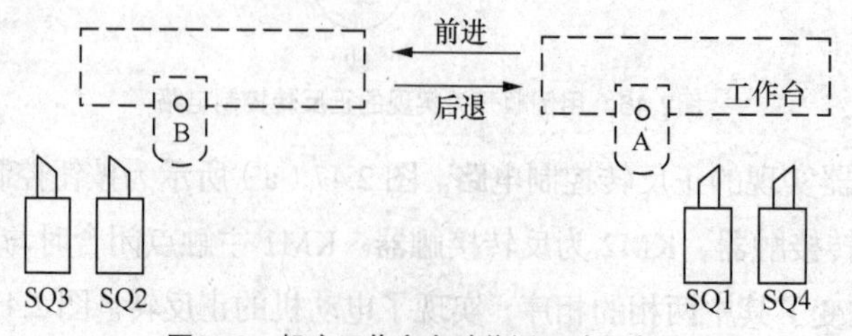

图2.48 机床工作台自动往返运动示意图

SQ1、SQ2 分别安装在床身两端，反映工作台的起点和终点。撞块 A、B 安装在工作台上，当撞块随着工作台运动到行程开关位置时，压下行程开关，使其触点动作，从而改变控制电路，使电

动机正反转，实现工作台的自动往返运动。

图 2.49 所示为用行程开关实现具有自动往返电动机的控制电路。

KM1 为正转接触器，KM2 为反转接触器。该电路的工作原理是：合上电源开关 Q，按下正向启动按钮 SB2，KM1 线圈得电并自锁，电动机正向启动，拖动工作台前进，当前进到位时，撞块压下行程开关 SQ2，其常闭触点断开，使 KM1 线圈失电，电动机停转，但同时 SQ2 的常开触点闭合，使 KM2 线圈得电，电动机反向启动，拖动工作台后退，当后退到位时，撞块又压下行程开关 SQ1，其常闭触点断开，使 KM2 线圈失电，电动机停转，但同时 SQ1 的常开触点闭合，KM1 线圈得电，电动机正向启动，拖动工作台前进，如此循环往返，实现了电动机的正反转控制。而行程开关 SQ3、SQ4 分别用于正反转的极限保护，避免工作台因超出极限位置而发生事故。该电路具有失压、欠压、过载和短路保护环节，同时还具有机械和电气互锁保护等保护环节。该电路在生产实践中得到了广泛的应用。

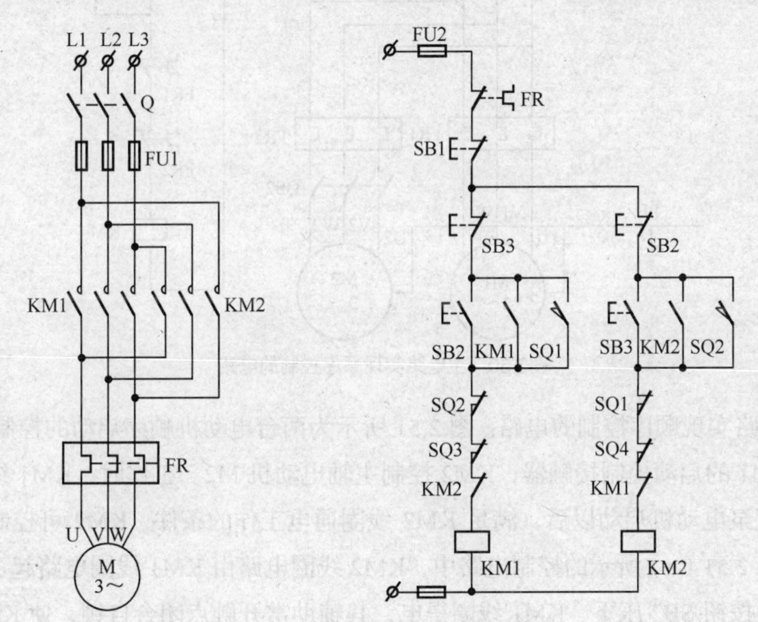

图2.49 电动机自动往返的控制电路

从以上分析来看，工作台每经过一个往复循环，电动机要进行两次转向改变，因而电动机的轴将受到很大的冲击力，容易扭坏。此外，当循环周期很短时，电动机频繁地换向和启动，会因过热而损坏。因此，上述线路只适用于循环周期长且电动机的轴有足够强度的传动系统。

上述利用行程开关按照机械设备的运动部件的行程位置进行的电动机控制称为行程控制。

三、顺序控制及时间控制

1. 顺序（条件）控制

实际生产中，有些设备常要求电动机按一定的顺序启动，如铣床工作台的进给电动机必须在主轴电动机已启动工作的条件下才能启动工作；某些自动加工设备必须在前一工步已完成，转换控制条件具备后，方可进入新的工步；还有一些设备要求液压泵电动机首先启动正常供液后，其他动力部件的驱动电动机方可启动工作。控制设备完成顺序启动电动机的电路，称为顺序启动控制电路或条件控制电路。

（1）主电路实现顺序控制的电路如图 2.50 所示。

KM 是液压泵电动机 M1 的启动控制接触器，QS2 控制主轴电动机 M2。工作时，KM 线圈得电，其主触点闭合，液压泵电动机启动以后，满足 QS2 通电工作的条件，QS2 可控制主轴电动机启动工作。

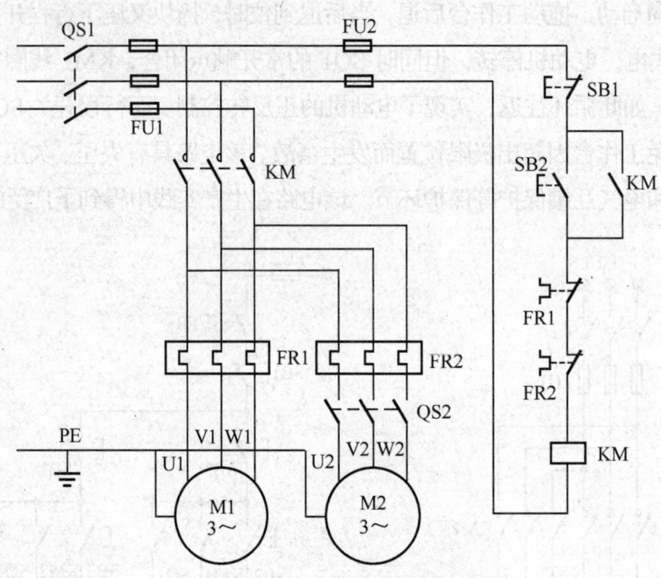

图2.50　主电路实现顺序控制的电路

（2）控制电路实现顺序控制的电路。图 2.51 所示为两台电动机顺序启动的控制电路。KM1 是液压泵电动机 M1 的启动控制接触器，KM2 控制主轴电动机 M2。工作时，KM1 线圈得电，其主触点闭合，液压泵电动机启动以后，满足 KM2 线圈通电工作的条件，KM2 可控制主轴电动机的启动工作。在图 2.51（a）所示的控制电路中，KM2 线圈电路由 KM1 线圈电路起、停控制环节之后接出，当启动按钮 SB2 压下，KM1 线圈得电，其辅助常开触点闭合自锁，使 KM2 线圈通电工作条件满足，此时通过主轴电动机的启、停控制按钮 SB4 与 SB3 控制 KM2 线圈电路的通、断电，控制主轴电动机的启动工作和断电停车。图 2.51（b）所示控制电路的 KM1 线圈电路与 KM2 线圈电路单独构成，KM1 的辅助常开触点作为一个控制条件串接在 KM2 的线圈电路中，只有 KM1 线圈得电，该辅助常开触点闭合，M1 液压泵电动机已启动工作的条件满足后，KM2 线圈才可开始通电工作。

2. 时间控制

在自动控制系统中，经常要延迟一段时间或定时接通和分断某些控制电路，以满足生产上的需要。下面介绍常见的电动机的时间控制电路——三相笼型异步电动机 Y-△减压启动控制电路。

图 2.52 所示为时间继电器控制的 Y-△减压启动控制电路，它是利用时间继电器来完成电动机的 Y-△自动切换的，电动机绕组先接成 Y 形，待转速增加到一定程度时，再将线路切换成△形连接。这种方法可使每相定子绕组所承受的电压在启动时降低到电源电压的 1/3，其电流为直接启动时的

1/3。由于启动电流减小，启动转矩也同时减小到直接启动的 1/3，所以这种方法一般只适用于空载或轻载启动的场合。

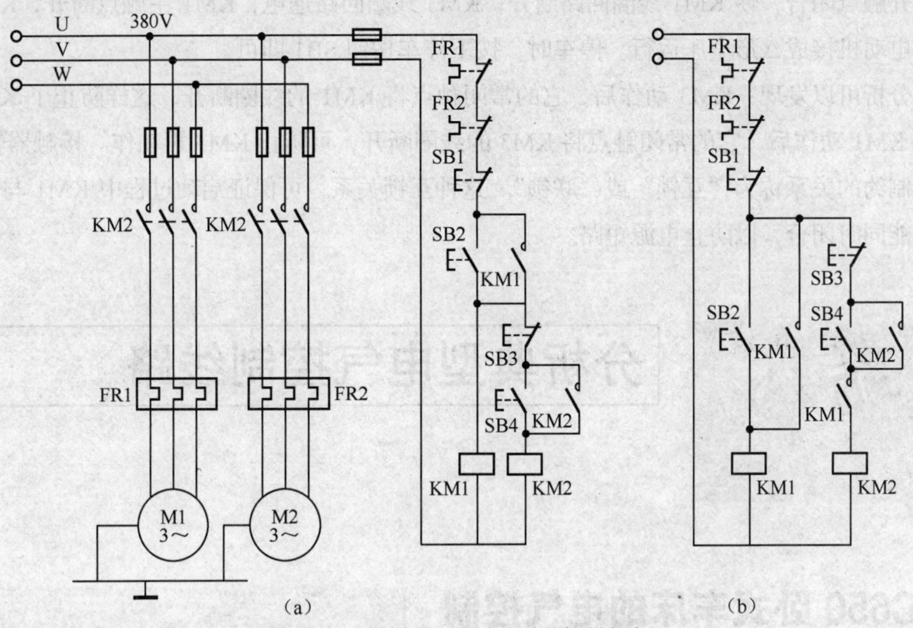

图2.51　两台电动机顺序启动的控制电路

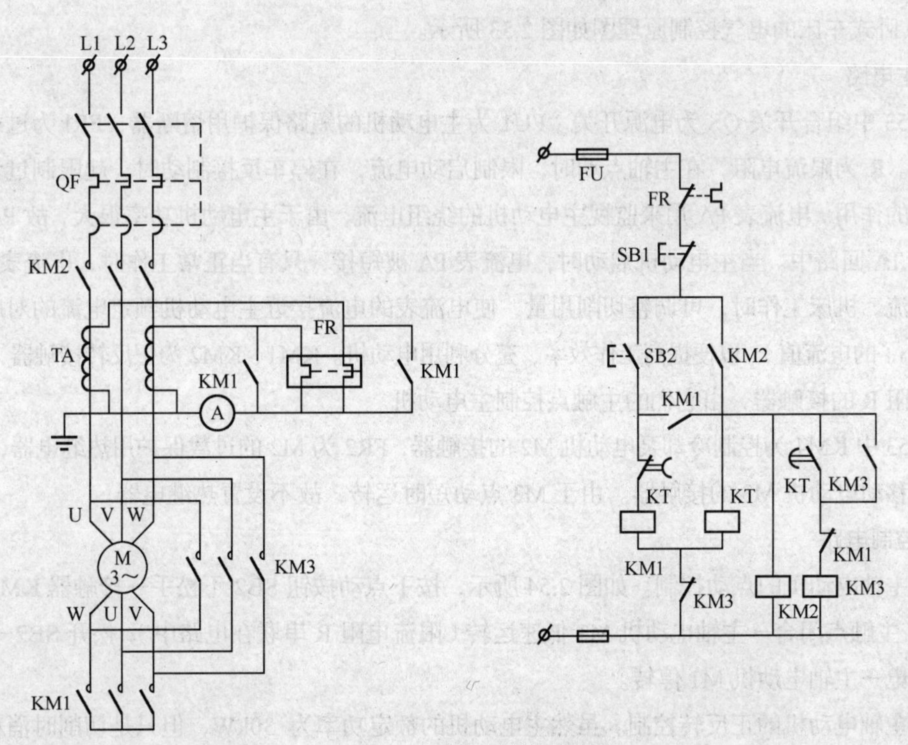

图2.52　Y-△减压启动控制电路

电路工作原理如下：合上电源开关 QF，按下按钮 SB2，KM1 线圈通电，其常开辅助触点闭合，

KM2 线圈也通电，同时 KT 线圈有电，开始计时；KM1、KM2 主触点闭合，电动机绕组连接成 Y 形启动，KM2 常开辅助触点闭合，起自锁作用；KT 计时时间到，其延时动作的常闭触点断开，延时动作的常开触点闭合，使 KM1 线圈回路断开，KM3 线圈回路通电，KM1 主触点断开，KM3 主触点闭合，电动机接成△形全压运行。停车时，按下停车按钮 SB1 即可。

通过分析可以发现：KM3 动作后，它的常闭触点将 KM1 的线圈断开，这样防止了 KM1 再动作；同样 KM1 动作后，它的常闭触点将 KM3 的线圈断开，可防止 KM3 再动作。接触器辅助触点这种互相制约的关系称为“互锁”或“联锁”。这种互锁关系，可保证启动过程中 KM1 与 KM3 的主触点不能同时闭合，以防止电源短路。

分析典型电气控制线路

一、C650 卧式车床的电气控制

C650 卧式车床的电气控制原理图如图 2.53 所示。

1. 主电路

图 2.53 中组合开关 QS 为电源开关。FU1 为主电动机的短路保护用熔断器，FRl 为过载保护用热继电器。R 为限流电阻，在主轴点动时，限制启动电流，在停车反接制动时，起限制过大的反向制动电流的作用。电流表 PA 用来监视主电动机的绕组电流，由于主电动机功率很大，故 PA 接入电流互感器 TA 回路中。当主电动机启动时，电流表 PA 被短接，只有当正常工作时，电流表 PA 才指示绕组电流。机床工作时，可调整切削用量，使电流表的电流接近主电动机额定电流的对应值（经 TA 后减小了的电流值），以便提高工作效率、充分利用电动机。KM1、KM2 为正反转接触器，KM3 用来短接电阻 R 的接触器，由它们的主触点控制主电动机。

图 2.53 中 KM4 为控制冷却泵电动机 M2 的接触器，FR2 为 M2 的过载保护用热继电器，KM5 为控制快速移动电动机 M3 的接触器。由于 M3 点动短时运转，故不设置热继电器。

2. 控制电路

（1）主轴电动机的点动控制。如图 2.54 所示，按下点动按钮 SB2 不松手→接触器 KM1 线圈通电→KM1 主触点闭合→主轴电动机 M1 低速运转（限流电阻 R 串联在电路中）；松开 SB2→KM1 线圈随即断电→主轴电动机 M1 停转。

（2）主轴电动机的正反转控制。虽然主电动机的额定功率为 30kW，但只是切削时消耗功率较大，启动时负载很小，因而启动电流并不很大，所以在非频繁点动的一般工作时，仍然采用全压直接启动。

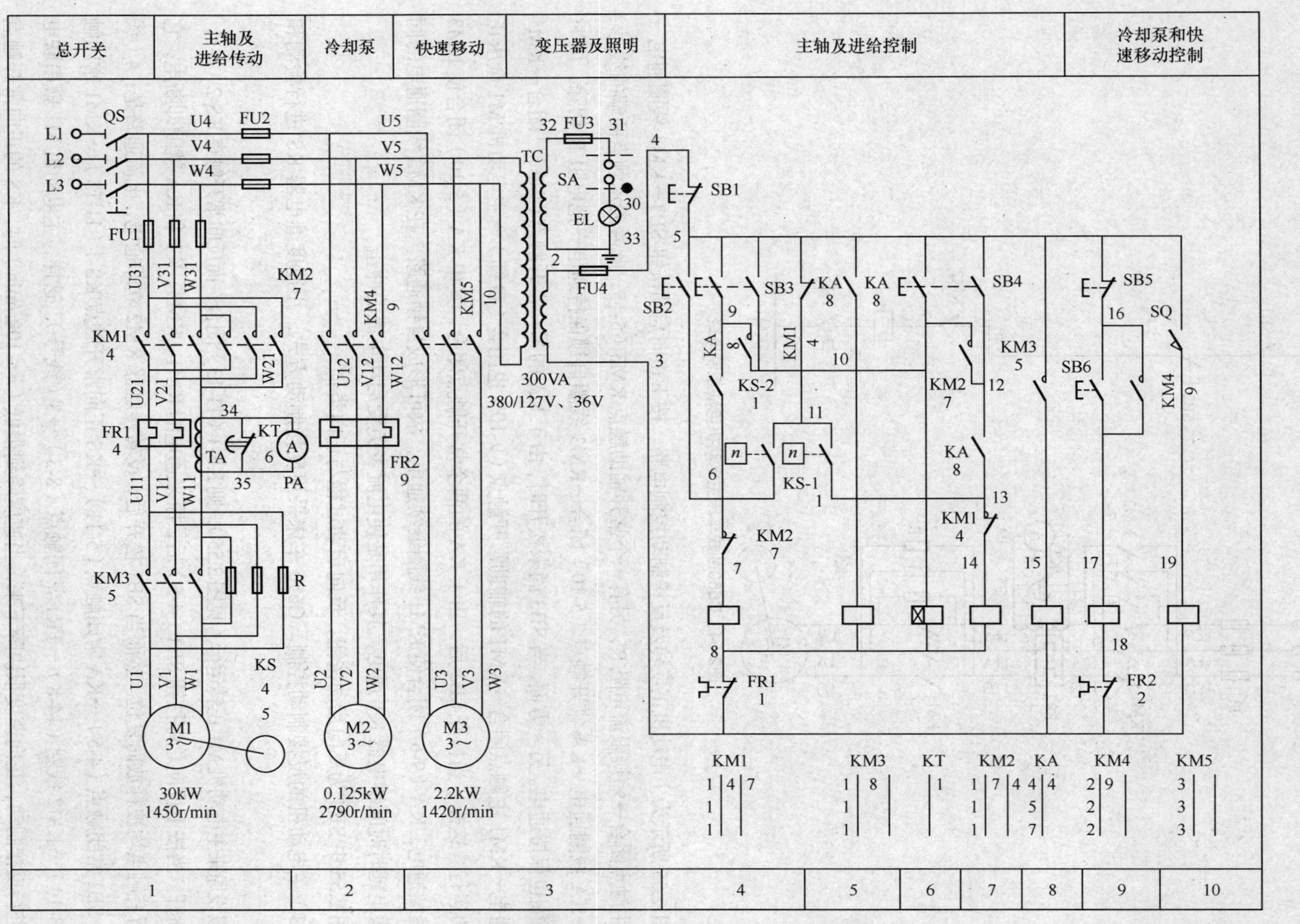

图2.53 C650卧式车床电气原理图

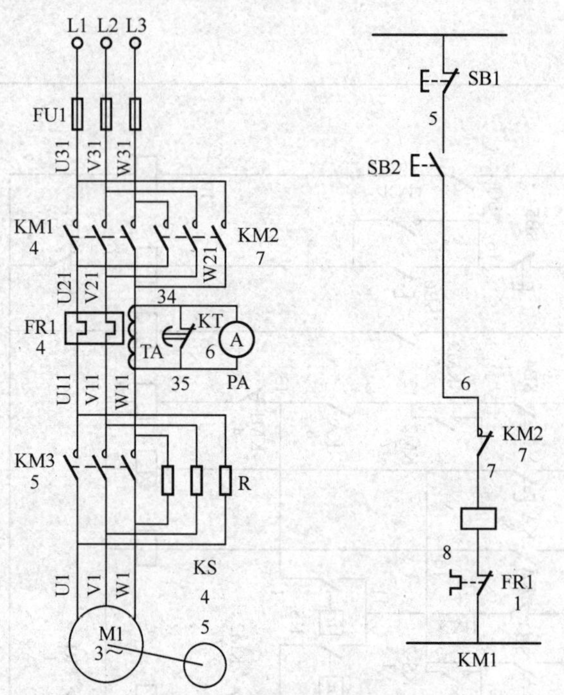

图2.54 C650卧式车床主电动机电动控制电路

图 2.55 所示为主电动机正反转及反接制动控制电路。按下正向启动按钮 SB3→KM3 线圈通电→KM3 主触点闭合→短接限流电阻 R，另有一个常开辅助触点 KM3（5-15，此号表示触点两端的线号）闭合→KA 线圈通电→KA 常开触点（5-10）闭合→KM3 线圈自锁保持通电→把电阻 R 切除，同时 KA 线圈也保持通电。另一方面，当 SB3 尚未松开时，由于 KA 的另一常开触点（9-6）已闭合→KM1 线圈通电→KM1 主触点闭合→KM1 的辅助常开触点（9-10）也闭合（自锁）→主电动机 M1 全压正向启动运行。这样，当松开 SB3 后，由于 KA 的两个常开触点闭合，其中 KA（5-10）闭合使 KM3 线圈继续通电，KA（9-6）闭合使 KM1 线圈继续通电，故可形成自锁通路。在 KM3 线圈通电的同时，通电延时时间继电器 KT 通电，其作用是使电流表免受启动电流的冲击。

图 2.55 中 SB4 为反向启动按钮，反向启动过程与正向类似。

（3）主电动机的反接制动控制。C650 车床采用反接制动方式，用速度继电器 KS 进行检测和控制。

假设原来主电动机 M1 正转运行（见图 2.55），则 KS-1（11-13）闭合，而反向常开触点 KS-2（6-11）依然断开。当按下反向总停按钮 SB1（4-5）后，原来通电的 KM1、KM3、KT 和 KA 就随即断电，它们的所有触点均被释放而复位。然而当 SB1 松开后，反转接触器 KM2 立即通电，电流通路是：4（线号）→SB1 常闭触点（4-5）→KA 常闭触点（5-11）→KS 正向常开触点 KS-1（11-13）→KM1 常闭触点（13-14）→KM2 线圈（14-8）→FR1 常闭触点（8-3）→3（线号），这样，主电动机 M1 就串联电阻 R 进行反接制动，正向速度很快降下来，当速度降到很低（$n \leqslant 100$r/min）时，KS 的正向常开触点 KS-1（11-13）断开复位，从而切断了上述电流通路。至此，正向反接制动就结束了。

反向反接制动过程同正向类似。

（4）主轴电动机负载检测及保护环节。C650 车床采用电流表检测主轴电动机定子电流。为防止启动电流的冲击，采用时间继电器 KT 的常闭通电延时断开触点连接在电流表的两端，为此，KT 延时应稍长于启动时间。而当制动停车时，当按下停止按钮 SB1 时，KM3、KA、KT 线圈相继断电释放，KT 触点瞬时闭合，将电流表短接，不会受到反接制动电流的冲击。

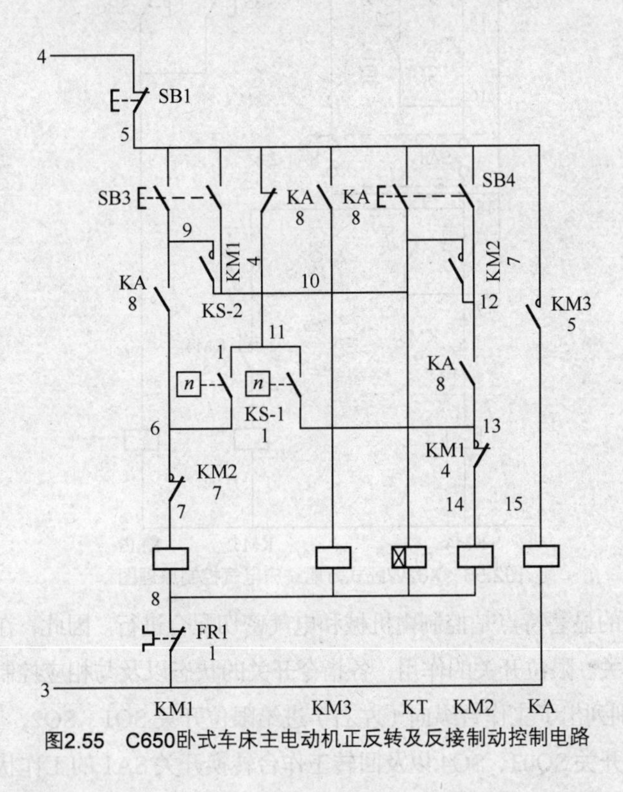

图2.55　C650卧式车床主电动机正反转及反接制动控制电路

（5）刀架快速移动控制。在图 2.53 中，转动刀架手柄，限位开关 SQ（5-19）被压动而闭合，使得快速移动接触器 KM5 线圈通电，快速移动电动机 M3 启动运转；而当刀架手柄复位时，M3 停转。

（6）冷却泵控制。在图 2.53 中，按 SB6（16-17）按钮→接触器 KM4 线圈通电并自锁→KM4 主触点闭合→冷却泵电动机 M2 启动运转；按下 SB5（5-16）→接触器 KM4 线圈断电→M2 停转。

3. 辅助电路（照明电路和控制电源）

图 2.53 中 TC 为控制变压器，二次侧有两路，一路为 127V，提供给控制电路；另一路为 36V（安全电压），提供给照明电路。置灯开关 SA（30-31）于通状态时，照明灯 EL（30-33）点亮；置 SA 为断状态时，EL 熄灭。

二、X62W 卧式万能铣床电气控制

X62W 卧式万能铣床的电气控制原理图如图 2.56 所示。

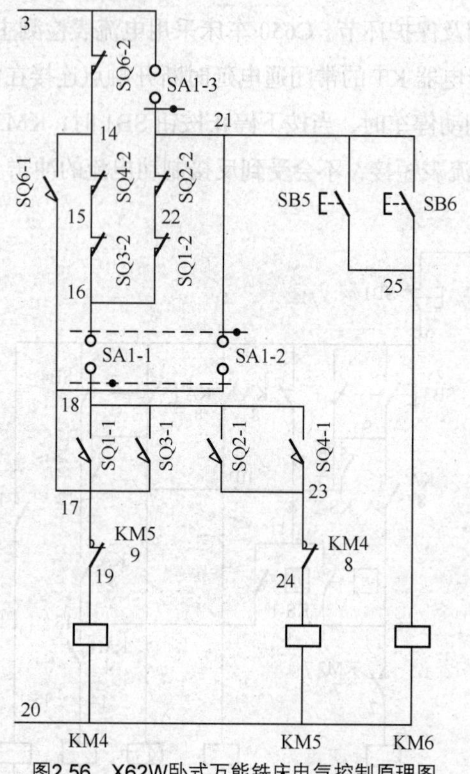

图2.56 X62W卧式万能铣床电气控制原理图

这种机床控制线路的显著特点是控制由机械和电气密切配合进行。因此，在分析电气原理图之前必须详细了解各转换开关、限位开关的作用，各指令开关的状态以及与相应控制手柄的动作关系。表2.4、表2.5、表2.6分别列出了工作台纵向（左右）进给限位开关SQ1、SQ2，工作台横向（前后）、升降（上下）进给限位开关SQ03、SQ4以及回转工作台转换开关SA1的工作状态，其中，“+”表示开关闭合，“−”表示开关断开。SA5是主轴换向开关，SA3是冷却泵控制开关，SA4是照明灯开关，SQ6、SQ7分别是工作台进给变速和主轴变速冲动开关，由各自的变速控制手柄和变速手轮控制。

表 2.4　　工作台纵向限位开关工作状态

纵向手柄 / 触点	向　左	中间（停）	向右
SQ1-1	−	−	+
SQ1-2	+	+	−
SQ2-1	+	−	−
SQ2-2	−	+	+

表 2.5　　工作台升降、横向限位开关工作状态

升降、横向手柄 / 触点	向 前 向 下	中间（停）	向 后 向 上
SQ3-1	+	−	−
SQ3-2	−	+	+
SQ4-1	−	−	+
SQ4-2	+	+	−

表 2.6 回转工作台转换开关工作状态

触点 \ 位置	接通回转工作台	断开回转工作台
SA1-1	−	+
SA1-2	+	−
SA1-3	−	+

1. 主电路

由图 2.56 可知，主电路中共有三台电动机，其中 M1 为主轴拖动电动机，M2 为工作台进给拖动电动机，M3 为冷却泵拖动电动机。QS 为电源总开关，各电动机的控制过程分别介绍如下。

（1）M1 由 KM3 控制，由倒顺开关 SA5 预选转向，KM2 的主触点串联两相电阻与速度继电器，KS 配合实现停车反接制动；另外还通过机械结构和接触器 KM2 进行变速冲动控制；

（2）工作台拖动电动机 M2 由接触器 KM4、KM5 的主触点控制，并由接触器 KM6 主触点控制快速电磁铁 YA，决定工作台的移动速度，KM6 接通为快速，断开为慢速；

（3）冷却泵拖动电动机由接触器 KM1 控制，单方向旋转。

2. 控制电路

由于控制电器较多，所以控制电压为 127V，由控制变压器 TC2 供给。

（1）主电动机的启停控制。X62W 万能铣床主电动机控制电路如图 2.57 所示。在非变速状态下，同主轴变速手柄关联的主轴变速冲动限位开关 SQ7（3-7、3-8）不受压。根据所用的铣刀，由 SA5 选择转向，合上 QS，如图 2.57 所示，按下 SBl（12-13）或 SB2（12-13）→KM3 线圈通电并自锁→KM3 的主触点闭合，主电动机 M1 启动运行。由于本机床较大，为方便操作和提高安全性，可在两处启停。

加工结束需停止时，按下 SB3（8-9、11-12）或 SB4（8-9、8-11）→KM3 线圈断电，但此时速度继电器 KS 的正向触点（9-7）或反向触点（9-7）总有一个闭合着→制动接触器 KM2 线圈立即通电→KM2 的三对主触点闭合→电源接反相序→主电动机 M1 串入电阻 R 进行反接制动。

（2）主轴变速冲动控制。主轴变速时，首先将主轴变速手柄微微压下，使它从第一道槽内拔出，然后拉向第二道槽，当落入第二道槽内后，再旋转主轴变速盘，选好速度，将手柄以较快速度推回原位。若推不上，可将手柄拉回再推，直至手柄推回原位，变速操作才完成。

铣床的变速既可以在停车时进行，也可以在运行时进行。在上述的变速操作中，就在将手柄拉到第二道槽或从第二道槽推回原位的瞬间，通过变速手柄连接的凸轮，将压下弹簧杆一次，而弹簧杆将碰撞主轴变速冲动开关 SQ7（3-7、3-8）使其动作，即 SQ7-2 分断，SQ7-1 闭合，接触器 KM2 线圈短时通电，电动机 M1 串联电阻 R 低速冲动一次。这样，若原来主轴旋转着，当将变速手柄拉到第二道槽时，主电动机 M1 被反接制动速度迅速下降。当选好速度，将手柄推回原位时，冲动开关又动作一次，主电动机 M1 低速反转，有利于变速后的齿轮啮合。由此可见，可进行不停车直接变速。若原来处于停车状态，则不难想到，在主轴变速操作中 SQ7 第一次动作时，M1 反转一下，SQ7 第二次动作时，M1 又反转一下，故也可停车变速。当然若要求主轴在新的速度下运行，则需重新启动主电动机。

（3）工作台移动控制。从图 2.56 中可见，工作台移动控制电路电源的一端（线号 13），串入 KM3 的自锁触点（12-13），以保证只有主轴旋转后工作台才能进给的联锁要求。进给电动机 M2 由 KM4、KM5 控制，实现正反转。工作台移动方向由各自的操作手柄来选择。有两个操作手柄，一个为左右（纵向）操作手柄，有左、中、右三个位置；另一个为前后（横向）和上下（升降）十字操作手柄，该手柄有五个位置，即上、下、前、后、中间零位。当扳动操纵手柄时，通过联动机构，将控制运动方向的机械离合器合上，同时压下相应的限位开关，其工作状态见表 2.4 和表 2.5。

图 2.58 所示为 Q62W 万能铣床工作台移动控制电路。图中的 SA1（8、9 区）为回转工作台转换开关，它是一种选择开关，工作状态见表 2.3。当使用回转工作台时，SA1-2（17-21）闭合，当不使用回转工作台而使用普通工作台时，SA1-1（16-18）和 SA1-3（13-21）均闭合。

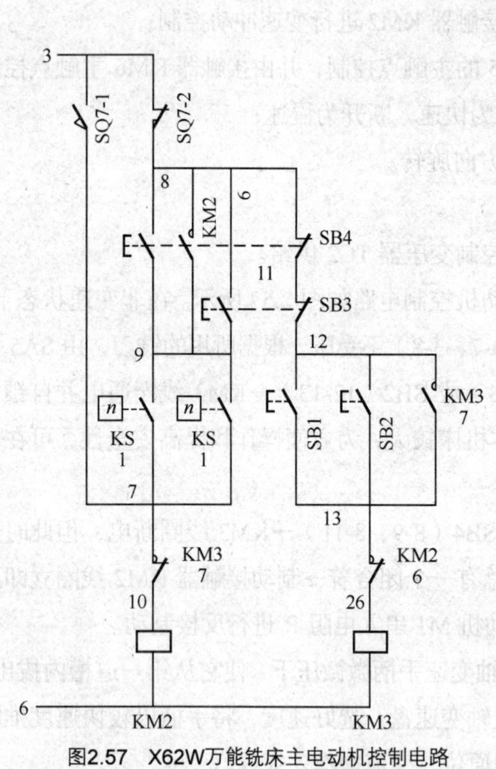

图2.57　X62W万能铣床主电动机控制电路

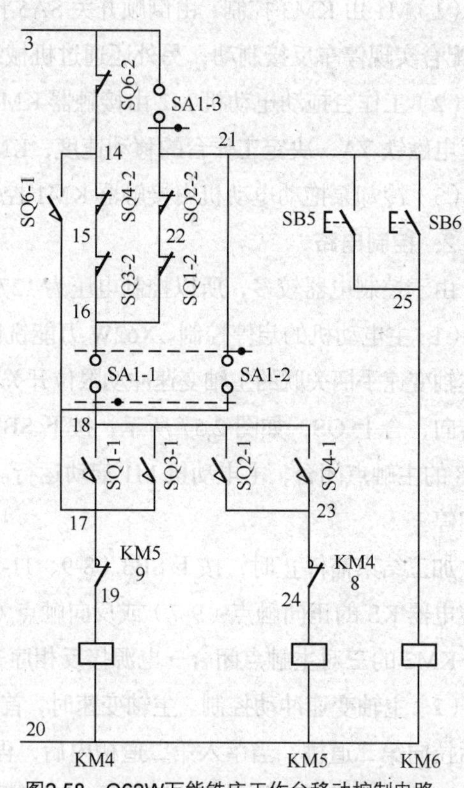

图2.58　Q62W万能铣床工作台移动控制电路

① 工作台纵向（左右）移动。此时 SA1 置于使用普通工作台位置，十字手柄必须置于中间零位。若要工作台向右进给，则将纵向操纵手柄扳向右，使得 SQ1 受压，KM4 线圈通电，M2 正转，工作台向右进给。KM4 的电流通路（见图 2.58）为：13（线号）→SQ6-2（13-14）→SQ4-2（14-15）→SQ3-2（15-16）→SA1-1（16-18）→SQ1-1（18-17）→KM5 常闭互锁触点（17-19）→KM4 线圈（19-20）→20（线号）。

从此电流通路中不难看到，如果操作者同时将十字手柄扳向工作位置，则 SQ4-2 和 SQ3-2 中必有一个断开，KM4 线圈根本不能通电。这样就通过这种电气方式实现了工作台左右移动同前后及上下移动之间的互锁。

若此时要快速移动，在图 2.58 所示电路中按下 SB5（21-25）或 SB6（21-25），使得 KM6 以“点动方式”通电，快速电磁铁线圈 YA 通电，接上快速离合器，工作台快速移动。松开按钮以后，恢复进给状态。

在工作台的左右终端安装了撞块。当不慎向右进给至终端时，左右操作手柄就被右端撞块撞到中间停车位置，用机械方法使 SQ1 复位，KM4 线圈断电，实现了限位保护。

工作台向左移动时电路的工作原理与向右移动时相似。

② 工作台横向（前后）和升降（上下）移动。若要工作台向上进给，则将十字手柄扳向上，使得 SQ4 受压，KM5 线圈通电，M2 反转，工作台向上进给。KM5 通电的电流通路（见图 2.58）为：13（线号）→SA1-3（13-21）→SQ2-2（21-22）→SQ1-2（22-16）→SA1-1（16-18）→SQ4-1（18-23）→KM4 常闭互锁触点（23-24）→KM5 线圈（24-20）→20（线号）。

上述电流通路中的常闭触点 SQ2-2 和 SQ1-2 用于工作台前后及上下移动同左右移动之间的互锁。

类似地，若要快速上升，按下 SB5 或 SB6 即可。另外也设置了上下限位保护用终端撞块。工作台的向下移动工作原理与向上移动控制类似。

若要工作台向前进给，只需将十字手柄扳向前，使得 SQ3 受压，KM4 线圈通电，M2 正转，工作台向前进给。若要工作台向后进给，可通过将十字手柄向后扳动来实现。

③ 工作台的主轴停车快速移动。工作台也可在主轴不转时进行快速移动，这时可将主电动机 M1 的转换开关 SA5 扳在停止位置，然后扳动所选方向的进给手柄，按下主轴启动按钮和快速按钮，KM4 或 KM5 及 KM6 线圈通电，工作台也可沿选定方向快速移动。

（4）工作台各运动方向的联锁。在同一时间内，工作台只允许向一个方向移动，各运动方向之间的联锁是利用机械和电气两种方法来实现的。

① 工作台的向右、向左控制，是由同一手柄操作的，手柄本身带动限位开关 SQ1 和 SQ2 起到左右移动的联锁作用，见表 2.4 中 SQ1 和 SQ2 的工作状态。同理，工作台的前后和上下 4 个方向的联锁，是通过十字手柄本身来实现的，见表 2.5 中限位开关 SQ3 和 SQ4 的工作状态。

② 工作台的纵向移动同横向及升降移动之间的联锁是利用电气方法来实现的。由纵向操作手柄控制的 SQ1-2 和 SQ2-2 和横向、升降进给操作手柄控制的 SQ3-2 和 SQ4-2 两个并联支路控制接触器 KM4 和 KM5 的线圈，若两个手柄都扳动，则把这两个支路都断开，使 KM4 或 KM5 都不能工作，达到联锁的目的，防止两个手柄同时操作而损坏机床。

（5）工作台进给变速冲动控制。与主轴变速冲动类似，为了使变速时齿轮易于啮合，控制电路中也设置了瞬时冲动控制环节。变速应在工作台停止移动时进行，其操作过程是：先启动主电动机 M1，拉出蘑菇形变速手轮，同时转动至所需要的进给速度，再把手柄用力往外一拉，并立即推回原位。

在手轮拉到极限位置时，其连杆机构推动冲动开关 SQ6，使得 SQ6-2（13-14）断开，SQ6-1（14-17）闭合，由于手轮被很快推回原位，故 SQ6 短时动作，KM4 线圈短时通电，M2 短时冲动。KM4 通电的电流通路（见图 2.58）为：13（线号）→SA1-3（13-21）→SQ2-2（21-22）→SQ1-2（22-16）→SQ3-2（16-15）→SQ4-2（15-14）→SQ6-1（14-17）→KM5 常闭互锁触点（17-19）→KM4 线圈（19-20）→20（线号）。

可见，若左右操作手柄和十字手柄中只要有一个不在中间停止位置，此电流通路便被切断。但是，在这种工作台朝某一方向运动的情况下进行变速操作，由于没有使进给电动机 M2 停转的电气措施，因而在转动手轮改变齿轮传动比时可能会损坏齿轮，故这种误操作必须严格禁止。

（6）回转工作台控制。为了增强机床的加工能力，可在工作台上安装回转工作台。在使用回转工作台时，工作台纵向及十字操作手柄都应置于中间停止位置，且要将回转工作台转换开关 SAl 置于回转工作台的“接通”位置。按下主轴启动按钮 SBl 或 SB2，主电动机 Ml 便启动，而进给电动机 M2 也因 KM4 线圈的通电而旋转，由于回转工作台的机械传动链已接上，故也跟着旋转。这时，KM4 的通电电流通路（见图 2.58）为：13（线号）→SQ6-2（13-14）→SQ4-2（14-15）→SQ3-2（15-16）→SQ1-2（16-22）→SQ2-2（22-21）→SA1-2（21-17）→KM5 常闭互锁触点（17-19）→KM4 线圈（19-20）→20（线号）。

此时电动机 M2 正转并带动回转工作台单向旋转。由于回转工作台的控制电路中串联了 SQl~SQ4 的常闭触点，所以扳动工作台任一方向的进给手柄，都将使回转工作台停止转动，这就起到回转工作台转动与普通工作台三个方向移动的联锁保护。

（7）冷却泵电动机的控制。在图 2.56 中，由转换开关 SA3 控制接触器 KMl 来控制冷却泵电动机 M3 的启动和停止。

3. 辅助电路及保护环节

在图 2.56 中，机床的局部照明由变压器 TC1 供给 36V 安全电压，由转换开关 SA4（32-33）控制照明灯。

M1、M2 和 M3 为连续工作制，由 FR1、FR2 和 FR3 实现过载保护。当主电动机 M1 过载时，FR1 动作，其常闭触点 FR1（1-6）断开，切除整个控制电路的电源。当冷却泵电动机 M3 过载时，FR3 动作，其常闭触点 FR3（5-6）断开，切除 M2、M3 的控制电源。当进给电动机 M2 过载时，FR2 动作，其常闭触点 FR2（5-20）断开，切除自身的控制电源。

由 FU1、FU2 实现主电路的短路保护，FU3 实现控制电路的短路保护，FU4 实现照明电路的短路保护。另外还有工作台终端极限保护和各种运动的联锁保护，前面已详细叙述。

掌握简单的控制线路分析及故障处理

这里以 CW6140 卧式车床电气控制系统为例，进行控制电路的分析及故障处理。

1. CW6140 车床控制线路分析

CW6140 车床控制线路图如图 2.59 所示。

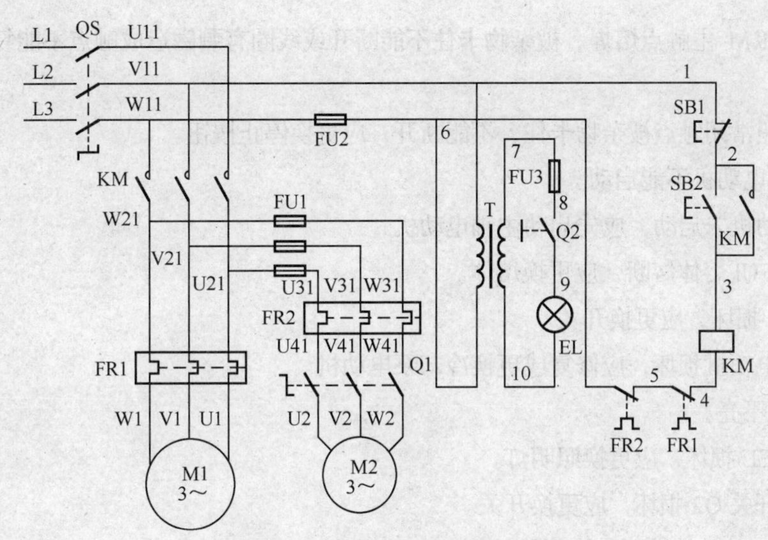

图2.59　CW6140卧式车床控制线路图

（1）主电路分析。主电路有两台电动机，M1 为主电动机，M2 为冷却泵电动机，QS 为电源开关，接触器 KM 控制 M1 的启动和停止，转换开关 Q1 控制 M2 的工作状态。

（2）控制电路分析。控制电路采用 380 V 交流电源供电，按启动按钮 SB2，KM 线圈得电并自锁，M1 直接启动。M1 运行后，合上 Q1，冷却泵电动机启动。按下 SBl，M1、M2 同时停转。

（3）辅助照明电路。机床照明采用 380V/36V 安全变压器 T 供电，照明由转换开关 Q2 控制。

2. CW6140 车床控制线路故障及处理

车床控制线路的常见故障有：主轴电动机不能启动；按下启动按钮电动机虽能启动，但放开启动按钮电动机就自行停下来；电动机工作时，按下停止按钮，主轴电动机不能停止；冷却泵电动机不能启动和照明灯不亮等。

下面以 CW6140 车床的电气线路为例进行分析。

（1）主轴电动机不能启动。

① 电源部分故障。先检查接线头有无松脱，如无异常现象，用万用表检查电源开关 QS。

② 电源开关接通后，按下启动按钮 SB2，接触器 KM 不能吸合，说明故障在控制电路，可能是以下原因。

- 热继电器已动作，其常闭触点尚未复位。热继电器动作的原因可能是长期过载，热继电器的规格选配不当，热继电器的整定电流过小等。检查并消除上述故障因素，电动机便可正常启动。
- 控制电路熔断器熔体熔断，应更换熔体。
- 启动按钮或停止按钮触点接触不良，应修复或更换控制按钮。
- 电动机损坏，应修复或更换电动机。

（2）松开启动按钮电动机就自行停止；按下启动按钮电动机虽能启动，但松开启动按钮电动机就自行停止。故障原因是接触器 KM 常开触点接触不良或接线头松脱，不能闭合自锁，应检修接触器。

（3）电动机工作时，按下停止按钮，主轴电动机不能停止，故障原因包括以下两点。

① 接触器 KM 主触点熔焊、被杂物卡住不能断开或线圈有剩磁造成触点不能复位，应修复或更换接触器。

② 停止按钮常闭触点被杂物卡住，不能断开，应更换停止按钮。

（4）冷却泵电动机不能启动。

① 主轴电动机未启动，应先启动主轴电动机。

② 熔断器 FU1 熔体熔断，应更换熔体。

③ 开关 Q1 损坏，应更换开关。

④ 冷却泵电动机损坏，应修复或更换冷却泵电动机。

（5）照明灯不亮。

① 照明灯 EL 损坏，应更换照明灯。

② 照明灯开关 Q2 损坏，应更换开关。

③ 熔断器 FU3 熔体熔断，应更换熔体。

④ 照明变压器 T 主（初级）绕组或副（次级）绕组烧毁，应更换照明变压器。

1. 线圈电压为 220V 的交流接触器，误接入 380 V 交流电源上会发生什么问题？为什么？

2. 画出时间继电器的图形符号。

3. 两个 110V 交流接触器同时动作时，能否将其两个线圈串联到 220V 电路中？

4. 接触器的作用是什么？分为哪几种？

5. 说明热继电器和熔断器保护功能的不同之处。

6. 中间继电器与接触器有何异同？

7. 按钮的颜色应符合哪些要求？

8. 笼型异步电动机是如何改变转动方向的？

9. 什么是互锁？什么是自锁？试举例说明各自的作用。

10. 长动与点动的区别是什么？

11. 常开触点串联或并联，在电路中起什么控制作用？常闭触点串联或并联，在电路中起什么控制作用？

12. 设计一个控制电路，要求第一台电动机启动 10s 以后，第二台电动机自动启动，运行 5s 以后，第一台电动机停止转动，同时第三台电动机启动，再运转 15s 后，电动机全部停止。

13. 为两台异步电动机设计一个控制线路，要求如下：

（1）两台电动机互不影响地独立操作；

（2）能同时控制两台电动机的启动与停止；

（3）当一台电动机发生过载时，两台电动机均停止工作。

14. 简述电气原理图分析的一般步骤。

Chapter 3

模块三 数控机床的进给运动的控制

任务一 了解数控机床的进给运动

一、数控机床伺服系统的概念及组成

数控机床伺服系统是以机床移动部件的位置和速度为控制量的自动控制系统，也称为随动系统、拖动系统或伺服机构，包含机械、电子、电动机等，涉及强电与弱电控制，是一个比较复杂的控制系统。伺服系统是 CNC 装置和机床的联系环节，是数控机床的“四肢”，它接受 CNC 装置输出的插补指令，并将其转换为移动部件的机械运动。伺服系统是数控机床的重要组成部分，是数控装置和机床本体的联系环节，其性能在很大程度上决定了数控机床的性能。数控机床的最高运动速度、跟踪及定位精度、加工表面质量、生产率及工作可靠性等技术指标，主要决定于伺服系统的动态和静态性能，数控机床的故障也主要出现在伺服系统上。

通常将伺服系统分为开环系统和闭环系统。开环系统主要以步进电动机为控制对象，闭环系统通常以直流伺服电动机或交流伺服电动机为控制对象。在开环系统中只有前向通路，无反馈回路，CNC 装置生成的插补脉冲经功率放大后直接控制步进电动机的转动；脉冲频率决定了步进电动机的转速，进而控制工作台的运动速度；输出脉冲的数量控制工作台的位移，在步进电动机轴上或工作台上无速度或位置反馈信号。在闭环伺服系统中，以检测元件为核心组成反馈回路，检测执行机构的速度和位置；由速度和位置反馈信号来调节伺服电动机的速度和位移，进而来控制执行机构的速度和位移。

闭环或半闭环伺服系统由位置检测装置、位置控制模块、伺服驱动装置、伺服电动机及机床进给传动链组成，如图3.1所示。

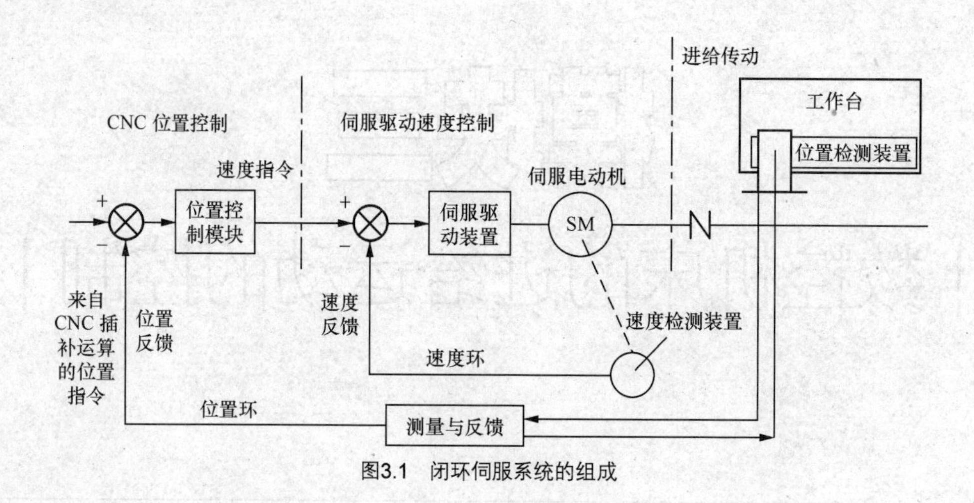

图3.1 闭环伺服系统的组成

闭环伺服系统一般由位置环和速度环组成。内环是速度环，由伺服电动机、伺服驱动装置、速度检测装置及速度反馈组成；外环是位置环，由数控系统中的位置控制模块、位置检测装置及位置反馈组成。

在速度控制中，伺服驱动装置根据速度给定电压和速度检测装置反馈的实际转速对伺服电动机进行控制，以驱动机床传动部件。速度环中用作速度反馈的速度检测装置通常为测速发电动机和脉冲编码器。速度控制单元是一个独立的单元部件，它由速度调节器、电流调节器及功率驱动放大器等组成。数控机床运动坐标轴的控制不仅要完成对单个轴的速度位置控制，而且在多轴联动时，要求各移动轴具有良好的动态配合精度，这样才能保证加工精度、表面粗糙度和加工效率。

在位置控制中，根据插补运算得到的位置指令（一串脉冲或二进制数据），与位置检测装置反馈来的机床坐标轴的实际位置相比较，形成位置偏差，经变换得到速度给定电压。位置控制环主要是对机床运动坐标轴进行控制，坐标轴控制是要求最高的位置控制，不仅要严格控制每个轴的运动速度和位置精度，而且在多轴联动时，还要求各移动轴按插补要求协调运动，以保证复杂形状的加工。

二、伺服系统应具有的基本性能

1. 高精度

伺服系统要具有较好的静态特性和较高的伺服刚度，从而达到较高的定位精度，以保证机床具有较小的定位误差与重复定位误差。位置伺服系统的定位精度一般要求能达到1μm甚至0.1μm，高的可达 0.01～0.005μm。在速度控制中，要求高的调速精度和比较强的抗负载扰动能力。即伺服系统应具有比较好的动、静态精度。

2. 稳定性好

稳定性是指系统在给定输入作用下，经过短时间的调节后达到新的平衡状态，或在外界干扰作用下，经过短时间的调节后重新恢复到原有平衡状态的能力。为了保证切削加工的稳定均匀，数控机床的伺服系统应具有良好的抗干扰能力，以保证进给速度的均匀、平稳。稳定性直接影响数控加工的精度和零件的表面粗糙度。

3. 动态响应速度快

动态响应速度是伺服系统动态品质的重要指标，它反映了系统的跟踪精度。目前数控机床的插补时间一般在 20ms 以下，在如此短的时间内伺服系统要快速跟踪指令信号，这就要求伺服系统要快速响应，即要求跟踪指令信号的响应要快；但又不能超调，否则将形成过切，影响加工质量。同时，当负载突变时，要求速度的恢复时间也要短，且不能有振荡，这样才能得到光滑的加工表面。

4. 调速范围要宽

在数控机床中，所用刀具、被加工材料、主轴转速以及进给速度等加工工艺的要求各有不同，为保证在任何情况下都能得到最佳切削条件，要求进给驱动系统必须具有足够宽的调速范围。经过机械传动后，电动机转速的变化范围即可转化为进给速度的变化范围。机床的调速范围 R_N 是指机床要求电动机能够提供的最高转速 n_{max} 和最低转速 n_{min} 之比，即：

$$R_N = \frac{n_{max}}{n_{min}}$$

其中 n_{max} 和 n_{min} 一般是指额定负载时电动机的最高转速和最低转速，对于小负载的机械也可以是实际负载时的最高和最低转速。对一般数控机床而言，进给速度范围在 0～24m/min 时，即可满足加工要求，代表当前先进水平的速度控制单元的技术已可达到 1∶100 000 的调速范围；同时要求速度均匀、稳定、无爬行，且速降要小。在平均速度很低的情况下（1mm/min 以下）要求有一定的瞬时速度，零速度时要求伺服电动机处于锁紧状态，以维持定位精度。

5. 低速大转矩

数控机床加工的特点是在低速时进行重切削。因此，要求进给伺服系统在低速时要有大的转矩输出，以适应低速重切削的加工要求。

6. 可逆运行

可逆运行要求能灵活地正反向运行。根据加工轨迹的要求，随时都可以实现正向或反向运动；同时要求在方向变化时，不应有反向间隙误差和运动损失。

7. 不受负载影响

在机床的实际运行中，电动机的惯量是定值，负载惯量是变化值，在加工过程中动态变化很大，要求电动机负载发生变化（包括负载变量和转矩干扰等）时，不影响伺服系统的正常工作。

8. 高性能电动机

为了满足进给驱动系统的要求，对进给驱动系统的执行元件——伺服电动机也相应提出了高精度、快响应、宽调速和大转矩的要求，具体如下。

（1）电动机在从最低速到最高速的调速范围内能够平滑运转，转矩波动要小，尤其是在低速时要无爬行现象；

（2）电动机应具备大的、长时间的过载能力，以满足低速大转矩的要求，一般要求在数分钟内过载 4～6 倍而不烧毁；

（3）为了满足快速响应的要求，即随着控制信号的变化，电动机应能在较短的时间内达到规定的速度，快的反应速度直接影响到系统的品质，因此要求电动机必须具有较小的转动惯量和大的制动转矩、尽可能小的启动电压；

（4）电动机应能承受频繁启动、制动和反转的要求。

三、伺服系统的分类

进给驱动系统有多种分类方法，常见的分类方法如下所述。

1. 按执行元件分类

根据执行元件的类别，伺服系统可分为步进电动机进给驱动系统、直流电动机进给驱动系统和交流电动机进给驱动系统。

（1）步进电动机进给驱动系统。步进电动机驱动系统选用功率型步进电动机作为驱动元件，主要有反应式和混合式两类，反应式的价格较低，混合式的价格较高，但混合式步进电动机的输出力矩大、运行频率及升降速度快，因而性能更好。为了克服步进电动机低频共振的缺点，进一步提高精度，步进电动机驱动装置一般提供半步/整步选择，甚至细分功能，并得到了广泛的应用。步进驱动系统在我国经济型数控机床和旧机床数控改造中起到了极其重要的作用。步进电动机及驱动装置如图 3.2 所示。

图3.2 步进电动机及驱动装置

（2）直流电动机进给驱动系统。从 20 世纪 70 年代到 80 年代中期，直流伺服统系在数控机床领域占据了主导地位。大惯量直流电动机具有良好的宽调速特性，其输出转矩大，过载能力强，由于电动机自身惯量较大，与机床传动部件的惯量相当，因此，构成的闭环系统安装在机床上，几乎不需再做调整（只要安装前调整好），使用十分方便。直流伺服电动机如图 3.3 所示。

图3.3 直流伺服电动机

（3）由于直流伺服电动机使用机械（电刷、换向器）换向，故存在许多不足。但伺服电动机优良的调速特性正是通过机械换向得到的，所以这些不足是无法避免的。多年来，人们一直试图用交流电动机代替直流电动机，其中的困难在于交流电动机很难达到直流电动机的调速性能。20 世纪 80 年代以后，由于交流伺服电动机的材料、结构以及控制理论与方法的突破性进展和微电子技术、功率半导体器件的发展，交流驱动装置发展很快，目前已逐渐取代了直流伺服电动机。交流伺服电动机与直流伺服电动机相比，最大的优点在于它不需要维护，制造简单，适于在恶劣环境下工作。交流伺服电动机及驱动器如图 3.4 所示。

图3.4　交流伺服电动机及驱动器

交流伺服电动机有交流同步电动机与交流异步电动机两大类。由于数控机床进给驱动的功率一般不大（数百至数千瓦），而交流异步电动机的调速指标不如交流同步电动机，因此大多数交流进给驱动系统采用永磁式同步电动机。永磁式同步电动机主要由三部分组成，即定子、转子和检测元件。

目前，国外的交流电动机进给驱动装置已实现了全数字化，即在进给驱动装置中，除了驱动级外，其他所有功能均由微处理器完成，采用数字技术传递各类信号，能高速、实时地实现前馈控制、补偿、最优控制、自学习、自适应等功能。2000 年前后，国内数控系统厂家也开始推出同类产品，如 HSV-16 系列及 HSV-20D 系列交流电动机进给驱动装置。

2. 按有无检测元件和反馈环节分类

（1）开环伺服系统。开环伺服系统是无位置反馈的系统，只有指令信号的前向控制通道，没有检测反馈的控制通道，其驱动元件主要是步进电动机，这种驱动元件的工作原理的实质是数字脉冲到角度位移的变换，它不用位置检测元件实现定位，而是靠驱动装置本身，转过的角度正比于指令脉冲的个数，运动速度由进给脉冲的频率决定。

由于它没有位置反馈控制回路和速度反馈控制回路，从而简化了线路，因此设备投资低，调试维修都很方便。但它的进给速度和精度都较低，一般应用于中、低档数控机床及普通的机床改造。开环伺服系统如图 3.5 所示。

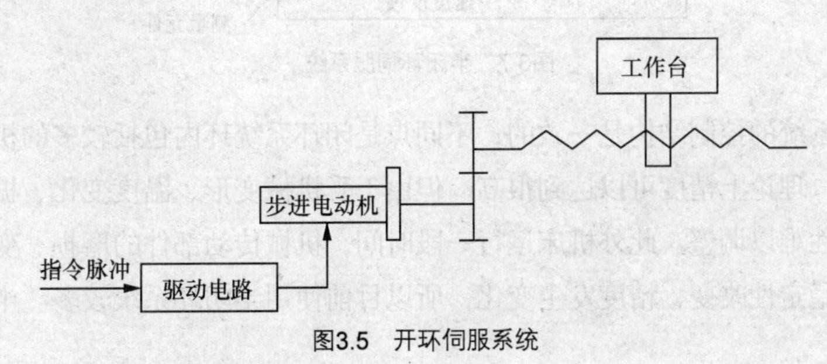

图3.5　开环伺服系统

（2）全闭环伺服系统。全闭环伺服系统的框图如图 3.6 所示。数控机床伺服系统的误差是 CNC 输出的位置指令和机床工作台（或刀架）实际位置的差值。全闭环系统运动执行元件不能反映运动的位置，因此需要有位置检测装置，该装置测出实际位移量或者实际位置，并将测量值反馈给 CNC 装置，与位置指令进行比较，求得差值，依此构成闭环位置控制。这种既有指令的前向控制通道，又有测量输出的反馈控制通道，构成了闭环控制伺服系统。全闭环控制方式直接从机床的移动部件上获取位置的实际移动值，因此其检测精度不受机械传动精度的影响。

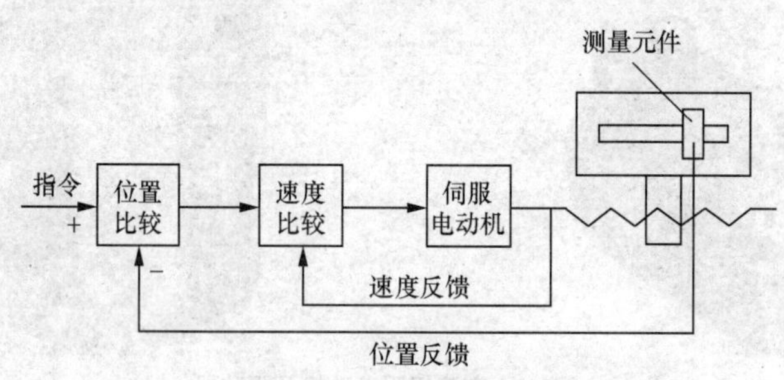

图3.6　全闭环伺服系统

由于全闭环伺服系统采用反馈控制，反馈测量装置精度很高，所以系统传动链的误差、环内各元件的误差以及运动中造成的误差都可以得到补偿，从而大大提高了跟随精度和定位精度。目前闭环系统的分辨率多数为 1μm，高精度系统分辨率可达 0.1μm。系统精度取决于测量装置的制造精度和安装精度。

（3）半闭环伺服系统。位置检测元件不直接安装在进给坐标的最终运动部件上，而是安装在驱动元件或中间传动部件的传动轴上的测量，称为间接测量。在半闭环伺服系统中，有一部分传动链在位置环以外，在环外的传动误差没有得到系统的补偿，因而伺服系统的精度低于闭环系统。半闭环方式的优点是它的闭环环路短（不包括传动机构），因而系统容易达到较高的位置增益，不发生振荡现象；它的快速性也好，动态精度高，传动机构的非线性因素对系统的影响小。半闭环伺服系统如图 3.7 所示。

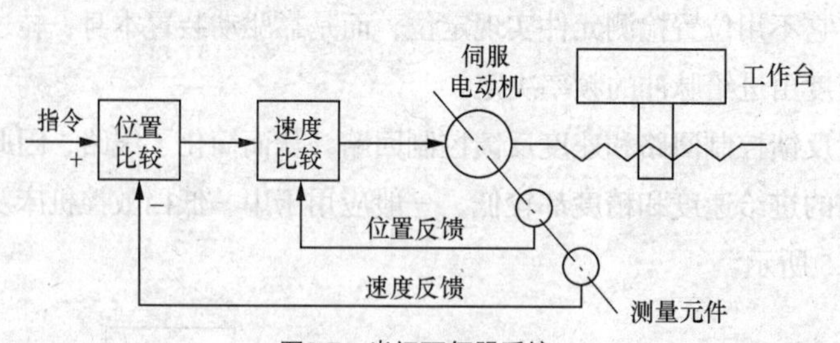

图3.7　半闭环伺服系统

半闭环和闭环系统的控制结构是一致的，不同点是闭环系统环内包括较多的机械传动部件，传动误差均可被补偿，理论上精度可以达到很高。但由于受机械变形、温度变化、振动以及其他因素的影响，系统稳定性难以调整。此外机床运行一段时间，机械传动部件的磨损、变形及其他因素的改变，容易使系统稳定性改变，精度发生变化，所以目前使用半闭环系统较多。半闭环控制系统的精度介于开环和全闭环系统之间。半闭环系统的精度虽没有闭环的高，调试却比全闭环系统方便，因此是广泛使用的一种数控伺服系统。只在具备传动部件精密度高、性能稳定、使用过程温差变化不大的高精度数控机床上才使用全闭环伺服系统。

（4）混合闭环方式采用半闭环与全闭环结合的方式。它既利用半闭环所能达到的高位置增益来获得较高的速度与良好的动态特性，又利用全闭环补偿半闭环无法修正的传动误差来提高系统精度。混合闭环方式适用于重型、超重型数控机床，它们的移动部件很重，设计时提高刚性较困难。

3. 按反馈比较控制方式分类

（1）脉冲、数字比较伺服系统。该系统是闭环伺服系统中的一种控制方式，它是将数控装置发出的数字（或脉冲）指令信号与检测装置测得的数字（或脉冲）形式的反馈信号直接进行比较，以产生位置误差，实现闭环控制。该系统结构简单，容易实现，整机工作稳定，因此得到了广泛的应用。

（2）相位比较伺服系统。该系统中位置检测元件采用相位工作方式，指令信号与反馈信号都变成某个载波的相位，通过相位比较来获得实际位置与指令位置的偏差，实现闭环控制。

该系统适用于感应式检测元件（如旋转变压器、感应同步器）的工作状态，同时由于载波频率高、响应快，抗干扰能力强，因此特别适合于连续控制的伺服系统。

（3）幅值比较伺服系统。该系统是以位置检测信号的幅值大小来反映机械位移的数值，并以此信号作为位置反馈信号，与指令信号进行比较获得位置偏差信号构成闭环控制。

上述3种伺服系统中，相位比较伺服系统和幅值比较伺服系统的结构与安装都比较复杂，因此一般情况下选用脉冲、数字比较伺服系统，同时相位比较伺服系统较幅值比较伺服系统应用得广泛一些。

（4）全数字伺服系统。随着微电子技术、计算机技术和伺服控制技术的发展，数控机床的伺服系统已开始采用高速、高精度的全数字伺服系统，使伺服控制技术从模拟方式、混合方式走向全数字方式。由位置、速度和电流构成的三环反馈全部数字化、软件处理数字PID，柔性好，使用灵活。全数字控制使伺服系统的控制精度和控制品质大大提高。

掌握步进电动机及其驱动控制

步进电动机驱动装置是最简单经济的开环位置控制系统，在中小机床的数控改造中经常采用，掌握其工作原理及应用有着重要的现实意义。

步进电动机又称为脉冲电动机、电脉冲马达，是将电脉冲信号转换成机械角位移的执行器件。步进电动机的转速不受电压波动和负载变化的影响，不受环境条件（温度、压力、冲击和振动等）的限制，仅与脉冲频率同步；能按控制脉冲的要求立即启动、停止、反转或改变转速，而且每一转都有固定的步数；在不失步的情况下运行时，步距误差不会长期积累，因此，它在开环控制系统中应用很广。

步进电动机作为数控机床的进给驱动装置，一般采用开环的控制结构。数控系统发出的指令脉冲通过步进电动机驱动器（也称为步进电动机驱动电源），使步进电动机产生角位移，并通过齿轮和丝杠带动工作台移动。步进电动机的最高转速通常比直流伺服电动机和交流伺服电动机低，且在低速时容易产生振动，影响加工精度。但步进电动机伺服系统的制造与控制比较容易，在速度和精度要求不太高的场合有一定的使用价值，同时步进电动机细分技术的应用，使步进电动机开环伺服系统的定位精度显著提高，并可有效地降低步进电动机的低速振动，从而使步进电动机伺服系统得到更加广泛的应用。由于开环控制系统控制简单、价格低廉，但精度低，故其可靠性和稳定性难以保证，一般适用于机床改造和经济型数控机床。

一、步进电动机的基本类型

步进电动机的种类繁多，通常使用如下 3 种。

（1）永磁式步进电动机。永磁式步进电动机是一种由永磁体建立激磁磁场的步进电动机，也称为永磁转子型步进电动机，有单定子结构和两定子结构两种类型。其缺点是步距大，启动频率低；优点是控制功率小，在断电情况下有定位转矩。这种步进电动机从理论上讲可以制成多相，而实际上则以一相或两相为主，也有制成三相的。

（2）反应式步进电动机。反应式步进电动机是一种定、转子磁场均由软磁材料制成，只有控制绕组，基于磁导的变化产生反应转矩的步进电动机，因此有的国家又称其为变磁阻步进电动机。它的结构按绕组的排序可分为径向分相和轴向分相，轴向分相又有两种类型，磁通路径为径向（和径向分相结构的磁路相同）和磁通路径为轴向；按铁芯分段，则有单段式和多段式。

反应式步进电动机的步距角与转子的齿数和相数（或拍数）成反比，转子齿越多，相数越多，则步距角越小。因此，根据所要求的步距角的大小，反应式步进电动机有两相、三相、四相、五相和六相乃至更多相。这种步进电动机结构简单且经久耐用，是目前应用最为广泛的一种步进电动机。

（3）永磁感应式步进电动机。永磁感应式步进电动机的定子结构与反应式步进电动机的相同，而转子由环形磁钢和两段铁芯组成。这种步进电动机与反应式步进电动机一样，可以具有小步距和较高的启动频率，同时又有永磁式步进电动机控制功率小的优点；其缺点是由于采用的磁钢分为两段，致使制造工艺和结构比反应式步进电动机的复杂。

经过比较可以看出，永磁式和反应式两种步进电动机结构上的共同点在于定子、转子间仅有磁联系。不同点在于永磁式步进电动机的转子用永久磁钢制成，或具有通过滑环供以直流电激磁的特殊绕组，一般不超过三相；反应式步进电动机的转子无绕组，由软磁材料制成且有齿，可以根据需要做成多相。

多相控制绕组放置在定子上，它可以嵌在一个定子上为单定子结构，也可以嵌在几个定子上组成多定子结构。

二、步进电动机的工作原理

反应式步进电动机是应用最为普遍的一种步进电动机，其工作原理是电磁吸引的原理。下面以反应式步进电动机为例，来分析说明步进电动机的工作原理。

图 3.8 所示为三相反应式步进电动机的工作原理图。在定子上有 6 个磁极，分别绕有 A、B、C 三相绕组，构成三对磁极，转子上有 4 个齿。当定子绕组按顺序轮流通电时，A、B、C 三对磁极就依次产生磁场，对转子上的齿产生电磁转矩并吸引它，使它一步一步地转动。具体过程如下所述。

当 A 相通电时，转子的 1 号、3 号两齿在磁场力的作用下与 AA 磁极对齐。此时，转子的 2 号、4 号齿和 B 相、C 相绕组的磁极形成错齿状。当 A 相断电而 B 相通电时，新磁场力又吸引转子 2 号、4 号两齿与 BB 磁极对齐，转子顺时针转动 30°。如果控制线路不断地按 A→B→C→A 的顺序控制步进电动机绕组的通、断电，步进电动机的转子便会不停地顺时针转动。很明显，A、B、C 三相轮流通电一次，转子的齿移动了一个齿距 360°/4 = 90°。

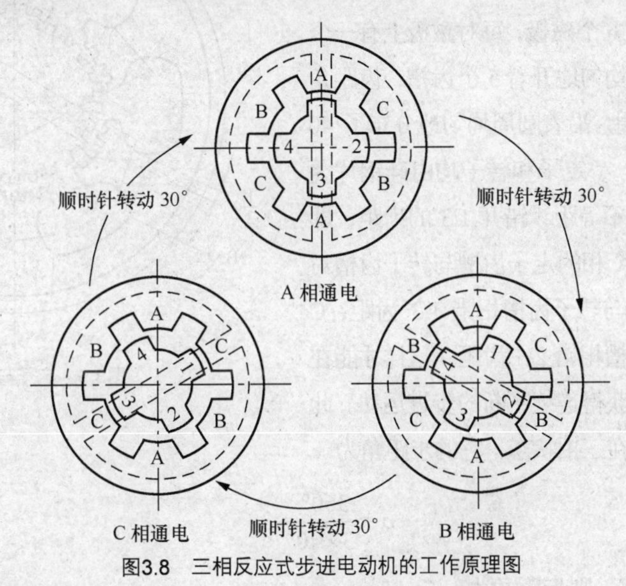

图3.8 三相反应式步进电动机的工作原理图

若图 3.8 中的通电顺序变成 A→C→B→A，同理可知，步进电动机的转子将逆时针不停地转动。上述的这种通电方式称为三相单三拍。所谓“三相”是指定子有三相绕组 A、B、C；“拍”是指从一种通电状态转变为另一种通电状态；“单”是指每次只有一相绕组通电；“三拍”是指一个循环中，通电状态切换的次数是三次。

此外还有一种三相六拍的通电方式，它是按照 A→AB→B→BC→C→CA→A 的顺序通电。若以三相六拍的通电方式工作，即首先 A 相通电，然后 A 相不断电，B 相再通电，即 A、B 两相同时通电，接着 A 相断电而 B 相保持通电状态，然后再使 B、C 两相同时通电，依此类推。这样步进电动机转动一个齿距，需要“六拍”操作。

对于一台步进电动机，运行 k 拍可使转子转动一个齿距位置。通常，将步进电动机每一拍执行一次步进，其转子所转过的角度称为步距角。如果转子的齿数为 z，则步距角 α 为

$$\alpha=\frac{360°}{zk}$$

式中，k 为步进电动机的工作拍数；z 为步进电动机的齿数。

综上所述，可以得到如下结论。

（1）步进电动机定子绕组的通电状态每改变一次，它的转子便转过一个确定的角度，即步距角 α；

（2）改变步进电动机定子绕组的通电顺序，转子的旋转方向随之改变；

（3）步进电动机定子绕组通电状态的改变速度越快，其转子旋转的速度就越快，即通电状态的变化频率越高，转子的转速越高。

上述讨论的步进电动机，其步距角都比较大，而步进电动机的步距角越小，意味着它所能达到的位置精度就越高，所以在实际应用中都采用小步距角，常采用如图 3.9 所示的实际结构。

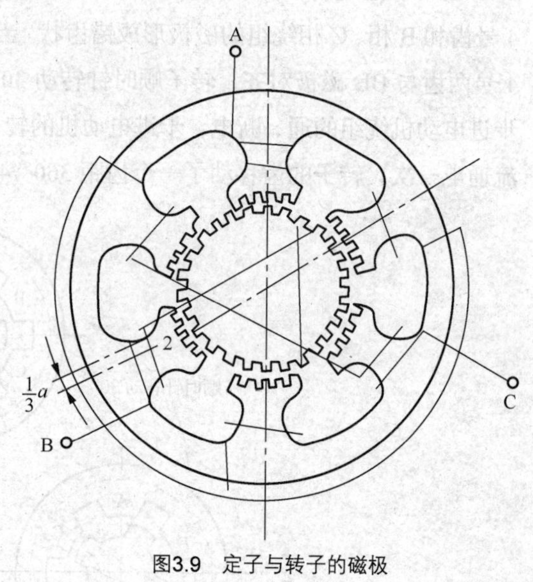

图3.9　定子与转子的磁极

电动机定子有 3 对 6 个磁极，每对磁极上有一个励磁绕组，每个磁极上均匀地开着 5 个齿槽，齿距角为 9°。转子上没有线圈，沿着圆周均匀地分布了 40 个齿槽，齿距角也为 9°。定子和转子均由硅钢片叠成。定子片的三相磁极不等距，错开 1/3 的齿距，即有 3° 的位移。这就使 A 相的定子齿槽与转子齿槽对准时，B 相的定子齿槽与转子齿槽相错 1/3 齿距，C 相的定子齿槽与转子齿槽相错 2/3 齿距。这样才能在连续改变通电状态下，获得连续不断的步进运动。此时，如步进电动机工作在三拍状态，它的步距角为

$$\alpha=\frac{360°}{3\times40}=3°$$

如工作在六拍状态，则步距角为

$$\alpha=\frac{360°}{6\times40}=1.5°$$

若步进电动机通电的脉冲频率为 f，则步进电动机的转速为

$$n=\frac{60f}{zk}$$

总之，步进电动机的控制十分方便，而且每转中没有累积误差，动态响应快，自起动能力强，角位移变化范围宽。其缺点是效率低，带负载能力差，低频易振荡、失步，自身噪声和振动较大。它一般用在轻载或负载变动不大的场合。

三、步进电动机的控制方法

步进电动机的运行特性不仅与步进电动机本身和负载有关，还与配套使用的驱动控制装置有着十分密切的关系。步进电动机驱动控制装置的作用是将数控机床控制系统送来的脉冲信号和方向信

号按要求的配电方式自动地循环给步进电动机的各相绕组，以驱动步进电动机转子正、反向旋转。它由环形脉冲分配器、功率驱动器等组成。

1. 环形脉冲分配器

其主要功能是将 CNC 装置的插补脉冲按步进电动机所要求的规律分配给步进电动机驱动电源的各相输入端，以控制励磁绕组的导通或关断。同时由于电动机有正反转要求，所以环形分配器的输出是周期性的，又是可逆的，因此又叫环形脉冲分配器。

由步进电动机的工作原理知道，要使电动机正常一步一步地运行，控制脉冲必须按一定的顺序分别供给电动机各相，例如，三相单拍驱动方式，供给脉冲的顺序为 A→B→C→A 或 A→C→B→A，称为环形脉冲分配。脉冲分配有两种方式，一种是硬件脉冲分配（或称为脉冲分配器），另一种是软件脉冲分配，是由计算机软件完成的。

（1）硬件环分器。硬件脉冲分配由环形脉冲分配器来实现，环形脉冲分配器是由门电路和双稳态触发器组成的逻辑电路，常用的是由专用集成芯片或通用可编程逻辑器件组成的环形分配器，主要通过一个脉冲输入端控制步进的速度，一个输入端控制电动机的转向；并由与步进电动机相数同数目的输出端分别控制电动机的各相。这种硬件脉冲分配器通常直接包含在步进电动机驱动控制电源内。数控系统通过插补运算，得出每个坐标轴的位移信号，通过输出接口，只要向步进电动机驱动控制电源定时发出位移脉冲信号和正反转信号，就可实现步进电动机的运动控制。图 3.10 所示为硬件环分驱动与数控装置的连接图，图中环形脉冲分配器的输入/输出信号一般均为 TTL 电平，若输出信号为高电平，则表示相应的绕组通电，反之则失电。CLK 为数控装置所发脉冲信号，每个脉冲信号的上升沿或下降沿到来时，改变一次绕组的通电状态；DIR 为数控装置发出的方向信号，其电平的高低对应电动机绕组通电顺序的改变（转向的改变）；FULL/HALF 电平用于控制电动机的整步或半步（三拍或六拍）运行方式，一般情况下，根据需要将其接在固定电平上即可。

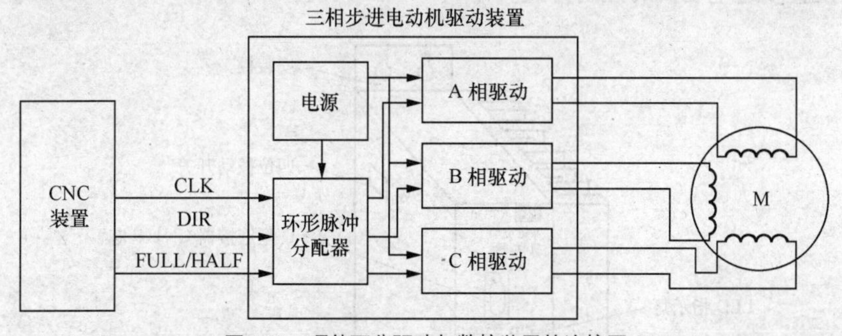

图3.10　硬件环分驱动与数控装置的连接图

硬件环分器是一种特殊的可逆循环计数器，可以由门电路及逻辑电路构成。按其电路构成的不同，可分为 TTL 脉冲分配器和 CMOS 脉冲分配器。

（2）软件环分器。随着微型计算机特别是单片机的发展，变频脉冲信号源和脉冲分配器的任务均可由单片机来承担，这样不但工作更可靠，而且性能更好。图 3.11 所示为软件环分驱动与数控装置的连接图。由图可知，软件环分驱动是由 CNC 装置中的计算机软件来完成的，即 CNC 装置直接控制步进电动机各绕组的通、断电。不同种类、不同相数、不同通电方式的步进电动机，用软件环分驱动只需编制不同的程序，将其存入 CNC 装置的 EPROM 中即可。

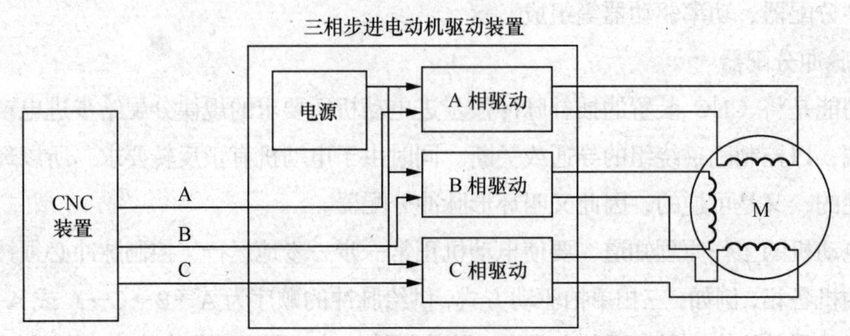

图3.11 软件环分驱动与数控装置的连接图

采用软件进行脉冲分配虽然增加了软件编程的复杂程度，但省去了硬件环形脉冲分配器，系统减少了器件，降低了成本，同时提高了系统的可靠性。

2. 步进电动机驱动器及应用

随着步进电动机在各方面的广泛应用，步进电动机的驱动装置也从分立元件电路发展到了集成元件电路，目前已研制出系列化、模块化的步进电动机驱动器。虽然各生产厂家的驱动器标准不统一，但其接口定义基本相同，只要了解接口中接线端子、标准接口及拨动开关的定义和使用，即可利用驱动器构成步进电动机控制系统。

下面以上海开通数控有限公司的 KT350 系列混合式步进电动机驱动器为例加以介绍。图 3.12 所示为 KT350 步进电动机驱动器的外形及接口图，其中接线端子排 A、$\overline{A}$、B、$\overline{B}$、C、$\overline{C}$、D、$\overline{D}$、E、$\overline{E}$ 接至电动机的各相；AC 为电源进线，用于接 50 Hz、80 V 的交流电源；端子 G 用于接地；连接器 CN1 为一个 9 芯连接器，可与控制装置连接；RPW、CP 为两个 LED 指示灯；SW 是一个四位拨动开关，用于设置步进电动机的控制方式。

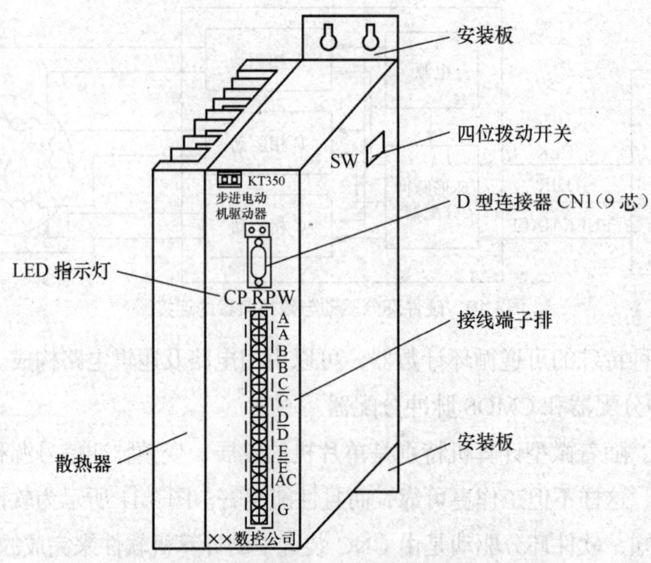

图3.12 KT350步进电动机驱动器的外形及接口图

图 3.13 为四位拨动开关示意图，其中第 1 位用于脉冲控制模式的选择，OFF 位置为单脉冲控制方式，ON 位置为双脉冲控制方式；第 2 位用于运行方向的选择（仅在单脉冲方式时有效），OFF 位置为标准运行，ON 位置为单方向运行；第 3 位用于整/半步运行模式选择，OFF 位置时，电动机以半步方式运行，ON 位置时，电动机以整步方式运行；第 4 位用于运行状态控制，OFF 位置时，驱动器接受外部脉冲控制运行，ON 位置时，自动试机运行（不需外部脉冲）。

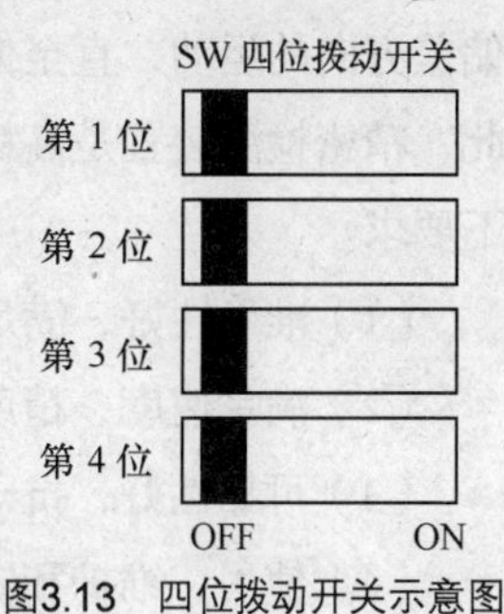

图3.13　四位拨动开关示意图

由此可知，该步进电动机驱动装置主要是通过拨动开关控制来设置步进电动机的控制方式。控制步进电动机的信号主要是通过 D 型连接器 CN1 输入的，其典型的接线如图 3.14 所示。

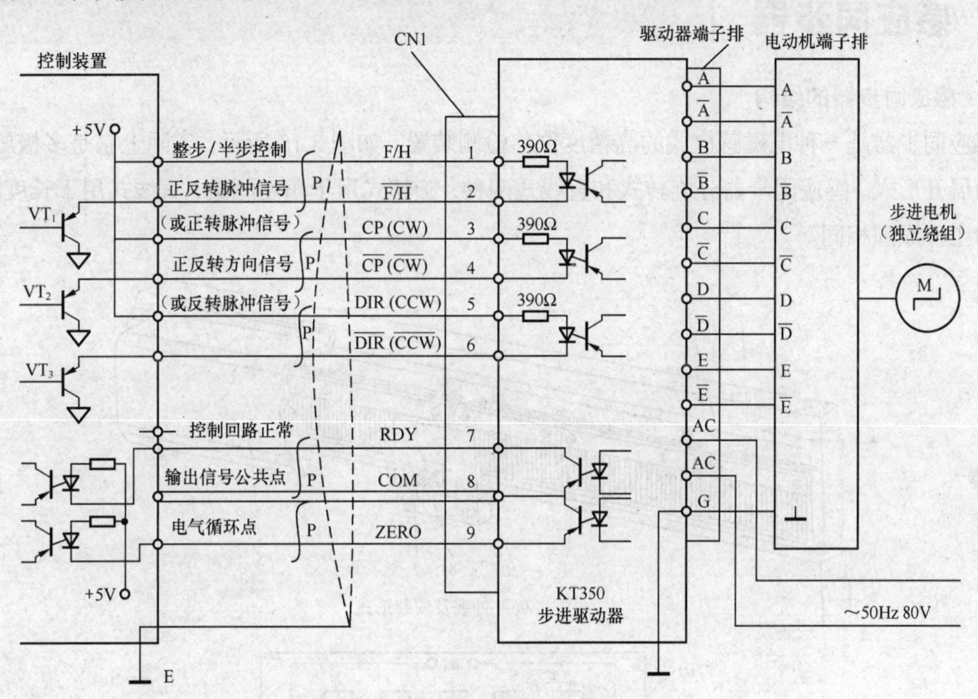

图3.14　步进电动机驱动装置典型接线图

此外，在驱动器面板上还有两个 LED 指示灯，PWR 和 CP。

PWR：驱动器电源指示灯，驱动器通电时亮。

CP：电动机运行时闪烁，闪烁频率等于电气循环原点信号的频率。

任务三　了解数控机床的位置检测装置

检测装置是数控机床闭环伺服系统的重要组成部分，它的主要作用是检测位移和速度，并发出反馈信号与数控装置发出的指令信号进行比较，若有偏差，经过放大后控制执行部件，使其消除向偏差方向的运动，直至偏差为零。闭环控制的数控机床的加工精度主要取决于检测系统的精度，因此，精密检测装置是高精度数控机床的重要保证。一般来说，数控机床上使用的检测装置应满足以下要求。

（1）准确性好，满足精度要求，工作可靠，能长期保持精度。

（2）满足速度、精度和机床工作行程的要求。

（3）可靠性好，抗干扰性强，适应机床工作环境的要求。

（4）使用、维护和安装方便，成本低。

一、感应同步器

1. 感应同步器的结构

感应同步器是一种电磁感应式的高精度位移检测装置，如图 3.15 所示。实际上它是多极旋转变压器的展开形式。感应同步器分旋转式和直线式两种，旋转式用于角度测量，直线式用于长度测量，两者的工作原理相同。

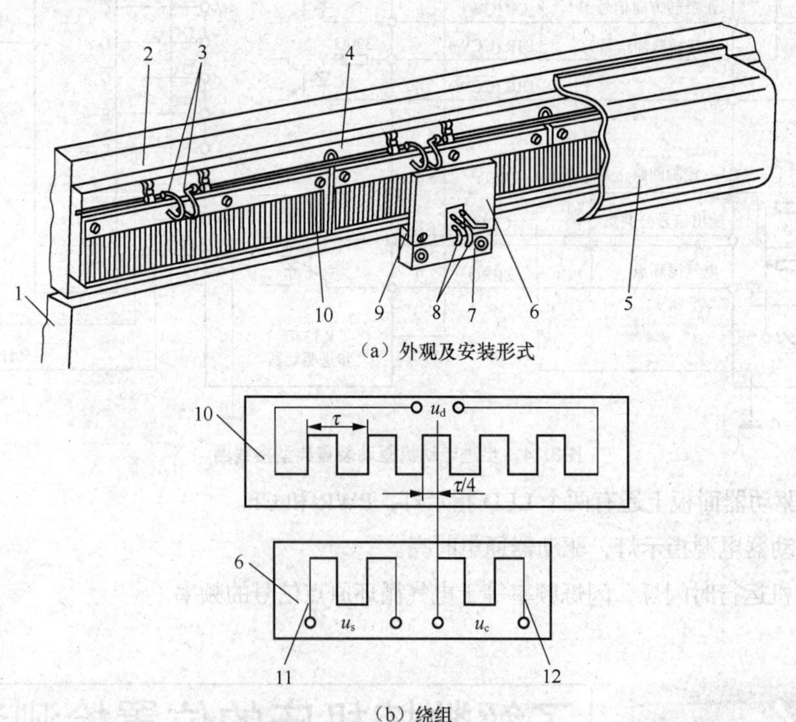

1—固定部件；（床身）；2—运动部件（工作台或刀架）；3—定尺绕组引线；4—定尺座；5—防护罩；6—滑尺；7—滑尺座；8—滑尺绕组引线；9—调整垫；10—定尺；11—正弦励磁绕组；12—余弦励磁绕组

图3.15 直线式感应同步器的结构示意图

直线感应同步器由定尺和滑尺两部分组成。定尺与滑尺之间有均匀的气隙，在定尺表面制有连续平面绕组，绕组节距为 P，滑尺表面制有两段分段绕组，即正弦绕组和余弦绕组，它们相对于定

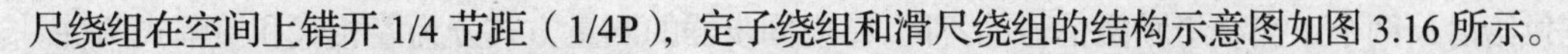

尺绕组在空间上错开 1/4 节距（1/4P），定子绕组和滑尺绕组的结构示意图如图 3.16 所示。

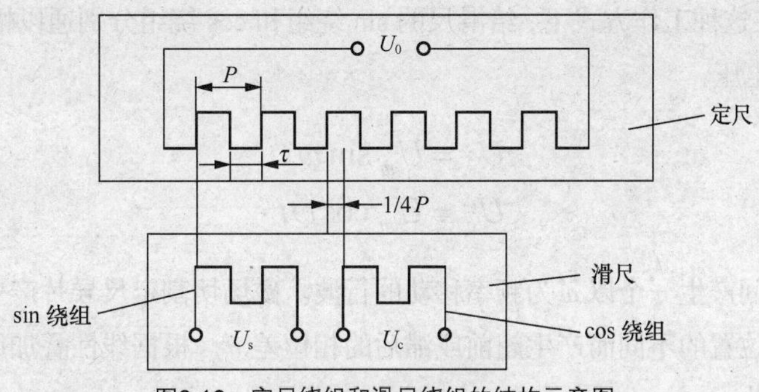

图3.16　定尺绕组和滑尺绕组的结构示意图

定尺绕组和滑尺绕组的基板采用与机床床身材料热膨胀系数相近的钢板制成，经精密的照相腐蚀工艺制成印刷绕组，再在尺子的表面上涂一层保护层。在滑尺的表面有时还贴上一层带绝缘的铝箔，以防静电感应。

2. 感应同步器的工作原理

感应同步器在使用时，在滑尺绕组通以一定频率的交流电压，由于电磁感应，在定尺的绕组中产生了感应电压，其幅值和相位决定于定尺和滑尺的相对位置。图 3.17 所示为滑尺在不同的位置时定尺上的感应电压。当定尺与滑尺重合时，如图中的 a 点，此时的感应电压最大；当滑尺相对于定尺平行移动后，其感应电压逐渐变小；在错开 1/4 节距的 b 点，感应电压为零。依此类推，在 1/2 节距的 c 点，感应电压幅值与 a 点相同，极性相反；在 3/4 节距的 d 点又变为零。当移动到一个节距的 e 点时，电压幅值与 a 点相同。这样，滑尺在移动一个节距的过程中，感应电压变化了一个余弦波形。滑尺每移动一个节距，感应电压就变化一个周期。

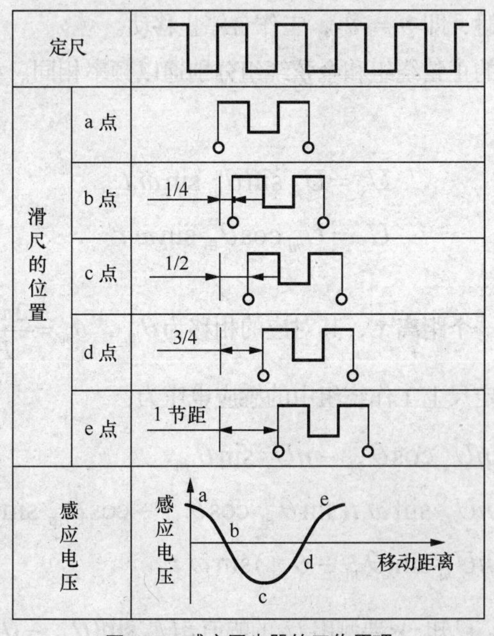

图3.17　感应同步器的工作原理

根据供给滑尺两个正交绕组励磁信号的不同,感应同步器的测量方式分为鉴相式和鉴幅式两种。

（1）鉴相方式。在这种工作方式下，给滑尺的 sin 绕组和 cos 绕组分别通以幅值相等、频率相同、相位相差 90° 的交流电压：

$$U_s = U_m \sin\omega t$$
$$U_c = U_m \cos\omega t$$

励磁信号将在空间产生一个以 ω 为频率移动的行波。磁场切割定尺导片产生感应电压，该电压随着定尺与滑尺相对位置的不同而产生超前或滞后的相位差 θ。根据线性叠加原理，在定尺上的工作绕组中的感应电压为：

$$\begin{aligned} U_0 &= nU_s\cos\theta - nU_c\sin\theta \\ &= nU_m(\sin\omega t\cos\theta - \cos\omega t\sin\theta) \\ &= nU_m\sin(\omega t - \theta) \end{aligned}$$

式中：ω 为励磁角频率，

n 为电磁耦合系数，

θ 为滑尺绕组相对于定尺绕组的空间相位角，$\theta = \frac{2\pi x}{P}$。

可见，在一个节距内 θ 与 x 是一一对应的，通过测量定尺感应电压的相位 θ，可以测量出定尺对滑尺的位移 x。数控机床的闭环系统采用鉴相系统时，指令信号的相位角 θ_1 由数控装置发出，由 θ 和 θ_1 的差值控制数控机床的伺服驱动机构。当定尺和滑尺之间产生了相对运动，则定尺上的感应电压的相位发生变化，其值为 θ。当 $\theta \neq \theta_1$ 时，机床伺服系统带动机床工作台移动。当滑尺与定尺的相对位置达到指令要求值时，即 $\theta = \theta_1$，工作台停止移动。

（2）鉴幅方式。给滑尺的正弦绕组和余弦绕组分别通以频率相同、相位相同，幅值不同的交流电压：

$$U_s = U_m\sin\theta_{电}\sin\omega t$$
$$U_c = U_m\cos\theta_{电}\sin\omega t$$

若滑尺相对于定尺移动一个距离 x，其对应的相移为 $\theta_{机}$，$\theta_{机} = \frac{2\pi x}{P}$。

根据线性叠加原理，在定尺上工作绕组中的感应电压为：

$$\begin{aligned} U_0 &= nU_s\cos\theta_{机} - nU_c\sin\theta_{机} \\ &= nU_m\sin\omega t(\sin\theta_{电}\cos\theta_{机} - \cos\theta_{电}\sin\theta_{机}) \\ &= nU_m\sin(\theta_{机} - \theta_{电})\sin\omega t \end{aligned}$$

由以上可知,若电气角 $\theta_{电}$ 已知,只要测出 U_0 的幅值 $nU_m\sin(\theta_{机} - \theta_{电})$,便可以间接地求出 $\theta_{机}$。

若$\theta_{电}=\theta_{机}$，则 U_0=0。说明电气角$\theta_{电}$的大小就是被测角位移$\theta_{机}$的大小。采用鉴幅工作方式时，不断调整$\theta_{电}$，让感应电压的幅值为 0，用$\theta_{电}$代替对$\theta_{机}$的测量，$\theta_{电}$可通过具体电子线路测得。

定尺上的感应电压的幅值随指令给定的位移量$x_1(\theta_{电})$与工作台的实际位移$x(\theta_{机})$的差值按正弦规律变化。鉴幅型系统用于数控机床闭环系统中时，当工作台未达到指令要求值时，即$x \neq x_1$，定尺上的感应电压$U_0 \neq 0$。该电压经过检波放大后控制伺服执行机构带动机床工作台移动。当工作台移动到$x = x_1$（$\theta_{电}=\theta_{机}$）时，定尺上的感应电压$U_0 = 0$，工作台停止运动。

3. 感应同步器的特点

（1）精度高。感应同步器的极对数多，由于平均效应测量精度要比制造精度高，且输出信号是由定尺和滑尺之间相对移动产生的，中间无机械转换环节，故其精度高。另外，定尺的节距误差有平均补偿作用，定尺本身的精度能做得很高，其精度可以达到 ± 0.001mm，重复精度可达 0.002mm。

（2）工作可靠，抗干扰能力强。在感应同步器绕组的每个周期内，测量信号与绝对位置有一一对应的单值关系，不受干扰的影响。

（3）抗干扰能力强，工艺性好，成本较低，便于复制和成批生产。

（4）维护简单，寿命长。感应同步器的定尺和滑尺互不接触，因此互不摩擦，没有磨损，不怕灰尘、油污及冲击振动。由于是电磁耦合器件，所以不需要光源、光电器件，不存在元件老化及光学系统故障。定尺和滑尺之间无接触磨损，在机床上安装简单。使用时需要加防护罩，防止切屑进入定尺和滑尺之间划伤导片以及灰尘、油雾的影响。

4. 感应同步器的安装、调试

（1）感应同步器由定尺组件、滑尺组件和防护罩 3 部分组成。定尺和滑尺组件分别由尺身和尺座组成，它们分别装在机床的不动和可动部件上。

（2）感应同步器在安装时必须保持两尺平行，两尺平面间的间隙为 0.25 ±（0.025～0.1）mm。倾斜度小于 0.5°，装配面波纹度在 0.01～250mm 以内。滑尺移动时，晃动的间隙及不平行度误差的变化小于 0.1mm。

（3）感应同步器大多装在容易被切屑和切削液侵入的地方，必须注意防护，否则会使绕组被刮伤或短路，使装置发生误动作及损坏。

（4）同步回路中的阻抗和励磁电压不对称及励磁电流失真度超过 2%时，将对检测精度产生影响，因此在调整系统时，应加以注意。

（5）当在整个测量长度上采用几个 250mm 长的标准定尺时，要注意定尺与定尺之间的绕组连接，当少于 10 根定尺时，将各绕组串联连接；当多于 10 根定尺时，先将各绕组分成两组串联，然后再将此两组并联起来，使定尺绕组的阻抗不致太高。为保证各定尺之间的连接精度，可以用示波器调整电气角度的方法，也可用激光的方法来调整安装精度。

（6）感应同步器的输出信号较弱且阻抗较低，因此要十分重视信号的传输。首先，要在定尺附近安装前置放大器，使定尺输出信号到前置放大器之间的距离尽可能短；其次，传输线要采用专用屏蔽电缆，以防止干扰。

二、脉冲编码器

1. 脉冲编码器的结构

脉冲编码器是一种旋转式脉冲发生器，把机械转角转化为脉冲，因此它既可以作为位置检测装置，也可以作为速度检测装置，是数控机床上应用广泛的位置检测装置，同时也可以作为速度检测装置用于速度检测。数控机床上常用的是光电式编码器。

常用的增量式旋转编码器为增量式光电编码器，其结构如图 3.18 所示。

光电编码器由 LED、光栏板、光电码盘、光敏元件及信号处理电路组成。其中光电码盘是在一块玻璃圆盘上镀上一层不透光的金属薄膜，然后在上面制成圆周等距的透光与不透光相间的条纹；光栏板上具有和光电码盘上相同的透光条纹。码盘也由不锈钢片制成。当光电码盘旋转时，光线通过光栏板和光电码盘产生明暗相间的变化，由光敏元件接收。光敏元件将光信号转换成电脉冲信号。光电编码器的测量精度取决于能分辨的最小角度，而这与光电码盘圆周上的条纹数有关，即分辨角，如条纹数为 1024，则分辨角为 360°/1024＝0.352°。实际应用的光电编码器的光栏板上有两组条纹 A 和 B，A 组和 B 组的条纹彼此错开 1/4 节距，两组条纹相对应的光敏元件所产生的信号彼此相差 90° 相位，用于辨向。当光电码盘正转时，A 信号超前 B 信号 90°，当光电码盘反转时，B 信号超前 A 信号 90°，数控系统正是利用这一相位关系来判断方向的。

2. 光电脉冲编码器的工作原理

当圆光栅旋转时，光线透过两个光栅的线纹部分，形成明暗条纹。光电元件接受这些明暗相间的光信号，转换为交替变化的电信号，该信号为两组近似于正弦波的电流信号 A 和 B（如图 3.19 所示），A 信号和 B 信号的相位相差 90°，经放大整形后变成方波，形成两个光栅的信号。光电编码器还有一个“一转脉冲”，称为 Z 相脉冲，每转产生一个，用来产生机床的基准点。

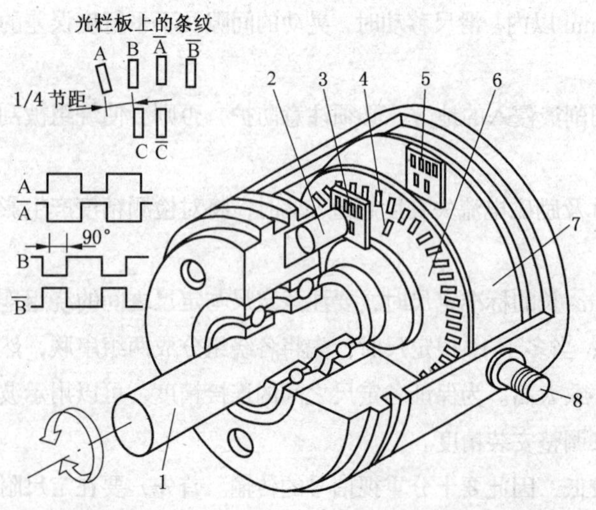

1—转轴；2—LED；3—光栏板；4—零标志槽；5—光敏元件；
6—光电码盘；7—印制电路板；8—电源及信号线连接座

图3.18 增量式光电编码器的结构示意图

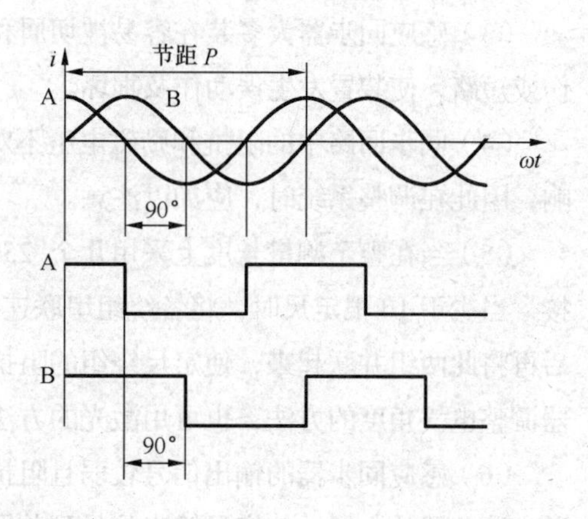

图3.19 脉冲编码器的输出波形

脉冲编码器的输出信号有 A、$\overline{A}$、B、$\overline{B}$、Z、$\overline{Z}$等信号，这些信号作为位移测量脉冲以及经过频率/电压变换作为速度反馈信号，进行速度调节。

三、绝对式编码器

增量式编码器只能进行相对测量，一旦在测量过程中出现计数错误，在以后的测量中就会出现计数误差。绝对式编码器克服了这一缺点。

1. 绝对式编码器的种类

绝对式编码器是一种直接编码和直接测量的检测装置，能指示绝对位置，没有累积误差，即使电源切断后位置信息也不丢失。常用的编码器有编码盘和编码尺，统称位码盘。

从编码器使用的计数制来分类，有二进制编码、二进制循环码、二—十进制码等编码器。从结构原理来分类，有接触式、光电式和电磁式等。常用的是光电式二进制循环码编码器。

2. 绝对式编码器的工作原理

图 3.20（b）所示为 4 位 BCD 码盘，它在一个不导电的基体上做了许多金属区使其导电，其中涂黑部分为导电区，用“1”表示，其他部分为绝缘区，用“0”表示，这样，在每一个径向上，都有由“1”、“0”组成的二进制代码，最里一圈是公用的，它和各码道所有导电部分连在一起，经电刷和电阻接电源正极，除公用圈以外，4 位 BCD 码盘的 4 圈码道上也都装有电刷，电刷经电阻接地，电刷布置如图 3.20（a）所示。由于码盘是与被测轴连在一起的，而电刷位置是固定的，所以当码盘随被测轴一起转动时，电刷和码盘的位置发生相对变化，若电刷接触的是导电区，则经电刷、码盘、电阻和电源形成回路，电阻上有电流流过，为“1”；反之，若电刷接触的是绝缘区，则不能形成回路，电阻上无电流流过，为“0”。由此可根据电刷的位置得到由“1”、“0”组成的 4 位 BCD 码。通过图 3.20（b）可看出电刷位置与输出代码的对应关系。码道的圈数就是二进制的位数，且高位在内，低位在外。由此可以推断出，若是 n 位二进制码盘，就有 n 圈码道，且圆周均为 2^n 等分，即共有 2^n 个数据来分别表示其不同位置，所能分辨的角度为

$$a=\frac{360°}{2^n}$$

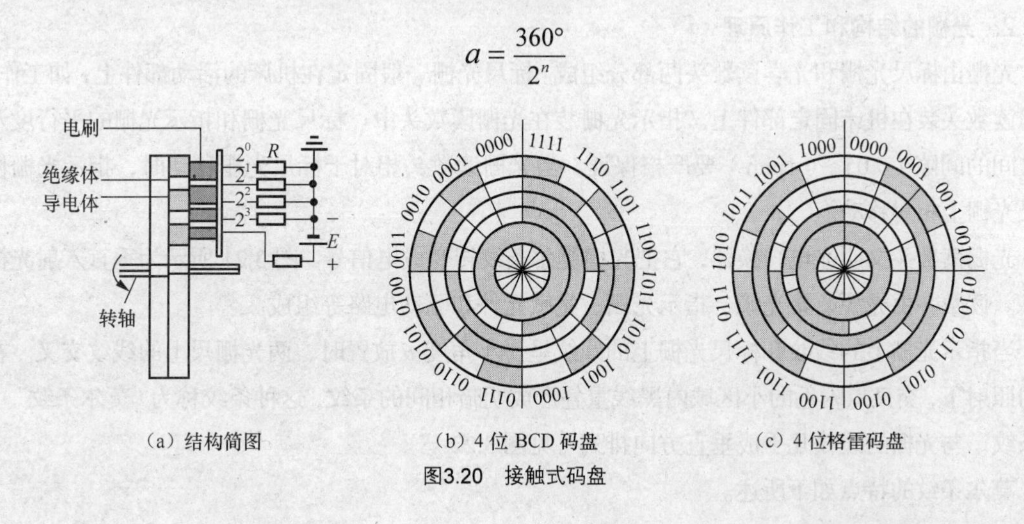

（a）结构简图　（b）4 位 BCD 码盘　（c）4 位格雷码盘

图3.20　接触式码盘

$$分辨率=\frac{1}{2^n}$$

显然，位数 n 越大，所能分辨的角度越小，测量精度就越高。

图 3.20（c）所示为 4 位格雷码盘，其特点是任何两个相邻数码间只有一位是变化的，可消除非单值性误差。

3. 旋转编码器特点

增量型特点：只在旋转期间输出和旋转相对应脉冲的形式，在静止状态下不输出。从而要另用计数器计算输出脉冲数，根据计数来检测旋转量。

绝对型特点：绝对式旋转编码器可直接将被测角用数字代码表示出来，且每一个角度位置均有对应的测量代码，因此这种测量方式即使断电也能读出被测轴的角度位置。

四、光栅

光栅是利用光的反射、透射和干涉现象制成的一种光电检测装置。在高精度的数控机床上，可以使用光栅作为位置检测装置，将机械位移转换为数字脉冲，反馈给 CNC 装置，实现闭环控制。由于激光技术的发展，光栅制作精度得到很大的提高，现在光栅精度可达微米级，再通过细分电路可以做到 0.1μm 甚至更高的分辨率。

1. 光栅的种类

根据形状可分为圆光栅和长光栅。长光栅主要用于测量直线位移，圆光栅主要用于测量角位移。

根据光线在光栅中是反射还是透射分为透射光栅和反射光栅。透射光栅的基体为光学玻璃，光源可以垂直射入，光电元件直接接受光照，信号幅值大。光栅每毫米中的线纹多，可达每毫米 200 线（0.005mm），精度高；但是由于玻璃易碎，热膨胀系数与机床的金属部件不一致，影响精度，不能做得太长。反射光栅的基体为不锈钢带（通过照相、腐蚀、刻线），反射光栅和机床金属部件一致，可以做得很长；但是反射光栅每毫米内的线纹不能太多，线纹密度一般为每毫米 25～50 线。

2. 光栅的结构和工作原理

光栅由标尺光栅和光学读数头两部分组成。标尺光栅一般固定在机床的活动部件上，如工作台。光栅读数头装在机床固定部件上。指示光栅装在光栅读数头中。标尺光栅和指示光栅的平行度及二者之间的间隙（0.05～0.1mm）要严格保证。当光栅读数头相对于标尺光栅移动时，指示光栅便在标尺光栅上相对移动。

光栅读数头又叫光电转换器，它把光栅莫尔条纹转变成电信号。图 3.21 所示为垂直入射光栅读数头。读数头由光源、聚光镜、指示光栅、光敏元件和驱动电路等组成。

当指示光栅上的线纹和标尺光栅上的线纹呈一小角度 θ 放置时，两光栅尺上的线纹交叉。在光源的照射下，交叉点附近的小区域内黑线重叠形成明暗相间的条纹，这种条纹称为“莫尔条纹”。“莫尔条纹”与光栅的线纹几乎成垂直方向排列（见图 3.22）。

莫尔条纹的特点如下所述。

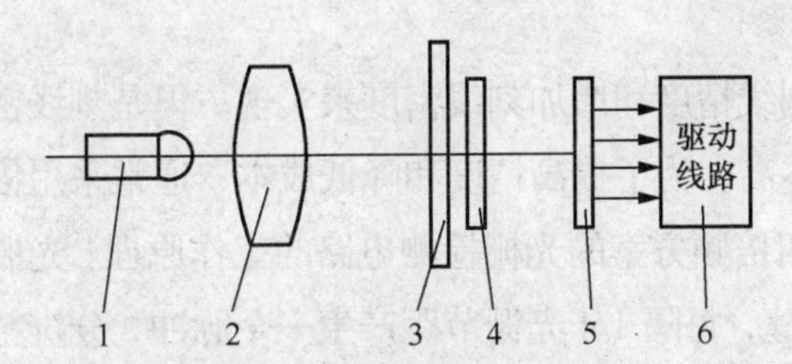

1—光源；2—透镜；3—标尺光栅；
4—指示光栅；5—光电元件；6—驱动线路

图3.21　光栅读数头

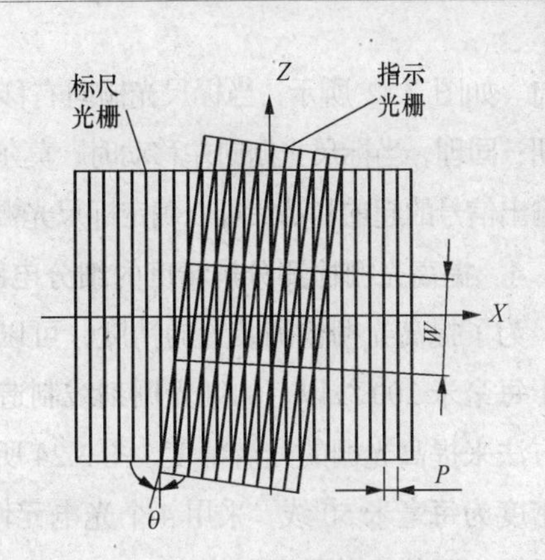

图3.22　光栅的莫尔条纹

（1）当用平行光束照射光栅时，莫尔条纹由亮带到暗带，再由暗带到光带的透过光的强度近似于正（余）弦函数。

（2）起放大作用。用 W 表示莫尔条纹的宽度，P 表示栅距，θ 表示光栅线纹之间的夹角，则

$$W = \frac{P}{\sin\theta}$$

由于 θ 很小，$\sin\theta \approx \theta$，所以

$$W \approx \frac{P}{\theta}$$

（3）起平均误差作用。莫尔条纹是由若干光栅线纹干涉形成的，这样栅距之间的相邻误差就被平均化了，消除了栅距不均匀造成的误差。

（4）莫尔条纹的移动与栅距之间的移动成比例。当干涉条纹移动一个栅距时，莫尔条纹也移动一个莫尔条纹宽度 W，若光栅移动方向相反，则莫尔条纹移动的方向也相反。莫尔条纹的移动方向与光栅的移动方向相垂直。这样测量光栅水平方向移动的微小距离就可以通过检测垂直方向的宽大的莫尔条纹的变化来实现。

3. 直线光栅尺检测装置的辨向原理

莫尔条纹的光强度近似呈正（余）弦曲线变化，光电元件所感应到的光电流的变化规律也近似为正（余）弦曲线，经放大、整形后，形成脉冲，可以作为计数脉冲，直接输入到计算机系统的计数器中计算脉冲数，并进行显示和处理。根据脉冲的个数可以确定位移量，根据脉冲的频率可以确定位移速度。

用一个光电传感器只能进行计数，不能辨向。要进行辨向，至少要用两个光电传感器。图 3.23 所示为光栅传感器的安装示意图。通过两个狭缝 S_1 和 S_2 的光束分别被两个光电传感器 P_1、P_2 接受。当光栅移动时，莫尔条纹通过两个狭缝的时间不同，波形相同，相位差 90°。至于哪个超前，决定于标尺光栅移动的

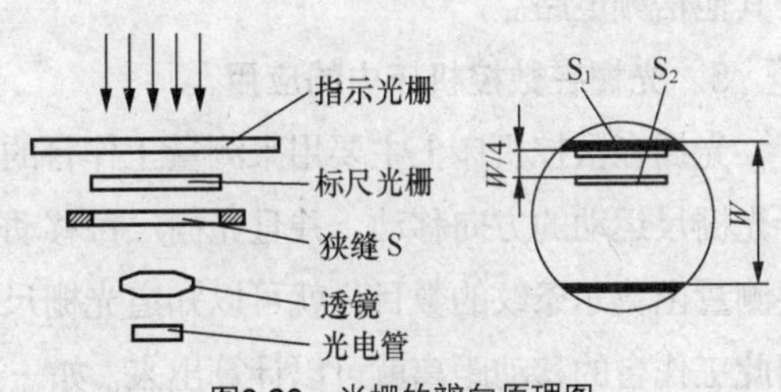

图3.23　光栅的辨向原理图

方向。如图 3.22 所示，当标尺光栅向右移动时，莫尔条纹向上移动，缝隙 S_2 的信号输出信号超前 1/4 周期；同理，当标尺光栅向左移动时，莫尔条纹向下移动，缝隙 S_1 的输出信号超前 1/4 周期。根据两狭缝输出信号的超前和滞后可以确定标尺光栅的移动方向。

4. 提高光栅检测分辨精度的细分电路

为了提高光栅检测装置的精度，可以通过提高刻线精度和增加刻线密度来实现。但是刻线密度大于每毫米 200 线以上的细光栅刻线制造困难，成本高。为了提高精度和降低成本，通常采用倍频的方法来提高光栅的分辨精度，图 3.24 所示为采用四倍频方案的光栅检测电路的工作原理。光栅刻线密度为每毫米 50 线，采用 4 个光电元件和 4 个狭缝，每隔 1/4 光栅节距产生一个脉冲，分辨精度可以提高四倍，并且可以辨向。

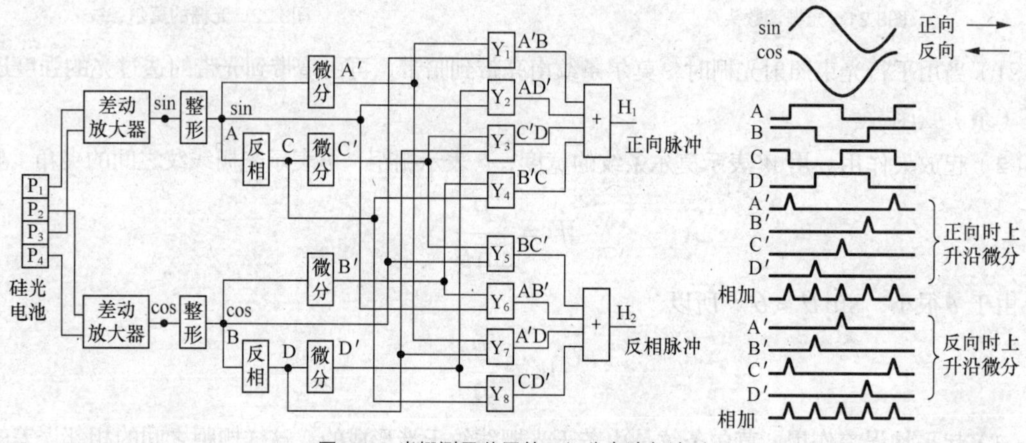

图3.24　光栅测量装置的四细分电路与波形

当指示光栅和标尺光栅相对运动时，硅光电池接受到正弦波电流信号。这些信号被送到差分放大器，再通过整形，成为两路正弦及余弦方波，然后经过微分电路获得脉冲。由于脉冲是在方波的上升沿上产生的，为了使 0°、90°、180°、270° 的位置上都得到脉冲，必须把正弦和余弦波分别反相一次，然后再微分，得到了 4 个脉冲。为了辨别正向和反向运动，可以用一些与门把 4 个方波 sin、-sin、cos 和-cos（即 A、B、C、D）和 4 个脉冲进行逻辑组合。当正向运动时，通过与门 Y1～Y4 及或门 H1 得到 $A'B + AD' + C'D + B'C$ 4 个脉冲的输出。当反向运动时，通过与门 Y5～Y8 及或门 H2 得到 $BC' + AB' + A'D + C'D$ 4 个脉冲的输出。波形如图 3.24 所示，这样虽然光栅栅距为 0.02mm，但是经过 4 倍频以后，每一脉冲都相当于 5μm，分辨精度提高了 4 倍。此外，也可以采用八倍频、十倍频等其他倍频电路。

5. 光栅在数控机床中的应用

光栅在数控机床上主要用来测量工作台的直线位移，当标尺光栅移动时，莫尔条纹就沿着垂直于光栅尺运动的方向移动，并且光栅尺每移动一个栅距 ω，莫尔条纹就准确地移动一个纹距 W，只要测量出莫尔条纹的数目，就可以知道光栅尺移动了多少个栅距。栅距是制造光栅尺时就确定的，因此工作台的移动距离就可以计算出来。如一光栅尺栅距 $\omega = 0.01$mm，测得由莫尔条纹产生的脉冲为 1000 个，则安装有该光栅尺的工作台移动了 0.01mm/个 × 1000 个 = 10mm。

另外，当标尺光栅随工作台运动方向改变时，莫尔条纹的移动方向也发生改变。标尺光栅右移时，莫尔条纹向上移动；标尺光栅左移时，莫尔条纹向下移动。通过莫尔条纹的移动方向即可判断出工作台的移动方向。

五、磁栅

1. 磁栅的结构

磁栅又叫磁尺，是一种高精度的位置检测装置，由磁性标尺、拾磁磁头和检测电路组成，利用拾磁原理进行工作。首先，用录磁磁头将一定波长的方波或正弦波信号录制在磁性标尺上作为测量基准，检测时根据与磁性标尺有相对位移的拾磁磁头所拾取的信号，对位移进行检测。磁栅可用于长度和角度的测量，精度高、安装调整方便，对使用环境要求较低，如对周围的电磁场的抗干扰能力较强，在油污和粉尘较多的场合使用有较好的稳定性。高精度的磁栅位置检测装置可用于各种精密机床和数控机床中。磁栅的结构如图3.25所示。

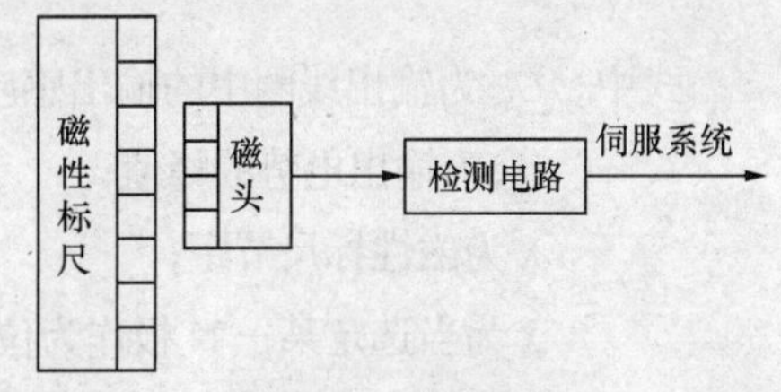

图3.25　磁栅的结构

（1）磁尺。磁性标尺分为磁性标尺基体和磁性膜。磁性标尺的基体由非导磁性材料（如玻璃、不锈钢、铜等）制成。磁性膜是一层硬磁性材料（如Ni-Co-P或Fe-Co合金），涂敷、化学沉积或电镀在磁性标尺上，呈薄膜状。磁性膜的厚度为 10～20μm，均匀地分布在基体上。磁性膜上有录制好的磁波，波长一般有0.005mm、0.01mm、0.2mm、1mm等几种。为了延长磁性标尺的寿命，一般在磁性膜上均匀地涂一层1～2μm的耐磨塑料保护层。

根据磁性标尺基体的形状，磁栅可以分为平面实体型磁栅、带状磁栅、线状磁栅和回转型磁栅。前三种磁栅用于直线位移的测量，后一种用于角度测量。磁栅长度一般小于600mm，测量长距离时可以把几根磁栅接长使用。

（2）拾磁磁头。拾磁磁头是一种磁电转换器件，它将磁性标尺上的磁信号检测出来，并转换成电信号。普通录音机上的磁头输出电压幅值与磁通的变化率成正比，属于速度响应型磁头。由于数控机床需要在运动和静止时都进行位置检测，因此应用在磁栅上的磁头是磁通响应型磁头，它不仅在磁头与磁性标尺之间有一定相对速度时能拾取信号，而且在它们相对静止时也能拾取信号。磁通响应型磁头的结构如图3.26所示，该磁头有两组绕组，分别为绕在磁路截面尺寸较小的横臂上的激磁绕组和绕在磁路截面较大的竖杆上的拾磁绕组。当对激磁绕组施加励磁电流 $i_\alpha = i_0 \sin \omega_0 t$ 时，在 i_α 的瞬时值大于某一数值以后，横臂上的铁芯材料饱和，这

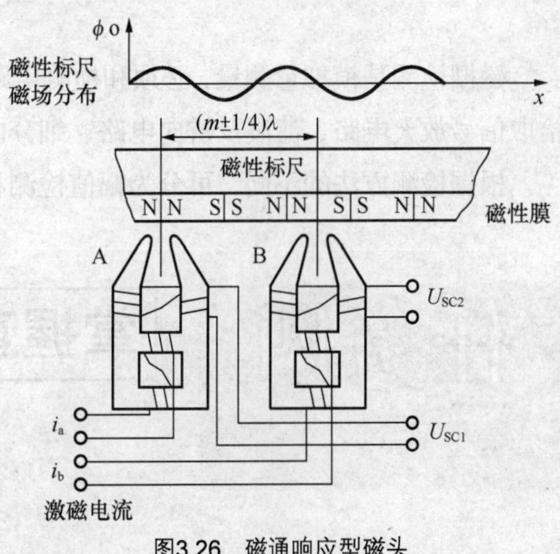

图3.26　磁通响应型磁头

时磁阻很大，磁路被阻断，磁性标尺的磁通 ϕ_0 不能通过磁头闭合，输出线圈不与 ϕ_0 交链。当在 i_α 的瞬时值小于某一数值时，i_α 所产生的磁通 ϕ_1 也随之降低。两横臂中磁阻也降低到很小，磁路开通，ϕ_0 与输出线圈交链。由此可见，励磁线圈的作用相当于磁开关。

2. 磁栅的工作原理

励磁电流在一个周期内两次过零、两次出现峰值，相应的磁开关通断各两次。在磁路由通到断的时间内，输出线圈中的交链磁通量由 $\phi_0\to 0$；当在磁路由断到通的时间内，输出线圈中的交链磁通量由 $0\to\phi_0$。ϕ_0 是由磁性标尺中的磁信号决定的，由此可见，输出线圈输出的是一个调幅信号：

$$U_{sc}=U_m\cos\left(\frac{2\pi x}{\lambda}\right)\sin\omega t$$

式中，U_{sc} 为输出线圈中的输出感应电压；

U_m 为输出电势的峰值；

λ 为磁性标尺节距；

x 为当选定某一 N 极作为位移零点，磁头对磁性标尺的位移量；

ω 为输出线圈感应电压的频率，它比励磁电流 i_α 的频率 ω_0 高一倍。

由上可见，磁头输出信号的幅值是位移 x 的函数。只要测出 U_{sc} 过 0 的次数，就可以知道 x 的大小。

使用单个磁头的输出信号小，而且对磁性标尺上的磁化信号的节距和波形要求也比较高。实际使用时，将几十个磁头用一定的方式串联，构成多间隙磁头使用。

为了辨别磁头的移动方向，通常采用间距为（$m+1/4$）λ 的两组磁头（$\lambda=1, 2, 3\cdots$），并使两组磁头的励磁电流相位相差 45°，这样两组磁头输出的电势信号相位相差 90°。

第一组磁头的输出信号如果是：

$$U_{sc1}=U_m\cos\left(\frac{2\pi x}{\lambda}\right)\sin\omega t$$

则第二组磁头的输出信号是：

$$U_{sc2}=U_m\sin\left(\frac{2\pi x}{\lambda}\right)\sin\omega t$$

磁栅检测是模拟量测量，必须和检测电路配合才能使用。磁栅的检测电路包括：磁头激磁电路、拾取信号放大电路、滤波及辨向电路、细分内插电路、显示及控制电路等部分。

根据检测方法的不同，可分为幅值检测和相位检测两种。通常相位检测应用较多。

任务四 掌握直流电动机伺服系统

伺服电动机是转速及方向都受控制电压信号控制的一类电动机，常在自动控制系统中被用作执行元件。伺服电动机分为直流、交流两大类。

随着数控技术的发展，对驱动执行元件的要求越来越高，一般的电动机已不能满足数控机床对伺服控制的要求，因此研发了多种大功率直流伺服电动机，并且已在闭环和半闭环伺服系统中得到广泛应用。

直流伺服电动机按照励磁方式分为电磁式和永磁式两种。永磁式电动机效率较高且低速时输出转矩较大，目前几乎都采用永磁式电动机。本节以永磁式宽调速直流伺服电动机为例进行分析。

一、直流伺服电动机的结构和工作原理

1. 结构

直流伺服电动机的结构与一般的电动机结构相似，由定子和转子两大部分组成，定子包括磁极（永磁体）、电刷、机座、机盖等部件；转子通常称为电枢，包括电枢铁芯、电枢绕组、换向器、转轴等部件。此外在转子的尾部装有测速机和旋转变压器（或光电编码器）等检测元件。转子磁场和定子磁场始终产生转矩使转子转动。永磁式宽调速直流伺服电动机的结构示意图如图 3.27 所示。

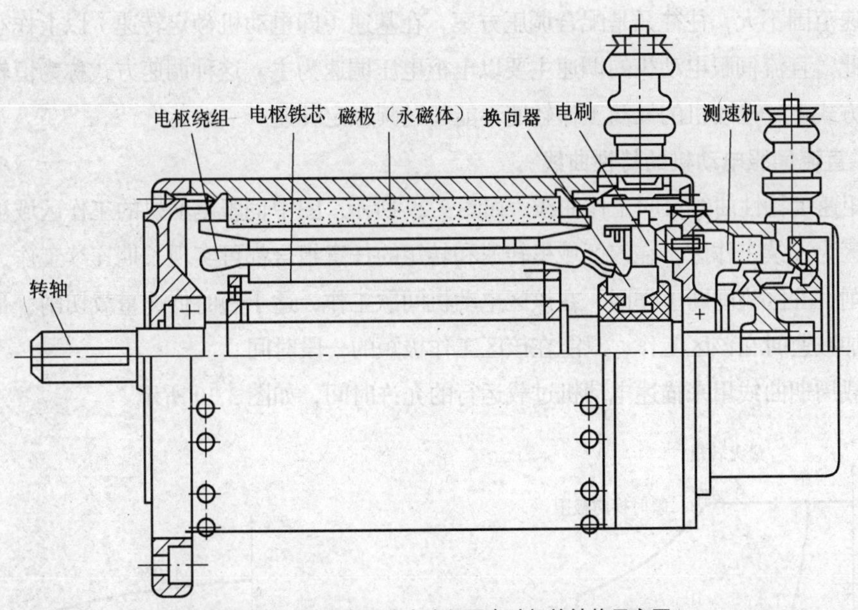

图3.27　永磁式宽调速直流伺服电动机的结构示意图

2. 工作原理

图 3.28 所示是永磁式宽调速直流伺服电动机的工作原理示意图。若电刷通以图示方向的直流电，则电枢绕组中的任一导体的电流方向如图所示。当转子转动时，由于电刷和换向器的作用，使得 N 极和 S 极下的导体电流方向不变，即原来在 N 极下的导体只要一转过中性面进入 S 极下的范围，电流就反向；

反之，原来在 S 极下的导体只要一转过中性面进入 N 极下，电流也马上反向。根据电流在磁场中受到的电磁力方向可知，图中转子受到顺时针方向力矩的作用，转子沿顺时针方向转动。如果要使转子反转，只需改变电枢绕组的电流方向，即电枢电压的方向。

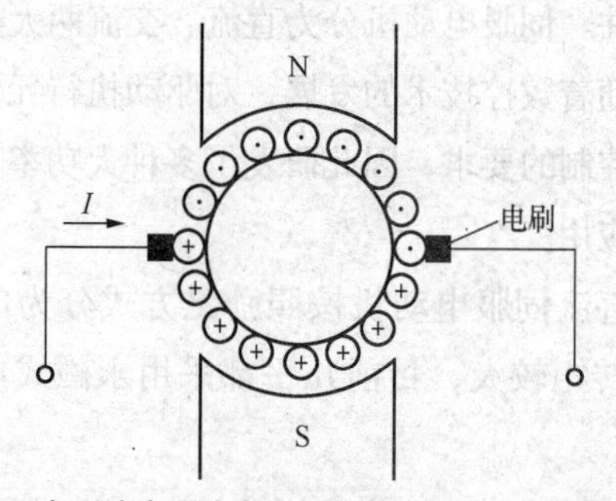

图3.28　永磁式宽调速直流伺服电动机的工作原理示意图

3. 调速方法

根据直流电动机的机械特性可以知道，电动机的调速方法有 3 种。

（1）改变电动机的电枢电压。电动机加以恒定励磁，用改变电枢两端电压 U 的方式来实现调速控制，这种方法也称为电枢控制。

（2）改变电动机的磁场大小。电枢加以恒定电压，用改变励磁磁通的方法来实现调速控制，这种方法也称为磁场控制。

（3）改变电动机电枢的串联电阻阻值。通过改变电枢回路电阻 R 来实现调速控制。

对于要求在一定范围内无级平滑调速的系统来说，选用改变电枢电压的方式最好。改变电枢回路电阻只能实现有级调速，调速平滑性比较差；改变磁场，虽然具有控制功率小和能够平滑调速等优点，但调速范围不大，往往只是配合调压方案，在基速（即电动机额定转速）以上作小范围的升速控制。因此，直流伺服电动机的调速主要以电枢电压调速为主。这种调速方式称为恒转矩调速。在这种调速方式下，电动机的最高工作转速不能超过其额定转速。

4. 永磁直流伺服电动机的特性曲线

（1）转矩速度特性曲线又叫工作曲线，如图 3.29 所示。图中伺服电动机的工作区域被划分为三个区域，Ⅰ区为连续工作区，在该区域里转速和转矩的任意组合都可实现长期连续工作，适于长时额定负载切削；Ⅱ区为间断工作区，在该区电动机间歇工作，适于短时低速重载切削；Ⅲ为加减速区，电动机加减速时在该区工作，只能在该区工作极短的一段时间。

（2）负载周期曲线用来描述电动机过载运行的允许时间，如图 3.30 所示。

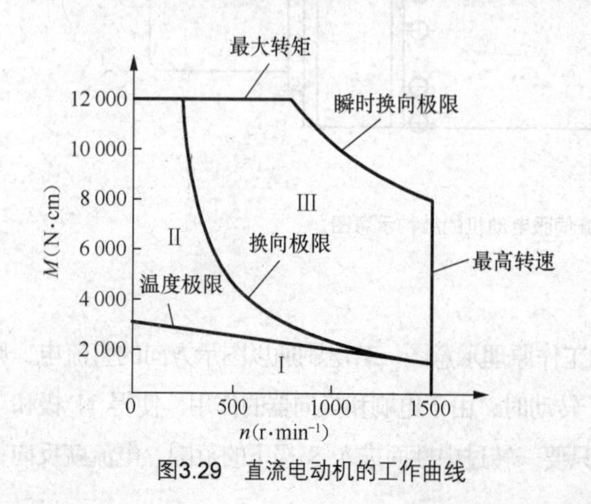

图3.29　直流电动机的工作曲线

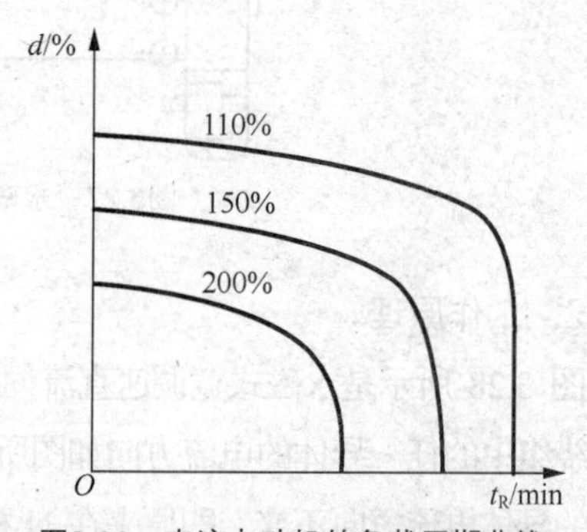

图3.30　直流电动机的负载周期曲线

图中给出了在满足负载所需转矩，而又确保电动机不过热的情况下，所允许的电动机的工作时间。

负载周期曲线的使用方法为：根据实际负载转矩，求出电动机过载倍数的百分比 T_{md}，计算公式为：

$$T_{md}=（负载转矩÷电动机额定转矩）\times 100\%$$

在负载周期曲线的水平轴上找到实际工作所需时间 t_R，并从该点向上作垂线，与所要求的 T_{md} 曲线相交；再以该交点作水平线，与纵轴的交点即为允许的负载周期比 d，计算公式为：

$$d=t_R/(t_R+t_F)$$

式中，t_R 为电动机的工作时间，t_F 为电动机的断电时间。

二、直流伺服进给驱动控制基础

数控机床直流进给伺服系统多采用永磁式直流伺服电动机作为执行元件，为了与伺服系统所要求的负载特性相吻合，常采用控制电动机电枢电压的方法来控制输出转矩和转速。目前使用最广泛的方法是晶体管脉宽调制器-直流电动机调速（PWM—M），简称 PWM 变换器，它具有响应快、效率高、调整范围宽、噪声污染低、结构简单、性能可靠等优点。

脉宽调速（PWM）的基本原理是利用脉宽调制器，将直流电压转换成某一频率的矩形波电压，加到直流电动机的转子回路两端，通过对矩形波脉冲宽度的控制，改变转子回路两端的平均电压，从而达到调节电动机转速的目的。调速系统由控制电路、主回路及功率整流电路三部分组成，其中控制电路由速度调节器、电流调节器和脉宽调制器（包括固定频率振荡器、调制信号发生器、脉宽调制电路及基极驱动电路）组成。系统的核心部分是主回路和脉宽调制器，如图 3.31 所示。

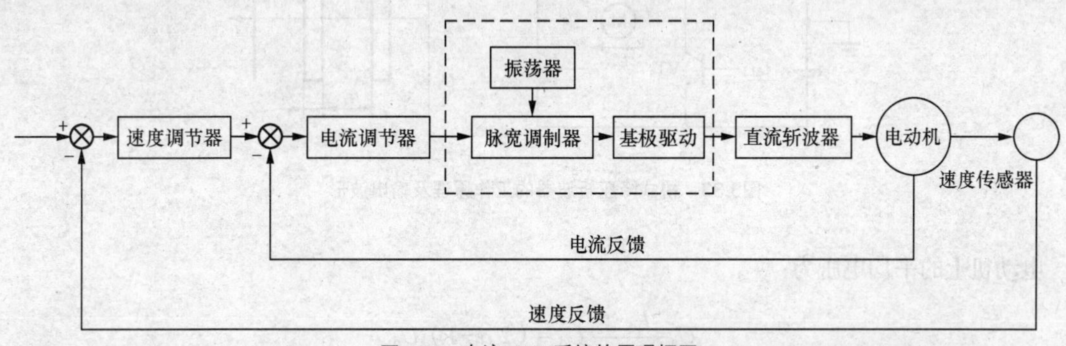

图3.31　直流PWM系统的原理框图

图 3.32 所示为 PWM 降压斩波器的原理及输出波形。图 3.32（a）中的晶体管 V 工作在“开”和“关”状态，假定 V 先导通一段时间 t_1，此时全部电压加在电动机的电枢上（忽略管压降）；然后使 V 关断，时间为 t_2，此时电压全部加在 V 上，电枢回路的电压为 0。反复导通和关闭晶体管 V，得到如图 3.32（b）所示的电压波形。

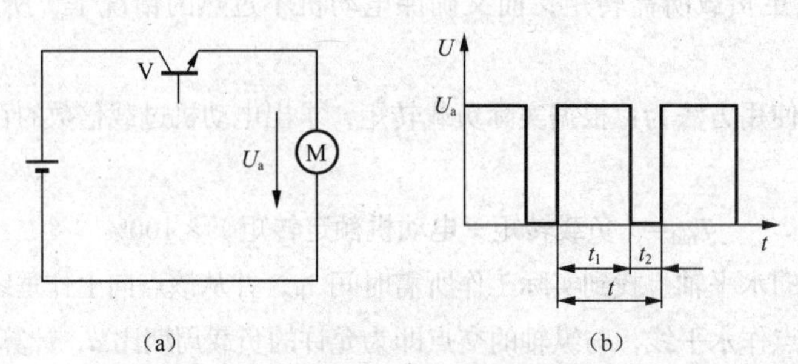

图3.32 PWM降压斩波器的工作原理及输出波形

在 $t = t_1 + t_2$ 时间内，加在电动机电枢回路上的平均电压为：

$$U_a = \frac{t_1}{t_1 + t_2} U = \alpha U$$

式中，$\alpha = t_1 / (t_1 + t_2)$ 为占空比，$0 \leqslant \alpha \leqslant 1$，$U_a$ 的变化范围在 0～U 之间，均为正值，即电动机只能在某一个方向调速，称为不可逆调速。当需要电动机在正、反两个方向上都能调速时，需要使用桥式（H 形）降压斩波电路，如图 3.33 所示。桥式电路中，VT_1、VT_4 同时导通、同时关断，VT_2、VT_3 同时导通、同时关断，但同一桥臂上的晶体管（如 VT_1 和 VT_3、VT_2 和 VT_4）不允许同时导通，否则将使直流电源短路。设先使 VT_1、VT_4 同时导通 t_1 时间后关断，间隔一定的时间后，再使 VT_2、VT_3 同时导通一段时间 t_2 后关断，如此反复进行，得到的输出电压波形如图 3.33（b）所示。

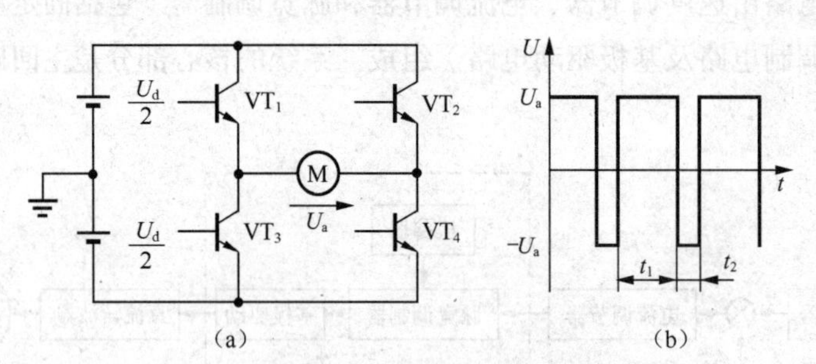

图3.33 桥式降压斩波器的工作原理及输出波形

电动机上的平均电压为：

$$U_a = \frac{t_1 - t_2}{t_1 + t_2} U_d = (2\alpha - 1) U_d$$

当 $0 \leqslant \alpha \leqslant 1$ 时，U_a 值的范围是 $-U_d$～U_d。电动机可以在正、反两个方向上调速。

三、直流伺服电动机的特点

永磁式宽调速直流电动机除了具有一般电动机的性能之外，还具有以下 6 个特点。

（1）高性能的铁氧体具有大的矫顽力和足够的厚度，能够承受高的峰值电流，以满足快的加减速要求。

（2）大惯量结构使其具有大的热容量，可以允许较长的过载工作时间。

（3）低速大转矩特性和大惯量结构，使其可以与机床进给丝杠直接相连。

（4）一般没有换相极和补偿绕组，通过仔细选择电刷材料和精心设计磁场分布，可以使其在较大的加速度下仍具有良好的换相性能。

（5）绝缘等级高，保证电动机在经常过载的情况下仍具有较长的寿命。

（6）在电动机轴上装有精密的速度和位置检测元器件，可以得到高精度的速度和位置检测信号，容易实现速度和位置的闭环控制。

掌握交流伺服进给电动机

由于直流伺服电动机具有良好的调速性能，因此长期以来，在要求调速性能较高的场合，直流电动机调速系统一直占据主导地位。但由于电刷和换向器易磨损，需要经常维护；有时换向器换向时会产生火花，使电动机的最高速度受到限制；并且直流伺服电动机的结构复杂，制造困难，成本高，所以直流伺服电动机在使用上受到一定的限制。由于交流伺服电动机无电刷，结构简单，转子的转动惯量较直流电动机小，使得其动态响应好，且输出功率较大（较直流电动机提高 10%～70%），因而在数控机床上被广泛应用并有取代直流伺服电动机的趋势。

异步交流伺服电动机有三相和单相之分，也有鼠笼式和绕线式之分，通常多用鼠笼式三相感应电动机，其结构简单，与同容量的直流电动机相比，质量约为 1/2，价格仅为直流电动机的 1/3。但它不能很经济地实现宽范围的平滑调速，而必须从电网吸收滞后的励磁电流，因而使电网功率因数变坏。

同步型交流伺服电动机虽较感应式电动机复杂，但比直流电动机简单。它的定子与感应电动机一样，都是在定子上装有对称三相绕组，但转子不同，按不同的转子结构可分为电磁式同步电动机和非电磁式同步电动机。电磁式同步电动机又可分为磁滞式、永磁式和反应式等多种，其中，磁滞式同步电动机和反应式同步电动机存在效率低、功率因数差、制造容量小等缺点。所以，永磁式同步交流伺服电动机主要用于进给驱动。

1. 结构

永磁式同步交流伺服电动机的结构如图 3.34 所示，主要由定子、转子和检测元件组成。定子内侧有齿槽，齿槽内装有三相对称绕组，结构与普通交流电动机的定子类似。定子上有通风孔，定子的外形多呈多边形，且无外壳以利于散热。转子主要由多块永久磁铁和铁芯组成，这种结构的优点是极数多、气隙磁通密度较高。

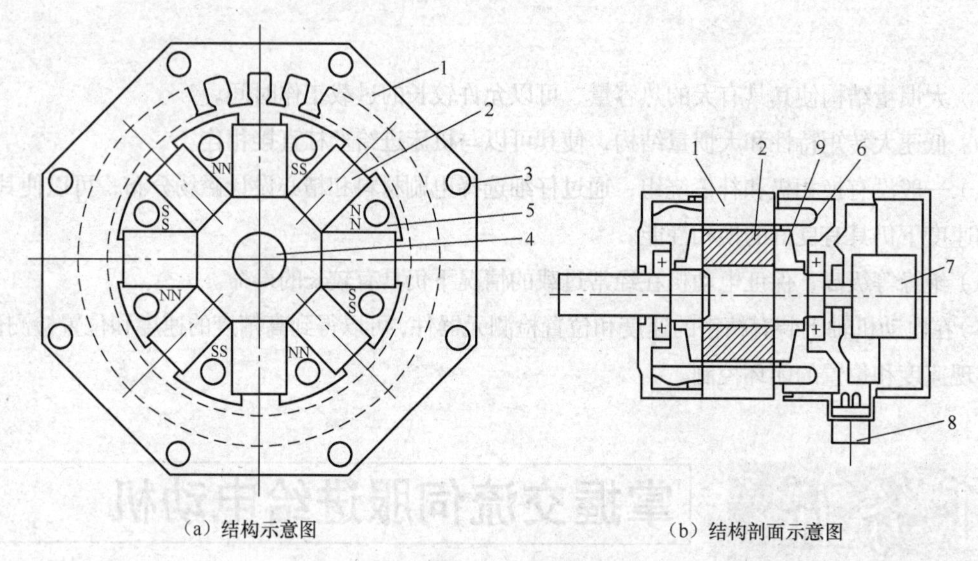

（a）结构示意图　　　　（b）结构剖面示意图

1—定子；2—永久磁铁；3—轴向通风孔；4—转轴；5—铁芯；6—定子三相绕组；7—脉冲编码器；8—接线盒；9—压板

图3.34　永磁式同步交流伺服电动机的结构示意图

2. 工作原理

当三相定子绕组中通入三相交流电后，就会在定子与转子间产生一个转速为 n 的旋转磁场，转速 n 称为同步转速。设转子为两极永久磁铁，定子的旋转磁场用一对旋转磁极表示，定子的旋转磁场与转子的永久磁铁的磁力作用使转子跟随旋转磁场转动，如图 3.35 所示。当转子加上负载转矩后，转子轴线将落后定子旋转磁场轴线一个角度 θ。当负载减小时，θ 也减小；当负载增大时，θ 也增大。只要负载不超过一定限度，转子始终跟着定子的旋转磁场以恒定的同步转速 n（r/min）旋转。同步转速为：

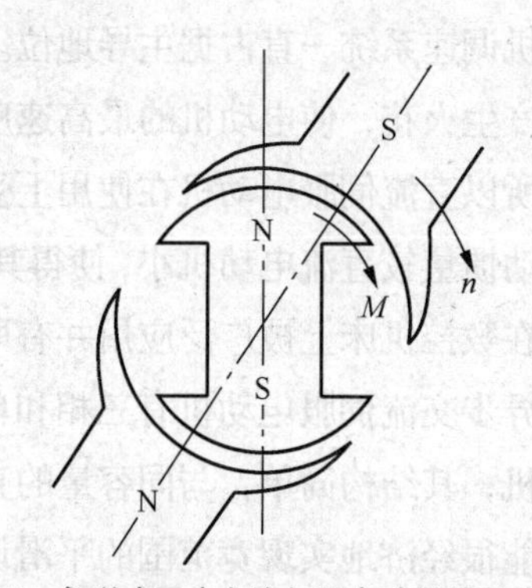

图3.35　永磁式同步交流伺服电动机的工作原理

$$n = 60f/p$$

式中，f 为电源频率，p 为磁极对数。

当负载超过一定限度后，转子不再按同步转速旋转，甚至可能不转，这就是同步交流伺服电动机的失步现象。负载的极限称为最大同步转矩。

交流永磁式伺服电动机和交流感应式伺服电动机相比，两者的旋转机理都是由定子绕组产生旋转磁场使转子运转；不同点是交流永磁式伺服电动机的转速和外加电源频率存在严格的关系，所以电源频率不变时，它的转速是不变的，交流感应式伺服电动机由于需要转速差才能在转子上产生感应磁场，所以电动机的转速比其同步转速小，外加负载越大，转速差越大。旋转磁场的同步速度由交流电的频率来决定，频率低，转速低；频率高，转速高。因此，这两类交流电动机的调速方法主要是通过改变供电频率来实现的。

永磁式同步电动机启动困难，不能自启动的原因有两点，一是由于其本身存在惯量，虽然当三相电源供给定子绕组时已产生旋转磁场，但转子仍处于静止状态，由于惯性作用跟不上旋转磁场的转动，在定子和转子两对磁极间存在相对运动时转子受到的平均转矩为零；二是定子、转子磁场之间的转速相差过大。为此，在转子上装有鼠笼式启动绕组，使其像感应异步电动机那样产生启动转矩，当转子速度上升到接近同步转速时，定子磁场与转子永久磁极相吸引，将其拉入同步转速，使转子以同步转速旋转，这就是所谓的“异步启动，同步运行”。但是，永磁式交流同步电动机中大多没有启动绕组，而是在设计时降低转子惯量或多极转子，使定子旋转磁场的同步转速不是很大；另外，也可在速度控制单元中采取措施，使电动机先在低速下启动，然后再提高到所要求的速度。

3. 交流伺服电动机的特点

（1）电动机无电刷和换向器，工作可靠，维护和保养简单。

（2）定子绕组散热快。

（3）惯量小，易于提高系统的快速性。

（4）适于高速大力矩的工作状态。

（5）相同功率下，体积和重量较小。

因此，永磁式同步交流伺服系统已广泛地应用于机床、机械设备、搬运机构等场合，满足了传动领域发展的需求。

1. 按结构与材料的不同，步进电动机可分哪几种基本类型？各有什么优缺点？
2. 简述反应式步进电动机的工作原理。
3. 步进电动机的步距角和转速是由什么参数决定的？
4. 环形脉冲分配器的功用是什么，它可以分成哪几类？
5. 步进电动机的功率驱动器由哪几部分组成，其作用是什么？
6. 数控机床系统中常用的检测装置有哪些？
7. 假设一绝对值型编码盘有 8 个码道，其能分辨的最小角度是多少？
8. 数控机床检测装置的主要要求有哪些？
9. 永磁式直流伺服电动机由哪几部分组成？其转子绕组中导体的电流是通过什么来实现换向的？
10. 数控机床直流进给伺服系统通常采用什么方法来实现调速？该调速方法有何特点？
11. 交流伺服电动机有哪几种？数控机床的交流进给伺服系统通常使用何种交流伺服电动机？
12. 同步交流伺服电动机的同步速度与哪些参数有关？

13．数控机床对伺服系统提出了哪些基本要求？试按这些基本要求，对闭环和开环伺服系统进行综合比较，说明各个系统的应用特点及结构特点。

14．位置比较有哪些方法？与位置检测装置的选择有何关系？

15．数控机床对伺服系统提出了哪些基本要求？试按这些基本要求，对闭环和开环伺服系统进行综合比较，说明各个系统的应用特点及结构特点。

模块四

数控机床主轴的控制

在数控机床上，主轴夹持工件或刀具旋转，直接参加表面成形运动。数控机床的主传动系统包括主轴电动机、传动系统和主轴组件。数控机床的主传动系统和进给系统有很大的差别。机床进给驱动系统控制机床各坐标的进给运动，而机床主传动系统主要做旋转运动，无需丝杠或其他直线运动装置。

与普通机床的主传动系统相比，数控机床的主传动系统结构比较简单，这是因为变速功能全部或大部分由主轴电动机的无级变速来承担，省去了繁杂的齿轮变速结构，有些主传动系统只有二级或三级齿轮变速系统用以扩大电动机无级调速的范围。

了解数控机床对主轴的要求

和普通机床一样，数控机床的主运动也主要完成切削任务，其动力约占整台机床动力的70%～80%，其基本控制包括主轴的正反转、调速及停止。普通机床的主轴一般采用有级变速传动。而数控机床的主轴，通常是自动无级变速传动或分段自动无级变速传动，这可使主轴有不同的转速和转矩，以满足不同的切削要求，因此，主传动电动机应有较宽的功率范围（2.2～250kW）。有些数控机床（加工中心）还必须具有准停控制，需要自动换刀。根据机床主传动的工作特点，早期的机床主轴传动全部采用三相异步电动机加上多级变速箱的结构。随着技术的不断发展，机床结构有了很大的改进，从而对主轴系统提出了新的要求，而且因用途而异。所以，数控机床对主轴系统有以下7个要求。

1. 调速范围

各种不同机床的调速范围要求不同。为达到最佳的切削效果，主轴转速应在最佳切削条件下，以保证加工时选用合理的切削用量，从而获得最佳的生产率、加工精度和表面质量。多用途、通用性大的机床要求主轴的调速范围大，不但要有低速大转矩，而且还要有较高的速度，如车削加工中心；而对于专用数控机床就不需要较大的调速范围，如数控齿轮加工机床、为汽车工业大批量生产而设计的数控钻镗床；还有些数控机床，不但要求能够加工黑色金属材料，还要能够加工铝合金等有色金属材料，这就要求主轴的变速范围大，且能超高速切削。主轴变速分为有级变速、无级变速和分段无级变速 3 种形式，其中有级变速仅用于经济型数控机床，绝大多数数控机床采用无级变速或分段无级变速。

2. 主轴的旋转精度和运动精度

主轴的旋转精度是指装配后，在无载荷、低速转动条件下测得的主轴前端和距离前端 300mm 处的径向圆跳动和端面圆跳动值。主轴在工作速度下旋转时测得的上述两项精度称为运动精度。数控机床要求有高的旋转精度和运动精度。

3. 具有良好的抗震性和热稳定性

为使数控机床在长时间大负荷的条件下仍可保持良好的工作状态和加工精度，主轴要具有良好的抗震性和热稳定性，以保证主轴组件有较高的固有频率和良好的动平衡性，以保持合适的配合间隙。因此，要进行循环润滑和冷却等操作。

4. 具有自动换刀、主轴定向功能

为了实现刀具的快速装卸，要求主轴能进行高精度定向停位控制，甚至要求主轴具有角度分度控制功能，从而缩短数控机床的辅助切削时间。

5. 热变形

电动机、主轴及传动件都是热源。低温升、小的热变形是对主传动系统要求的重要指标。

6. 具有四象限的驱动能力

要求主轴在正、反向转动时均可进行自动加减速控制，即要求具有四象限驱动能力，并且要求加、减速时间要短。

7. 具有与进给同步控制的功能

为了实现螺纹加工，主轴应具有与进给驱动实行同步控制的功能，以保证转速与进给的比例关系。

掌握主轴变速方式

1. 电动机无级变速

数控机床一般采用直流或交流主轴伺服电动机来实现主轴无级变速。交流主轴电动机及交流变频驱动装置（笼型感应交流电动机配置矢量变换变频调速系统）由于没有电刷，不产生火花，所以使用

寿命长，且性能已达到直流驱动系统的水平，甚至在噪声方面还有所降低，因此目前应用较为广泛。

主轴传递的功率或转矩与转速之间的关系如图 4.1 所示。当机床处在连续运转状态下时，主轴的转速在 437～3 500r/min，主轴传递电动机的传递功率为 11kW，称为主轴的恒功率区域Ⅱ。在这个区域内，主轴的最大输出转矩（245 N·m）随着主轴转速的增高而变小。主轴转速在 35～437r/min 范围内，主轴的输出转矩不变，称为主轴的恒转矩区域 I。在这个区域内主轴所能传递的功率随着主轴转速的下降而减小。图中虚线所示为电动机超载（允许超载 30min）时恒功率区域和恒转矩区域。电动机的超载功率为 15 kW，超载的最大输出转矩为 334 N·m。

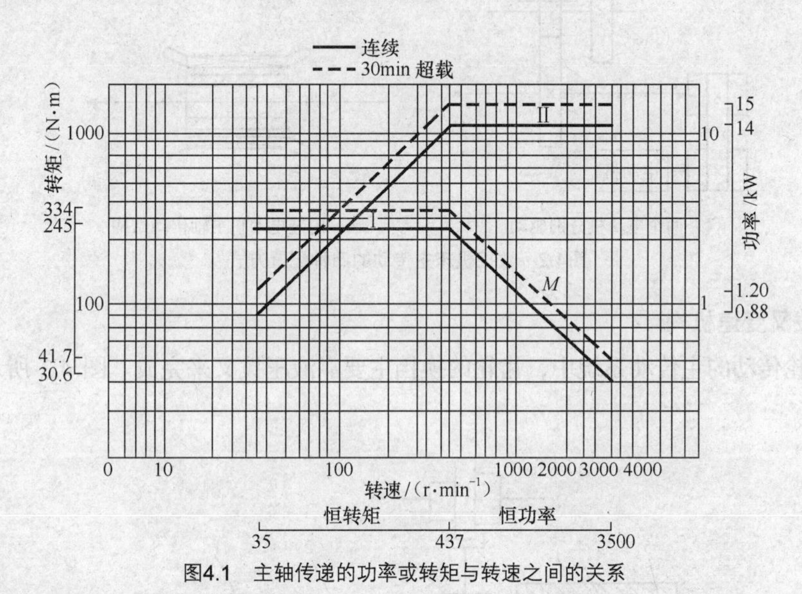

图4.1 主轴传递的功率或转矩与转速之间的关系

2. 分段无级变速

数控机床在实际生产中，并不需要在整个变速范围内均为恒功率。一般要求在中、高速段为恒功率传动，在低速段为恒转矩传动。为了确保数控机床主轴在低速时有较大的转矩和主轴的变速范围尽可能大，有的数控机床在交流或直流电动机无级变速的基础上配以齿轮变速，使之成为分段无级变速。

（1）带有变速齿轮的主传动［见图 4.2（a）］。这是大中型数控机床较常采用的配置方式，通过少数几对齿轮传动，扩大变速范围。电动机在额定转速以上的恒功率调速范围为 2～5，当需要扩大这个调速范围时常用加变速齿轮的办法来扩大调整范围，滑移齿轮的移位大都采用液压拨叉的方法或直接由液压缸带动齿轮来实现。

（2）通过带传动的主传动［见图 4.2（b）］。这种传动主要用在转速较高、变速范围不大的机床中，电动机本身的调整就能够满足要求。不用齿轮变速，可以避免由齿轮传动所引起的振动和噪声。它适用于高速低转矩特性的主轴，常用的是同步带。

（3）用两个电动机分别驱动主轴［见图 4.2（c）］。这是上述两种方式的混合传动，具有上述两种性能。高速时，由一个电动机通过带传动；低速时，由另一个电动机通过齿轮传动，齿轮起到降速和扩大变速范围的作用，这样就使恒功率区域增大，扩大了变速范围，避免了低速时转矩不够且电动机功率不能充分利用的问题。但两个电动机不能同时工作，以避免浪费。

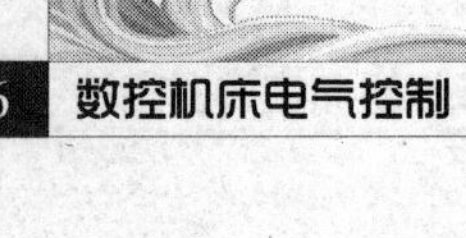

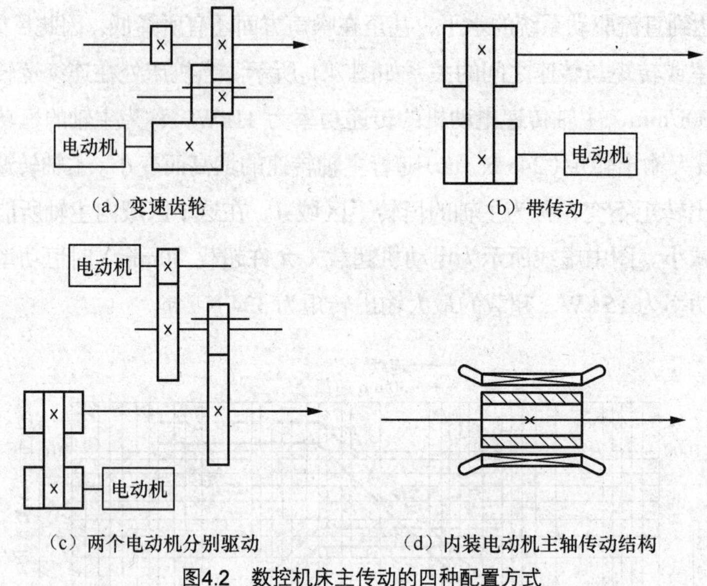

图4.2 数控机床主传动的四种配置方式

3. 液压拨叉变速机构

在带有齿轮传动的主传动系统中，齿轮的换挡主要靠液压拨叉来完成。图 4.3 所示是三位液压拨叉的原理图。

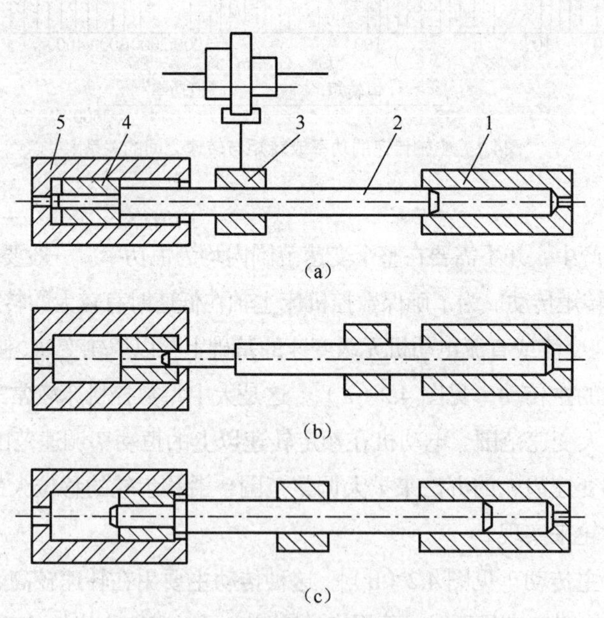

1、5—液压缸；2—活塞缸；3—拨叉；4—套筒

图4.3 三位液压拨叉的原理图

液压拨叉由液压缸 1 与 5、活塞 2、拨叉 3 和套筒 4 组成，通过改变不同的通油方式可以使三联齿轮获得三个不同的变速位置。当液压缸 1 通压力油而液压缸 5 排油卸压时 [见图 4.3（a）]，活塞 2 带动拨叉 3 使三联齿轮移到左端。当液压缸 5 通压力油而液压缸 1 排油卸压时 [见图 4.3（b）]，活塞 2 和套筒 4 一起向右移动，在套筒 4 碰到液压缸 5 的端部之后，活塞 2 继续右移到极限位置，

此时三联齿轮被拨叉 3 移到右端。当压力油同时进入左右两缸时［见图 4.3（c)]，由于活塞 2 的两端直径不同，使活塞杆向左移动。在设计活塞 2 和套筒 4 的截面面积时，应使油压作用在套筒 4 的圆环上的向右的推力大于活塞 2 向左的推力，因而套筒 4 仍然压在液压缸 5 的右端，使活塞 2 紧靠在套筒 4 的右端，此时，拨叉和三联齿轮被限制在中间位置。

每个齿轮到位后需要用到位检测元件检测，检测信号有效，说明变挡已经结束。

液压拨叉变速必须在主轴停车之后才能进行，但停车时拨动滑移齿轮啮合可能出现“顶齿”现象。在自动变速的数控机床主运动系统中，通常增设一台微电动机，它在拨叉移动滑移齿轮的同时带动各传动齿轮作低速回转，这样，滑移齿轮便能顺利啮合。液压拨叉变速是一种有效的方法，但它增加了数控机床液压系统的复杂性,而且必须将数控装置送来的信号先转换成电磁阀的机械动作，然后再将压力油分配到相应的液压缸，因而增加了变速的中间环节，带来了更多的不可靠因素。

4. 电磁离合器变速

电磁离合器是应用电磁效应接通或切断运动的元件，由于它便于实现自动操作，并有现成的系列产品可供选用，因而已成为自动装置中常用的操纵元件。电磁离合器用于数控机床的主传动时，能简化变速机构，通过若干个安装在各传动轴上的离合器的吸合和分离的不同组合来改变齿轮的传动路线，实现主轴的变速。图 4.4 所示为 THK6380 型自动换刀数控铣镗床的主传动系统图，该机床采用双速电动机和 6 个电磁离合器来完成 18 级变速。

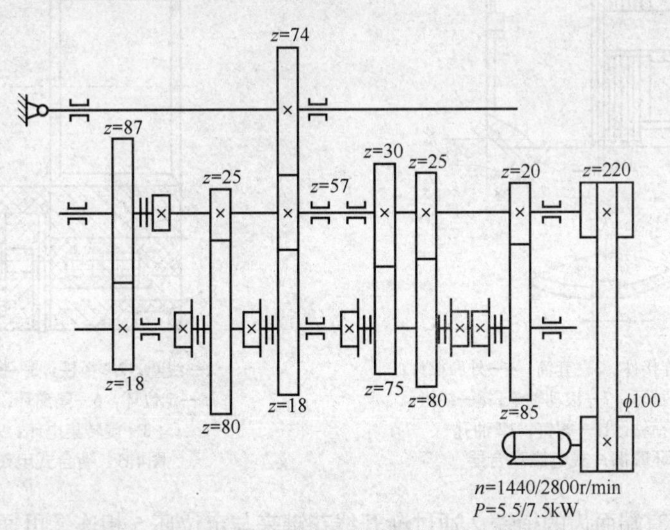

图4.4 THK6380型自动换刀数控铣镗床的主传动系统图

图 4.5 所示为数控铣镗床主轴箱中使用的无滑环摩擦片式电磁离合器。传动齿轮 1 通过螺钉固定在连接件 2 的端面上，根据不同的传动结构，运动既可从传动齿轮 1 输入，也可以从套筒 3 输入。连接件 2 的外周开有 6 条直槽，并与外摩擦片 4 上的 6 个花键齿相配，这样就把传动齿轮 1 的转动直接传递给了外摩擦片 4。套筒 3 的内孔和外圆都有花键，而且和挡环 6 用螺钉 11 连成一体。内摩

擦片 5 通过内孔花键套装在套筒 3 上，并一起转动。当绕组 8 通电时，衔铁 10 被吸引右移，把内摩擦片 5 和外摩擦片 4 压紧在挡环 6 上，通过摩擦力矩把传动齿轮 1 与套筒 3 结合在一起。无滑环电磁离合器的绕组 8 和铁芯 9 是不转动的，在铁芯 9 的右侧均匀分布着 6 条键槽，用斜键将铁芯固定在变速箱的壁上。当绕组 8 断电时，外摩擦片 4 的弹性爪使衔铁 10 迅速恢复到原来位置，内、外摩擦片互相分离，运动被切断。这种离合器的优点在于省去了电刷，避免了磨损和接触不良带来的故障，因此比较适合于高速运转的主传动系统。由于采用摩擦片来传递转矩，所以允许不停车变速。但也带来了另外的缺点，这就是变速时将产生大量的摩擦热，还由于线圈和铁芯是静止不动的，这就必须在旋转的套筒上安装滚动轴承 7，因而增加了离合器的径向尺寸。此外，这种摩擦离合器的磁力线通过钢质的摩擦片，在绕组断电之后会有剩磁，所以增加了离合器的分离时间。

图 4.6 所示为啮合式电磁离合器，它在摩擦面上做了一定齿形，来提高传递的扭力。

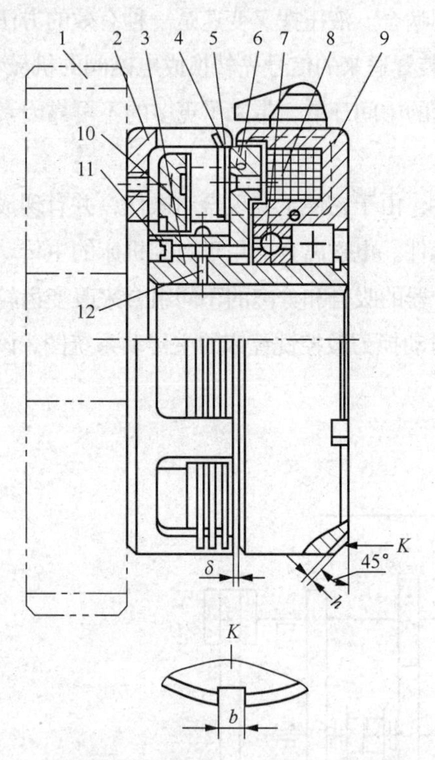

1—传动齿轮；2—连接件；3—套筒；4—外摩擦片；
5—内摩擦片；6—挡环；7—滚动轴承；8—绕组；
9—铁芯；10—衔铁；11—螺钉；12 油孔

图4.5 无滑环摩擦片式电磁离合器

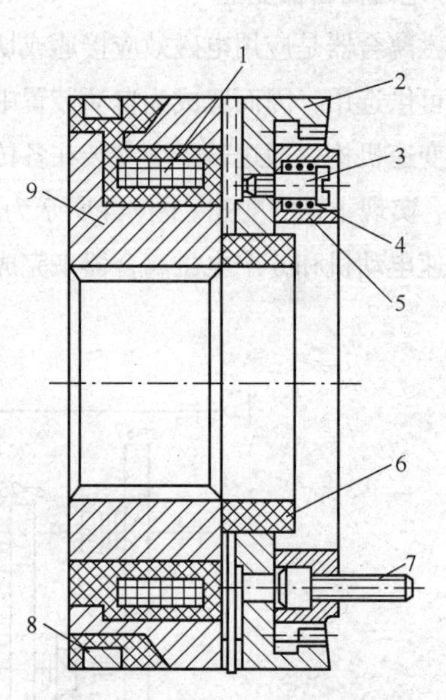

1—线圈；2—衔铁；3—螺钉；4—弹簧；
5—定位环；6—隔离环；7—连接螺钉；
8—旋转集电环；9—磁轭

图4.6 啮合式电磁离合器

线圈 1 通电，带有端面齿的衔铁 2 通过渐开线花键来与定位环 5 相连，再通过连接螺钉 7 与传动件相连。磁轭 9 内孔的花键连接另一个轴，这样，就使与螺钉相连的轴与另一轴同时旋转。隔离环 6 用来防止传动轴分离一部分磁力线，进而削弱电磁吸引力。衔铁采用渐开线花键与定位环 5 相连的方式是为了保证同轴度。这种离合器必须在低于 1～2 r/min 的转速下变速。

与其他形式的电磁离合器相比，啮合式电磁离合器能够传递更大的转矩，相应地减小了离合器的径向和轴向尺寸，使主轴箱的结构更为紧凑。啮合过程无滑动是它的另一个优点，这样不但使摩擦热减少，有助于改善数控机床主轴箱的热变形，而且还可以在有严格要求的传动比的传动链中使用。但这种离合器带有旋转集电环 8，电刷与滑环之间有摩擦，影响了变速的可靠性，同时还应避免在很高的转速下工作。另一方面，离合器必须在低于 1～2r/min 的转速下变速，这将给自动变速带来不便。根据上述特点，啮合式电磁离合器较适宜用在要求温升小和结构紧凑的数控机床上。

5. 内装电动机主轴变速

如图 4.7 所示，将主轴与电动机连成一体，电动机轴就是主轴本身，电动机定子装在主轴头内。内装式主轴电动机由主轴转子、电动机定子和检测元件三部分组成，它的结构简单，即使在高速下运行震动也很小，目前的高速主轴都采用这种结构形式。当主轴转数在 20 000～100 000 r/min 时，主轴轴承要采用磁力轴承或氮化硅材料的陶瓷滚珠轴承，通常采用润滑方式来减少主轴的发热，有用高级油脂润滑的（每加一次油脂可以使用 7～10 年），也有用油气润滑的。所谓油气润滑就是除在轴承中加入少量的润滑油外，还引入压缩空气，使滚动体上包有油膜，起到润滑的作用，再用空气循环进行冷却。

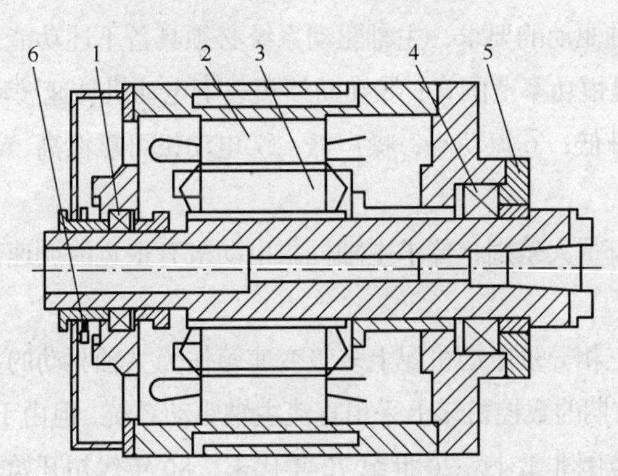

1—前轴承；2—电动机定子；3—电动机转子；4—后轴承；5—主轴；6—检测器

图4.7 内装主轴电动机

6. 数控机床高速电主轴简介

高速主轴单元的类型主要有电主轴和气动主轴。气动主轴目前主要应用在精密加工上，其最高转速可达 150 000 r/min，但输出功率很小。

高速电主轴在结构上几乎全部是交流伺服电动机直接驱动的集成化结构，取消了齿轮变速机构，并配备有强力的冷却和润滑装置。电主轴的连接有两种方式，一种是通过联轴器把电动机与主轴直接连接；另一种是把电动机转子与主轴做成一体，即将无壳电动机的空心转子用压配合的形式直接装在机床主轴上，而带有冷却套管的定子则安装在主轴单元的壳体中，形成了内装式电动机主轴。这种主轴与机床主轴合二为一的传动结构，把机床主传动链的长度缩短为零，实现了机床的零传动，具有结构紧凑、易于平衡、传动效率高等特点。它的主轴转速已能达到每分钟几万转到几十万转，正在逐渐向高速大功率方向发展。

由于高速主轴对轴上零件的动平衡要求很高，所以轴承的定位元件与主轴一般不采用螺纹连接，电动机转子与主轴也不采用键连接，而是采用可拆的阶梯过盈连接。

电主轴的基本参数和主要规格包括套筒直径、最高转速、输出功率，转矩和刀具接口等，其中，套筒直径为电主轴的主要参数。目前，国内外专业的电主轴制造厂商已经可以供应几百种规格的电主轴。

任务三 掌握交流主轴电动机及其驱动控制

主轴驱动系统包括主轴驱动器和主轴电动机，数控机床主轴的无级调速由主轴驱动器完成。主轴驱动系统分为直流驱动系统和交流驱动系统。

为满足数控机床对主轴驱动的要求，主轴驱动系统必须具备下述功能：①输出功率大；②在整个调速范围内速度稳定，且恒功率范围宽；③在断续负载下电动机转速波动小，过载能力强；④加、减速时间短；⑤电动机温升低；⑥振动小，噪声低；⑦电动机可靠性高，寿命长，易维护；⑧体积小，重量轻。

机床主轴驱动和进给有很大差别，要求主轴伺服电动机有很宽的调速范围，能提供大的转矩和功率。

早期的数控机床采用三相异步电动机配上多级变速箱作为主轴驱动的主要方式。由于对主轴驱动提出了更高的要求，在前期的数控机床上采用直流主轴驱动系统，但由于直流电动机的换向限制，大多数系统的恒功率调速范围非常小。20 世纪 70 年代末、80 年代初开始采用交流驱动系统，目前数控机床的交流主轴驱动多采用交流主轴电动机配备主轴伺服驱动器或普通交流异步电动机配备变频器。

一、交流主轴电动机

主轴电动机应具有输出功率大，恒功率速度范围宽，断续负载下扭矩波动小，加减速时间短，可靠性高，寿命长，易于维护及温升低和过载能力强等特点。

1. 交流主轴伺服电动机的结构

图 4.8 所示为西门子 1PH5 系统交流主轴电动机的外形，同轴连接的 ROD323 光电编码器用于测速和矢量变频控制。

交流主轴电动机的总体结构由定子和转子组成。它的内部结构和普通交流异步电动机相似，定子上有固定的三相绕组，转子铁芯上开有许多槽，每个槽内装有一根导线，所有导体两端短接在端环上，如果去掉铁芯，转子绕组的形状像一个鼠笼，所以称为笼型转子。

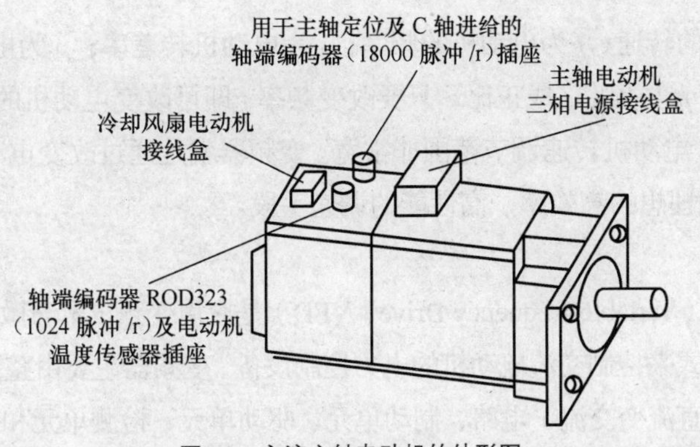

图4.8　交流主轴电动机的外形图

2. 交流主轴伺服电动机的性能

交流主轴电动机与直流主轴电动机一样，是由功率—速度特性曲线来反映其性能的，其特性曲线如图4.9所示。从曲线上可以看出，交流主轴电动机的特性曲线在基本速度以下为恒转矩区域，而在基本速度以上为恒功率区域。当电动机转速超过一定值之后，其功率—速度特性曲线向下倾斜，不能保证恒功率。对于一般的交流主轴电动机，这个恒功率的速度范围只有1∶3的速度比。交流主轴电动机还有一定的过载能力，一般为额定值的1.2～1.5倍，过载时间则从几分钟到半小时不等。

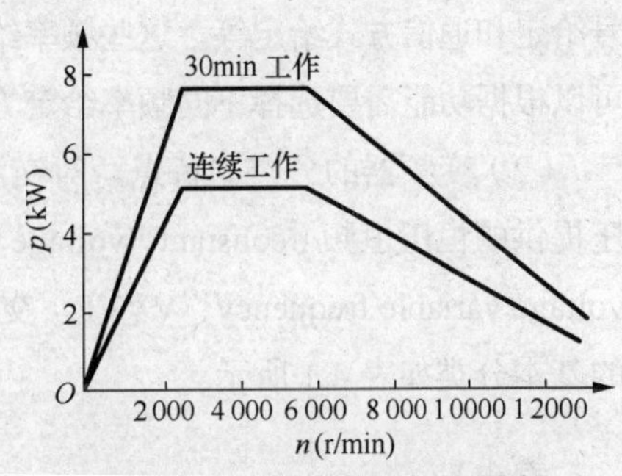

图4.9　主轴交流电动机的特性曲线

3. 交流主轴伺服电动机的工作原理

交流异步伺服电动机的工作原理和普通交流异步电动机的基本相似。定子绕组通入三相交流电后，在电动机气隙中产生一个励磁的旋转磁场，当旋转磁场的同步转速与转子转速有差异时，转子的导体切割磁力线产生感应电流，与励磁磁场相互作用，从而产生转矩。由此可以看出，在异步伺服电动机中，只要转子转速小于同步转速，转子就会受到电磁转矩的作用而转动。若异步伺服电动机的磁极对数为p，转差率为s，定子绕组供电频率为f，则转子的转速$n=60f(1-s)/p$。异步电动机的供电频率发生变化时，转子的转速也将发生变化。

二、交流主轴驱动控制

1. 变频

变频（Frequency Conversion）就是改变供电频率。变频技术的核心是变频器，它通过对供电频率的转换来实现电动机运转速度的自动调节，把50Hz的固定电网频率改为30～130 Hz的变化频率，同时，还使电源电压适应范围达到142～270V，解决了由于电网电压的不稳定而影响电器工作的难题。通过改变交流电频率的方式实现交流电控制的技术就叫变频技术。

交流电动机的同步转速表达式为：

$$n=60f(1-s)/p$$

式中，n 为电动机的转速；f 为电动机的频率；s 为电动机转差率；p 为电动机极对数。

由公式可知，转速 n 与频率 f 成正比，只要改变频率 f 即可改变电动机的转速，当频率 f 在 0～50Hz 的范围内变化时，电动机转速调节范围非常宽。变频器就是通过改变电动机的电源频率来实现速度调节的，这是一种理想的高效率、高性能的调速手段。

2. 变频器

（1）概念。变频器（Variable-frequency Drive，VFD）是应用变频技术与微电子技术，通过改变电动机工作电源频率的方式来控制交流电动机的电力控制设备。变频器主要由整流（交流变直流）电路、滤波电路、再次整流（直流变交流）电路、制动单元、驱动单元、检测单元和微处理单元等组成，通过改变电源的频率来达到改变电源电压的目的，根据电动机的实际需要来提供其所需要的电源电压，进而达到节能、调速的目的。另外，变频器还有很多的保护功能，如过流、过压、过载保护等。

变频器常见的频率给定方式主要有：操作器键盘给定、接点信号给定、模拟信号给定、脉冲信号给定和通信方式给定等。这些频率给定方式各有优缺点，需按照实际所需进行选择设置，同时也可以根据功能需要选择不同频率给定方式之间的叠加和切换。

（2）变频器的分类与特点。对交流电动机实现变频调速的装置叫变频器，其功能是将电网电压提供的恒压恒频（constant，voltage constant frequency，CVCF）交流电变换为变压变频（variable voltage variable frequency，VVVF）交流电。变频伴随变压，对交流电动机实现无级调速。变频器的基本分类如表 4.1 所示。

表 4.1 变频器的分类

<table>
<tr><td rowspan="11">变频器</td><td rowspan="6">交—交变频器</td><td rowspan="2">按相数分类</td><td colspan="2">单相</td></tr>
<tr><td colspan="2">三相</td></tr>
<tr><td rowspan="2">按环流情况分类</td><td colspan="2">有环流</td></tr>
<tr><td colspan="2">无环流</td></tr>
<tr><td rowspan="2">按输出波形分类</td><td colspan="2">正弦波</td></tr>
<tr><td colspan="2">方波</td></tr>
<tr><td rowspan="5">交—直—交变频器</td><td rowspan="2">按无功能量处理方式分类</td><td colspan="2">电压型</td></tr>
<tr><td colspan="2">电流型</td></tr>
<tr><td rowspan="3">按调压方式分类</td><td rowspan="2">脉冲幅度调制型</td><td>相位控制调压</td></tr>
<tr><td>直流斩波调压</td></tr>
<tr><td colspan="2">脉冲宽度调制型</td></tr>
</table>

交-交变频器与交-直-交变频器的结构对比如图 4.10 所示。交-交变频器没有明显的中间滤波环节，电网交流电被直接转变成可调频调压的交流电，因此又称为直接变频器。交—直—交变频器先把电网交流电转换为直流电，经过中间滤波环节后，再进行逆变转换为变频变压的交流电，故称为间接变频器。在数控机床上，一般采用交—直—交变频器。

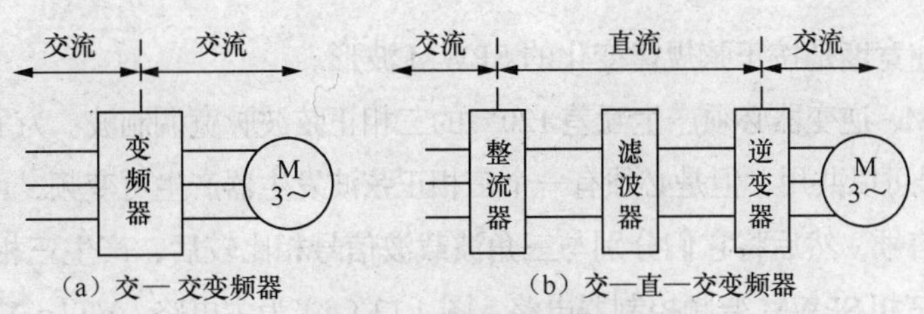

图4.10　两种类型的变频器

3. SPWM 变频控制器

SPWM 变频控制器，即正弦波 PWM 变频控制器，是 PWM 变频控制器调制方法的一种。图 4.11 所示是 SPWM 交—直—交变频器，由不可控整流器经滤波后形成恒定幅值的直流电压加在逆变器上，控制逆变器功率开关器件的通和断，使其输出端获得不同宽度的矩形脉冲波形。通过改变矩形脉冲波的宽度可控制逆变器输出交流基波电压的幅值；改变调制周期可控制其输出频率，从而在逆变器上同时进行输出电压与频率的控制，满足变频调速对 U/f 协调控制的要求。

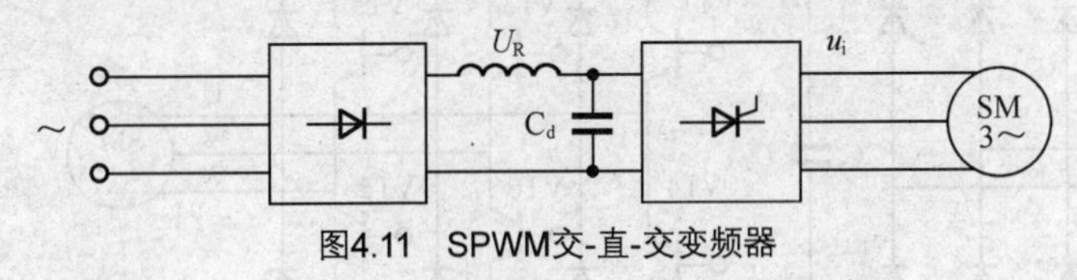

图4.11　SPWM交-直-交变频器

（1）SPWM 波形与等效的正弦波。把一个正弦波分成 n 等份，如 $n = 12$，如图 4.12（a）所示。然后把每一等份的正弦曲线与横轴所包围的面积都用一个与此面积相等的等高矩形脉冲波代替，这样可得到 n 个等高不等宽的脉冲序列，它对应于一个正弦波的正半周，如图 4.12（b）所示。对于负半周，同样可以这样处理。如果负载正弦波的幅值改变，则与其等效的各等高矩形脉冲的宽度也相应改变，这就是与正弦波等效的正弦脉宽调制波（SPWM）。

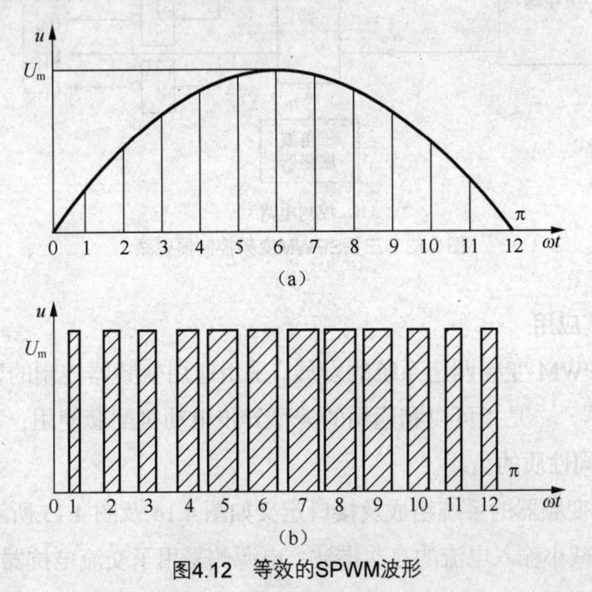

图4.12　等效的SPWM波形

（2）三相 SPWM 电路。和控制波形为直流电压的 PWM 相比，SPWM 调制的控制信号为幅值和频率均可调的正弦波参考信号，载波信号为三角波。正弦波和三角波相交可得到一组矩形脉冲，其幅值不变，而脉冲宽度是按正弦规律变化的 SPWM 波形。

对于三相 SPWM，逆变器必须产生互差 120° 的三相正弦波脉宽调制波。为了得到这些三相调制波，三角波载波信号可以共用，但是必须有一个三相正弦波发生器产生可变频、可变幅且互差 120° 的三相正弦波参考信号，然后将它们分别与三角波载波信号相比较后，产生三相脉宽调制波。

图 4.13 所示是三相 SPWM 变频控制器电路。图 4.13（a）为主电路，VT1～VT6 是逆变器的 6 个功率开关器件，各与一个续流二极管反并联，由三相整流桥提供的恒值直流电压 U_d 供电。图 4.13（b）是控制电路，一组三相对称的正弦参考电压信号 u_{rU}、u_{rV}、u_{rW} 由参考信号发生器提供，其频率决定逆变器输出的基波频率，应在所要求的输出频率范围内可调。参考信号幅值也可在一定范围内变化，决定输出电压的大小。三角波载波信号 u_T 是共用的，分别与每相参考电压比较后产生逆变器功率开关器件的驱动控制信号。

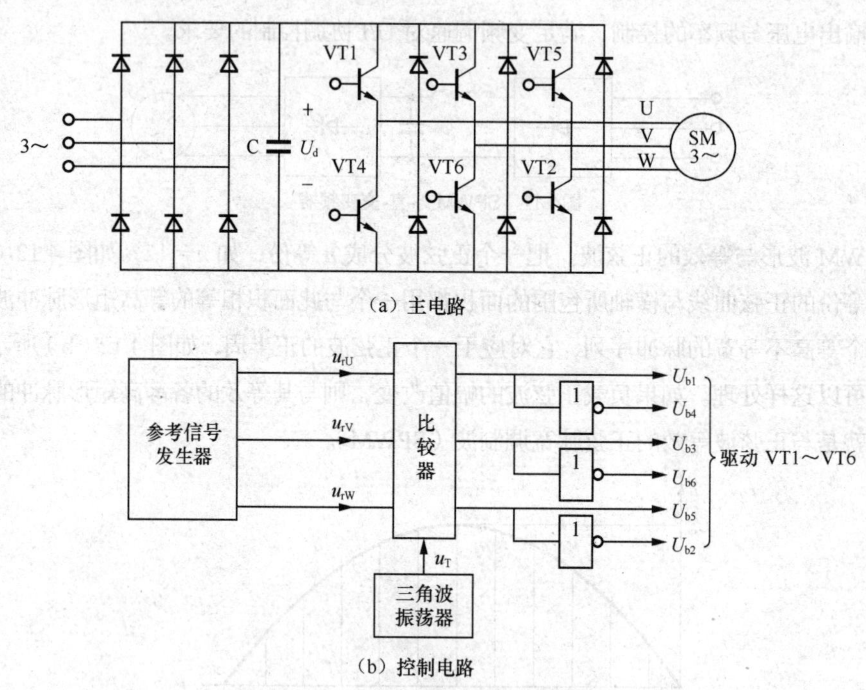

图4.13 三相SPWM变频控制器电路

4. 通用变频器及其应用

随着数字控制的 SPWM 变频调速系统的发展，采用通用变频器控制的数控机床主轴驱动装置越来越多。所谓“通用”，一是指可以和通用的笼型异步电动机配套使用；二是指具有多种可供选择的功能，可应用于不同性质的负载。

三菱 FR-A500 系列变频器的系统组成及接口定义如图 4.14 及图 4.15 所示。

在图 4.14 中，为了减小输入电流的高次谐波，电源侧采用了交流电抗器，直流电抗器则是用于功率因数校正，有时为了减小电动机的振动和噪声，在变频器和电动机之间还可加入降噪电抗器。为防止变频器对周围控制设备的干扰，必要时可在电源侧选用无线电干扰（REI）抑制电抗器。

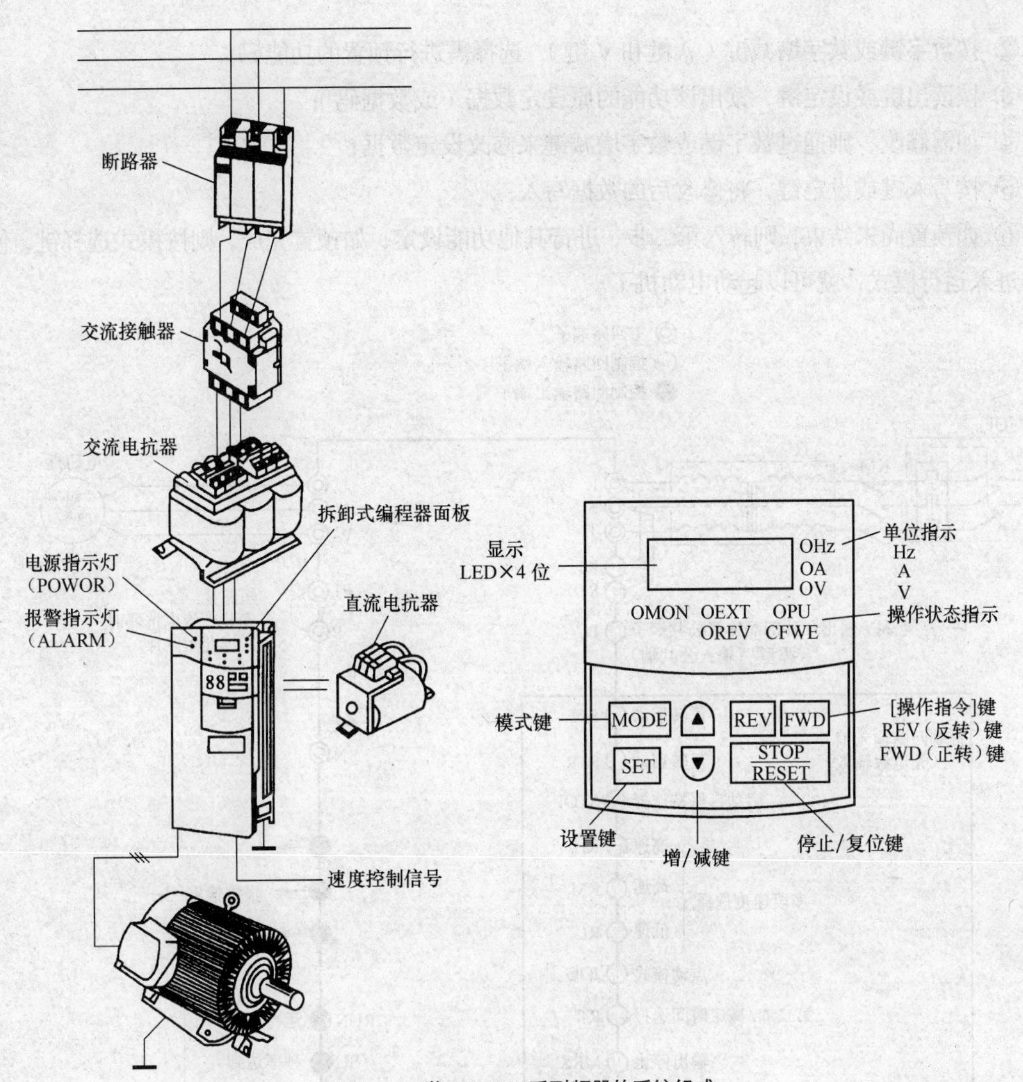

图4.14　三菱FR-A500系列频器的系统组成

该变频器的速度是通过 CNC 系统输入的模拟速度控制信号，以及 RH、RM 和 RL 端由拨码开关编码输入的开关量或 CNC 系统数字输入信号来设定的，可实现电动机从最低速到最高速的三级变速控制。

使用变频器应注意安全，并掌握参数设置。

（1）变频器的电源显示。变频器的电源显示也称充电显示，除了表明是否已经接上电源外，还显示了直流高压滤波电容器上的充、放电状况。在切断电源后，高压滤波电容器的放电速度较慢，由于电压较高，对人体有危险。每次关机后，必须等电源显示完全熄灭后，方可进行调试和维修。

（2）变频器的参数设置。变频器和主轴电动机配用时，根据主轴加工的特性和要求，必须先对变频器进行参数设置，如设置加减速时间等。设定的方法是通过编程器上的键盘和数码管显示，进行参数输入和修改。

① 首先按下模式转换开关，使变频器进入编程模式；

② 按数字键或数字增减键（∧键和V键），选择需进行预置的功能码；

③ 按读出键或设定键，读出该功能的原设定数据（或数据码）；

④ 如需修改，则通过数字键或数字增减键来修改设定数据；

⑤ 按写入键或设定键，将修改后的数据写入；

⑥ 如预置尚未结束，则转入第二步，进行其他功能设定；如预置完成，则按模式选择键，使变频器进入运行模式，就可以起动电动机了。

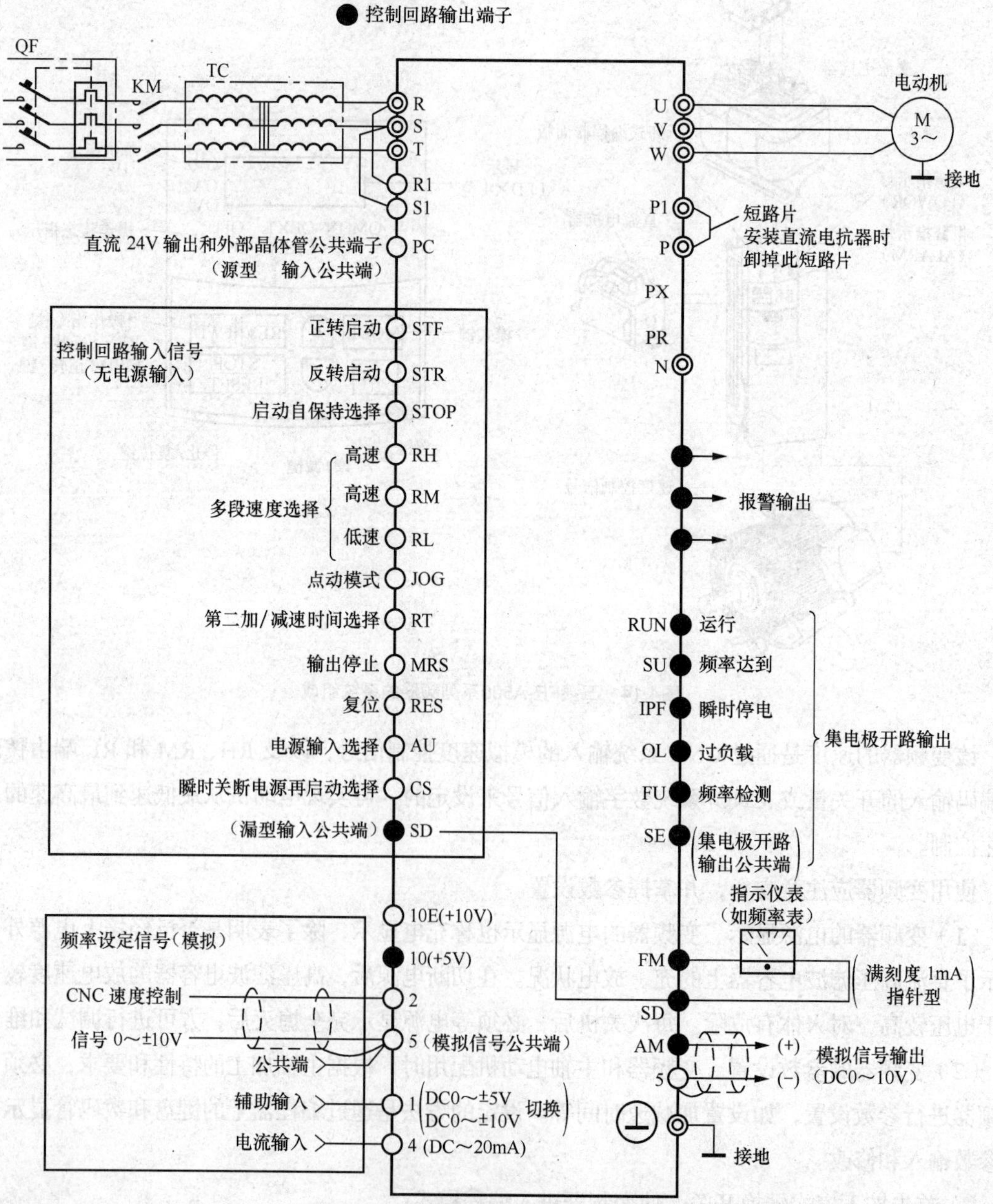

图4.15 三菱FR-A500系列变频器的接口定义

掌握主轴准停控制

一、概述

主轴准停功能又称为主轴定向功能（Spindle Specified Position Stop），即当主轴停止时，控制其停于固定的位置，这是自动换刀所必需的功能。如在自动换刀的数控镗铣加工中心上，切削转矩通常是通过刀杆的端面键来传递的，这就要求主轴具有准确定位于圆周上特定角度的功能，如图 4.16 所示。当加工阶梯孔或精镗孔后退刀时，为防止刀具与小阶梯孔碰撞或拉毛已经加工的孔表面，必须先让刀，再退刀，而要让刀，刀具就必须具有准停功能，如图 4.17 所示。

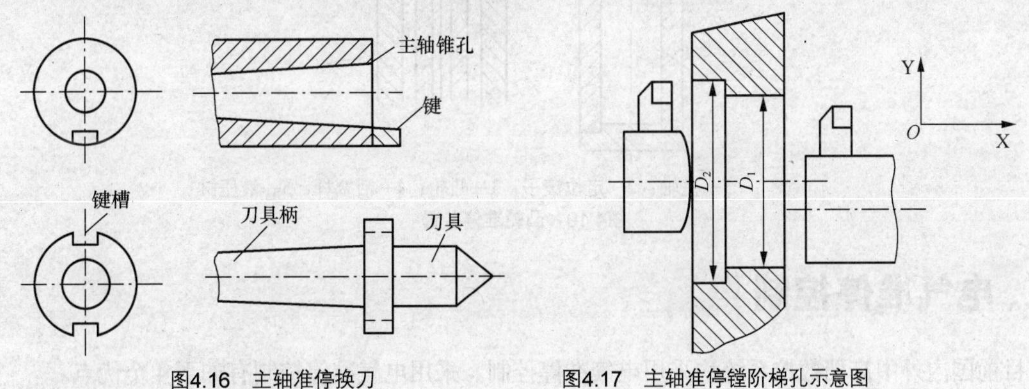

图4.16　主轴准停换刀　　图4.17　主轴准停镗阶梯孔示意图

主轴准停可分为机械准停和电气准停，它们的控制过程是一样的，如图 4.18 所示。

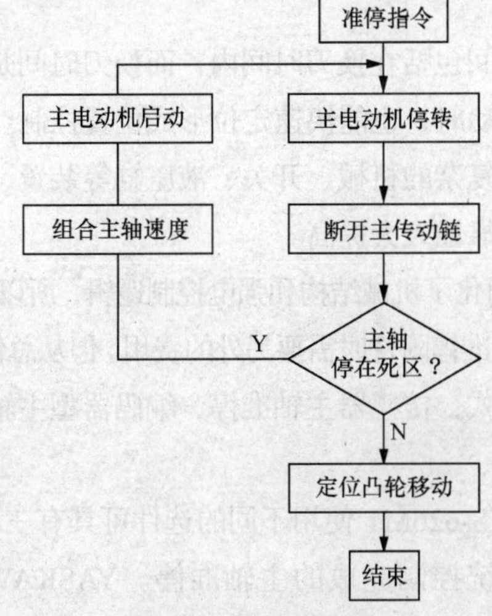

图4.18　主轴准停控制

二、机械准停控制

图 4.19 所示为典型的端面螺旋凸轮准停装置。在主轴 1 上固定有一个定位滚子 2，主轴上空套有一个双向端面凸轮 3，该凸轮和液压缸 5 中的活塞杆 4 相连接，当活塞带动凸轮 3 向下移动时（不转动），通过拨动定位滚子 2 并带动主轴转动，当定位销落入端面凸轮的 V 形槽内，便完成了主轴准停。因为是双向端面凸轮，所以能从两个方向拨动主轴转动以实现准停。这种双向端面凸轮准停机构的动作迅速可靠，但是凸轮制造较复杂。

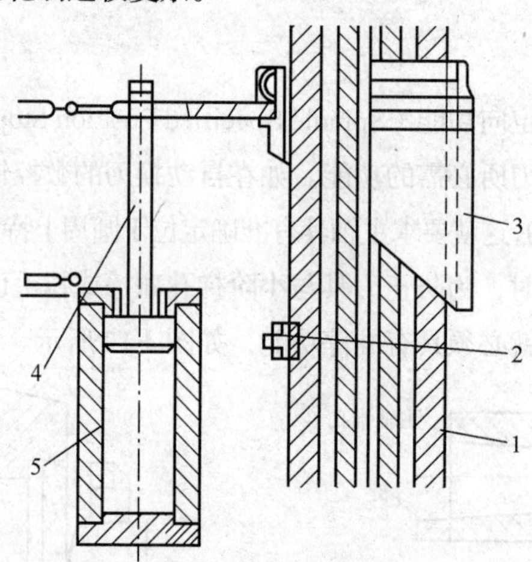

1—主轴；2—定位滚子；3—凸轮；4—活塞杆；5—液压缸

图4.19　凸轮准停装置

三、电气准停控制

目前国内外中高档数控系统均采用电气准停控制。采用电气准停控制有如下 4 个优点。

（1）简化机械结构。与机械准停相比，电气准停只需在主轴旋转部件和固定部件上安装传感器即可。

（2）缩短准停时间。准停时间包括在换刀时间内，而换刀时间是加工中心的一项重要指标。采用电气准停，即使主轴在高速转动时，也能快速定位形成位置控制。

（3）可靠性提高。由于无需复杂的机械、开关、液压缸等装置，也没有机械准停所形成的机械冲击，因而准停控制的寿命与可靠性大大提高。

（4）性能价格比提高。由于简化了机械结构和强电控制逻辑，所以这部分的成本大大降低。但电气准停常作为选择功能，在订购电气准停附件时需要另外的费用。但从总体来看，性能价格比大大提高了。

目前电气准停有如下 3 种方式：传感器主轴准停、编码器型主轴准停和数控系统控制准停。下面主要介绍传感器主轴准停。

安川 YASKAWA 主轴驱动 VS-626MT 使用不同的选件可具有三种主轴电气准停方式，即磁传感器型、编码器型以及由数控系统控制完成的主轴准停。YASKAWA 主轴驱动加上可选定位件（Orientation Card）后，可具有磁传感器主轴准停控制功能。磁传感器主轴准停控制由主轴驱动自身完成。当执行 M19 时，数控系统只需发出准停启动命令 ORT，主轴驱动完成准停后会向数控系统回答完成信号 ORE，然后数控系统再进行下面的工作。其基本结构如图 4.20 所示。

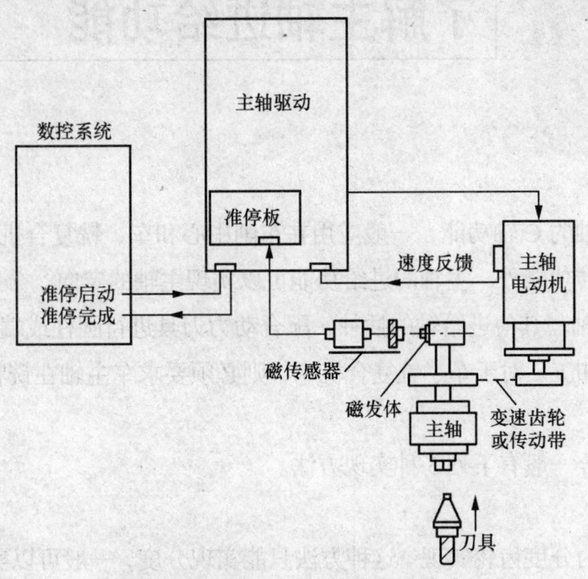

图4.20 磁传感器准停控制系统构成

由于采用了磁传感器，故应避免将产生磁场的元件，如电磁线圈、电磁阀等，与磁发体和磁传感器安装在一起，另外磁发体（通常安装在主轴旋转部件上）与磁传感器（固定不动）的安装是有严格要求的，应按说明书要求的精度安装。

采用磁传感器准停时，接收到数控系统发来的准停开关量信号 ORT，主轴立即加速或减速至某一准停速度（可在主轴驱动装置中设定）。主轴到达准停速度且准停位置到达（磁发体与磁传感器对准）时，主轴即减速至某一爬行速度（可在主轴驱动装置中设定）。然后当磁传感器信号出现时，主轴驱动立即进入磁传感器作为反馈元件的闭环控制，目标位置即为准停位置。准停完成后，主轴驱动装置输出准停完成 ORE 信号给数控系统，从而可进行自动换刀（ATC）或其他动作。磁发体在主轴上的位置示意如图 4.21 所示，磁传感器准停控制时序如图 4.22 所示。

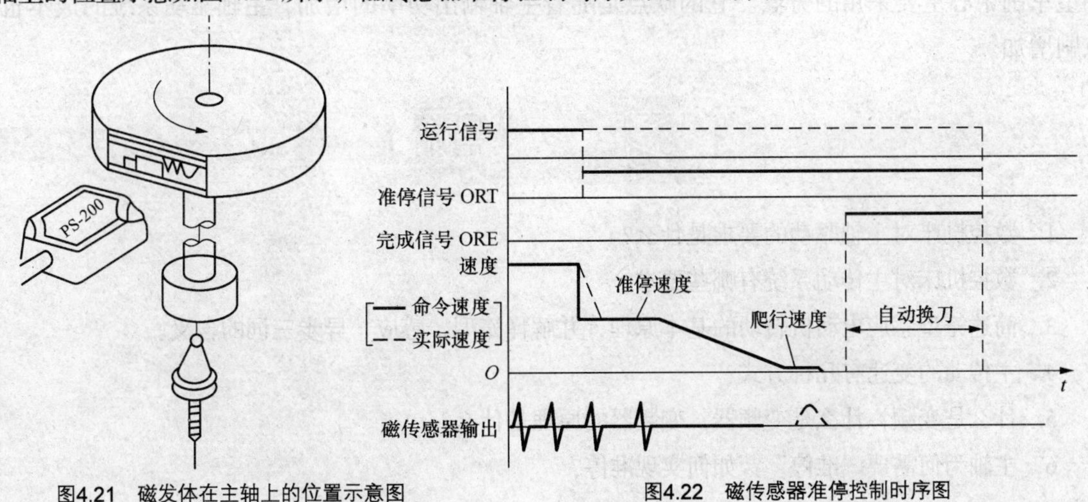

图4.21 磁发体在主轴上的位置示意图

图4.22 磁传感器准停控制时序图

任务五 了解主轴进给功能

主轴进给功能即主轴的C轴功能，一般应用在车削中心和车、铣复合机床上。对于车削中心，主轴除了完成传统的回转功能外，主轴的进给功能可以实现主轴的定向、分度和圆周进给，并在数控装置的控制下实现C轴与其他进给轴的插补，配合动力刀具进行圆柱或端面上任意部位的钻削、铣削、攻螺纹及曲面铣加工。对于车、铣复合机床，则必须要求车主轴在铣状态下完成铣床C轴所有的进给插补功能。

主轴进给按功能划分一般有下列3种实现方法。

1. 机械式

通过安装在主轴上的分度齿轮实现。这种方法只能实现分度，一般可以实现主轴360°齿分度。

2. 双电动机切换

主轴有两套传动机构，平时由主轴电动机驱动实现普通主轴的回转功能，需要进给功能时通过液压等机构切换到由进给伺服电动机驱动主轴。由于进给伺服电动机工作在位置控制模式下，因此可以实现任意角度的分度功能和进给及插补功能。为了防止主传动和C轴传动之间产生干涉，两套传动机构的切换机构装有检测开关，根据开关的检测信号，识别主轴的工作状态。当C轴工作时，主轴电动机不能启动，同样主轴电动机工作时，进给伺服电动机不能启动。

3. 有C轴功能的主轴电动机

由主轴电动机直接实现定位、分度和进给功能。这种方式省去了附加的传动机构和液压系统，结构简单，工作可靠。主轴的两种工作方式可以随时切换，提高了加工效率，是现代中、小型车削中心主要采用的方法。它的缺点是随着主轴输出功率的增加，主轴驱动系统的成本也急剧增加。

习题

1. 数控机床对主轴驱动的要求是什么?
2. 数控机床对主传动系统有哪些要求?
3. 简述笼型感应电动机转动的基本原理，并解释笼型、感应、异步三词的含义。
4. 主传动的变速有几种方式?
5. 什么是变频? 什么是变频器? 变频器的原理是什么?
6. 主轴为何需要“准停”? 如何实现准停?

7. 什么叫主轴分段无级变速？为什么采用主轴分段无级变速？
8. 主轴电气准停较机械准停有何优点？简述磁传感器准停的结构与工作原理。
9. 简述三位液压拨叉的工作原理。
10. 主传动变速有几种方式？各有何特点？
11. 什么是主轴进给功能？

模块五

| 通用 PLC 指令 |

PLC（可编程序控制器）分为通用 PLC 和专用 PLC，本模块掌握通用 PLC。S7—200 是 SIEMENS 的 PLC 系列，应用广泛。

指令一般可分为基本指令和功能指令。基本指令包括位操作类指令、运算指令、数据处理指令、转换指令等；功能指令包括程序控制类指令、中断指令、高速计数器、高速脉冲输出等。

PLC 是一种专用的工业控制计算机，因此，其工作原理是建立在计算机控制系统工作原理的基础上的。但为了可靠地应用在工业环境下，便于现场电气技术人员的使用和维护，PLC 有着大量的接口器件，特定的监控软件和专用的编程器件，所以，不但其外观不像计算机，它的操作使用方法、编程语言及工作过程与计算机控制系统也是有区别的。

1. PLC 控制系统的等效工作电路

PLC 控制系统的等效工作电路可分为三部分，即输入部分、内部控制电路和输出部分。输入部分采集输入信号，输出部分是系统的执行部件，这两部分与继电器控制电路相同。内部控制电路是通过编程方法实现的控制逻辑，用软件编程代替继电器电路的功能。PLC 控制系统的等效工作电路如图 5.1 所示。

（1）输入部分。

输入部分由外部输入电路、PLC 输入接线端子和输入继电器组成，该部分的作用是收集控制命令和被控系统信息。外部输入信号经 PLC 输入接线端子去驱动输入继电器的线圈。每个输入端子与其相同编号的输入继电器有着唯一确定的对应关系。当外部的输入元件处于接通状态时，对应的输入继电器线圈“得电”。

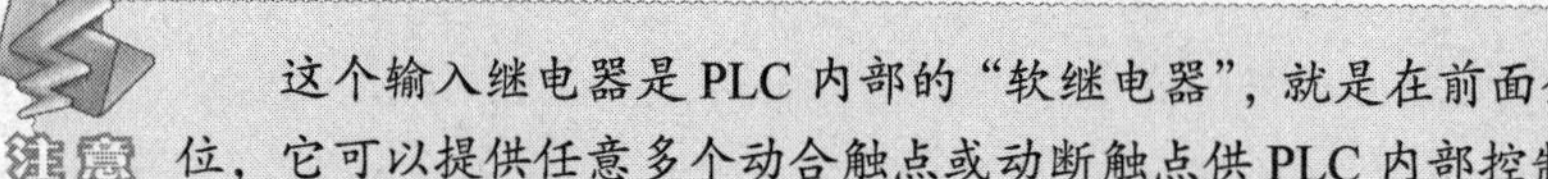

注意

这个输入继电器是 PLC 内部的“软继电器”，就是在前面介绍过的存储器中的某一位，它可以提供任意多个动合触点或动断触点供 PLC 内部控制电路编程使用。

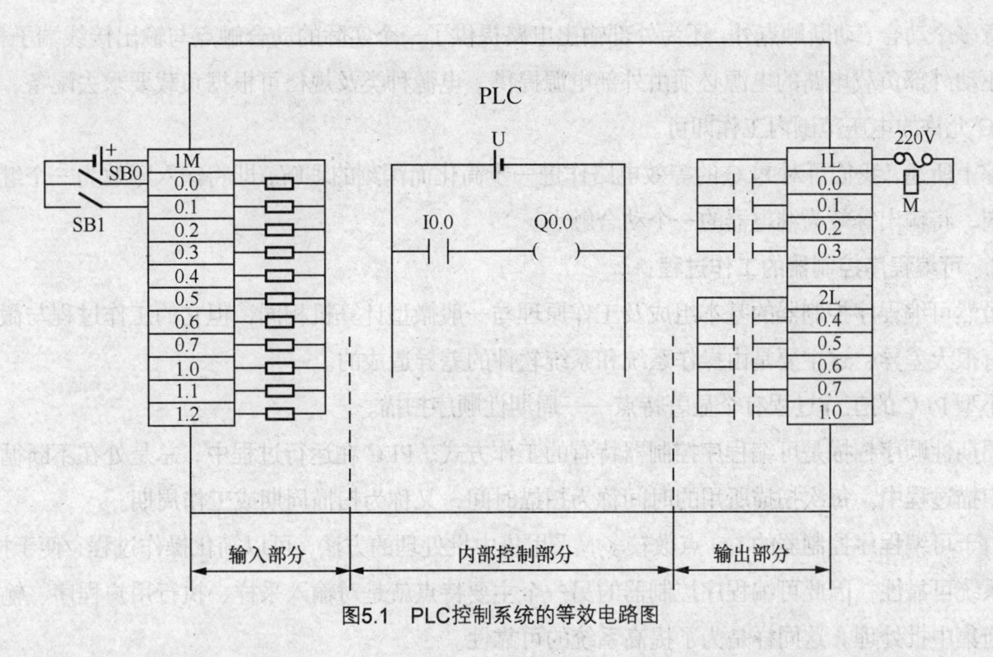

图5.1 PLC控制系统的等效电路图

为使输入继电器的线圈“得电”，即让外部输入元件的接通状态写入与其对应的基本单元中去，输入回路要有电源。输入回路所使用的电源，可以是 PLC 内部提供的 24V 直流电源（其带负载能力有限），也可以由 PLC 外部的独立的交流或直流电源提供。

需要强调的是，输入继电器的线圈只能是由来自现场的输入元件（如控制按钮、行程开关的触点、晶体管的基极-发射极电压、各种检测及保护器件的触点或动作信号等）的驱动，而不能用编程的方式去控制。因此，在梯形图程序中，只能使用输入继电器的触点，不能使用输入继电器的线圈。

（2）内部控制部分。

内部控制部分是由用户程序形成的用“软继电器”来代替硬继电器的控制逻辑。它的作用是按照用户程序规定的逻辑关系，对输入信号和输出信号的状态进行检测、判断、运算和处理，然后得到相应的输出。也就是说内部控制部分是由用户程序构成的。

一般用户程序是用梯形图语言编制的，看起来很像继电器控制线路图。在继电器控制线路中，继电器的触点可瞬时动作，也可延时动作，而 PLC 梯形图中的触点是瞬时动作的。如果需要延时，可由 PLC 提供的定时器来完成。延时时间可根据需要在编程时设定，其定时精度及范围远远高于时间继电器。在 PLC 中还提供了计数器、辅助继电器（相当于继电器控制线路中的中间继电器）及某些特殊功能的继电器。PLC 的这些器件所提供的逻辑控制功能，可在编程时根据需要选用，且只能在 PLC 的内部控制电路中使用。

（3）输出部分（以继电器输出型 PLC 为例）。

输出部分由在 PLC 内部且与内部控制电路隔离的输出继电器的外部动合触点、输出接线端子和外部驱动电路组成，其作用是用来驱动外部负载。

PLC 的内部控制电路中有许多输出继电器，每个输出继电器除了有为内部控制电路提供编程用的任意多个动合、动断触点外，还为外部输出电路提供了一个实际的动合触点与输出接线端子相连。

驱动外部负载电路的电源必须由外部电源提供，电源种类及规格可根据负载要求去配备，只要在 PLC 允许的电压范围内工作即可。

综上所述，我们可对 PLC 的等效电路作进一步简化而深刻的理解，即将输入等效为一个继电器的线圈，将输出等效为继电器的一个动合触点。

2. 可编程序控制器的工作过程

虽然可编程序控制器的基本组成及工作原理与一般微型计算机相同，但它的工作过程与微型计算机有很大差异，这主要是由操作系统和系统软件的差异造成的。

小型 PLC 的工作过程有个显著特点——周期性顺序扫描。

周期性顺序扫描是可编程序控制器特有的工作方式，PLC 在运行过程中，总是处在不断循环的顺序扫描过程中。每次扫描所用的时间称为扫描时间，又称为扫描周期或工作周期。

由于可编程序控制器的 I/O 点数较多，采用集中批处理的方法，可以简化操作过程，便于控制，提高系统可靠性，因此可编程序控制器的另一个主要特点就是对输入采样、执行用户程序、输出刷新实施集中批处理。这同样是为了提高系统的可靠性。

当 PLC 启动后，先进行初始化操作，包括对工作内存的初始化、复位所有的定时器、将输入/输出继电器清零，检查 I/O 单元连接是否完好，如有异常则发出报警信号。初始化之后，PLC 就进入周期性扫描过程了。

掌握位操作指令

位操作类指令主要是位操作和运算指令，同时也包含与位操作密切相关的定时器和计数器指令等。位操作指令是 PLC 常用的基本指令，能够实现基本的位逻辑运算和控制。

一、位操作指令

1. 位操作指令介绍

（1）逻辑取（装载）及线圈驱动指令 LD/LDN。

① 指令功能。

LD（load）：常开触点逻辑运算的开始。对应梯形图为在左侧母线或线路分支点处初始装载一个常开触点。

LDN（load not）：常闭触点逻辑运算的开始（即对操作数的状态取反），对应梯形图为在左侧母线或线路分支点处初始装载一个常闭触点。

=（OUT）：输出指令，对应梯形图为线圈驱动。

② 指令格式如图 5.2 所示。

（2）触点串联指令 A(And)、AN（And not）。

① 指令功能。

A(And)：与操作，在梯形图中表示串联连接单个常开触点。

AN(And not)：与非操作，在梯形图中表示串联连接单个常闭触点。

② 指令格式如图 5.3 所示。

梯形图

语句表

网络 1

LD I0.0 //装载常开触点
= Q0.0 //输出线圈

网络 2

LDN I0.0 //装载常闭触点
= M0.0 //输出线圈

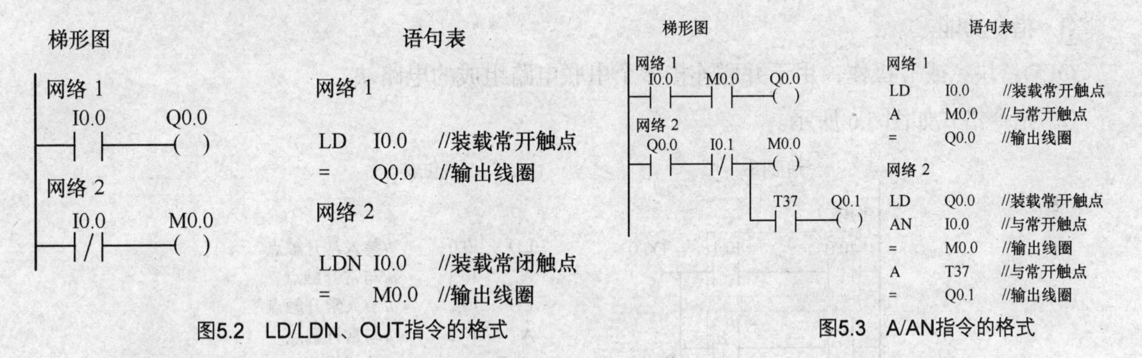

图5.2 LD/LDN、OUT指令的格式

梯形图

语句表

网络 1

LD I0.0 //装载常开触点
A M0.0 //与常开触点
= Q0.0 //输出线圈

网络 2

LD Q0.0 //装载常开触点
AN I0.0 //与常开触点
= M0.0 //输出线圈
A T37 //与常开触点
= Q0.1 //输出线圈

图5.3 A/AN指令的格式

（3）触点并联指令 O（Or）/ON（Or not）。

① 指令功能。

O：或操作，在梯形图中表示并联连接一个常开触点。

ON：或非操作，在梯形图中表示并联连接一个常闭触点。

② 指令格式如图 5.4 所示。

梯形图

语句表

网络 1

LD I0.0
O I0.1
ON M0.0
= Q0.0

网络 2

LDN Q0.0
A I0.2
O M0.1
AN I0.3
O M0.2
= M0.1

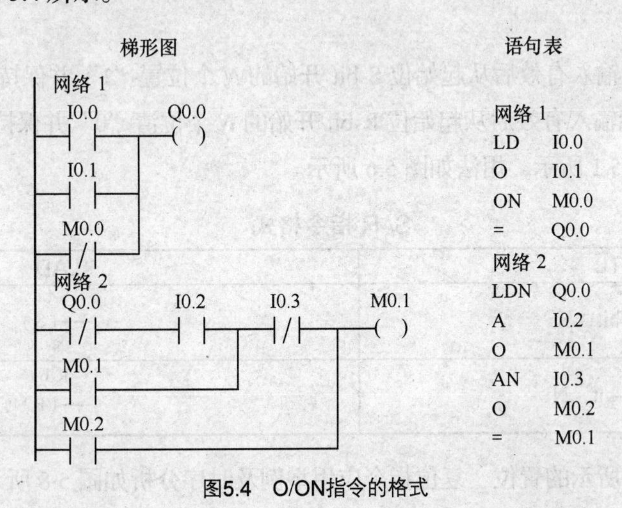

图5.4 O/ON指令的格式

（4）电路块的串联指令 ALD。

① 指令功能。

ALD：块“与”操作，用于串联连接多个并联电路组成的电路块。

② 指令格式如图 5.5 所示。

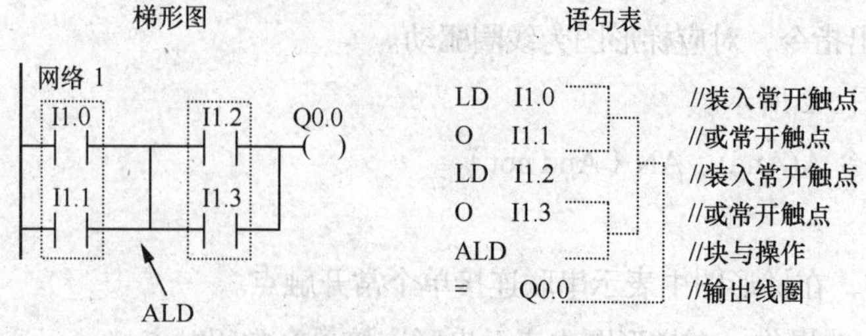

图5.5 ALD指令的格式

（5）电路块的并联指令 OLD。

① 指令功能。

OLD：块“或”操作，用于并联连接多个串联电路组成的电路块。

② 指令格式如图 5.6 所示。

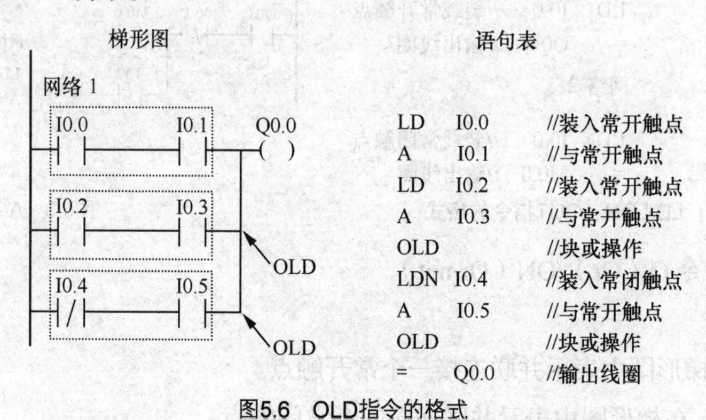

图5.6 OLD指令的格式

（6）置位/复位指令 S/R。

① 指令功能。

置位指令 S：使能输入有效后从起始位 S-bit 开始的 N 个位置“1”并保持。

复位指令 R：使能输入有效后从起始位 R-bit 开始的 N 个位清“0”并保持。

② 指令格式如表 5.1 所示，用法如图 5.6 所示。

表 5.1 S/ R 指令格式

STL	LAD
S S-bit，N	S-bit —(S) N
R R–bit，N	R-bit —(R) N

【例 5-1】 图 5.7 所示的置位、复位指令应用举例及时序分析如图 5.8 所示。

（7）边沿触发指令 EU/ED。

① 指令功能。

EU 指令：在 EU 指令前有一个上升沿时（由 OFF→ON）产生一个宽度为一个扫描周期的脉冲，驱动其后的输出线圈。

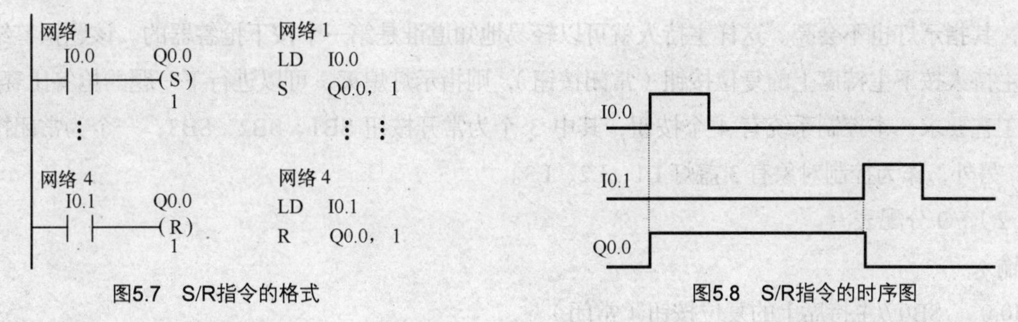

图5.7　S/R指令的格式　　　图5.8　S/R指令的时序图

ED 指令：在 ED 指令前有一个下降沿时（由 ON→OFF）产生一个宽度为一个扫描周期的脉冲，驱动其后的输出线圈。

② 指令格式如表 5.2 所示，用法如图 5.9 所示。

表 5.2　　EU/ED 指令格式

STL	LAD	操　作　数
EU（Edge Up）	─┤P├─	无
ED（Edge Down）	─┤N├─	无

```
网络 1                                  网络 1                              网络3
 I0.0              M0.0                 LD   I0.0    // 装入常开触点        LD   I0.1      //装入
─┤ ├────┤P├────( )                      EU           // 正跳变              ED             //负跳变
网络 2                                  =    M0.0    // 输出                =    M0.1      //输出
 M0.0     Q0.0                          网络 2                              网络4
─┤ ├────(S)                             LD   M0.0    // 装入                LD   M0.1      //装入
           1                            S    Q0.0，1 // 输出置位            R    Q0.0，1   //输出复位
网络 3
 I0.1              M0.1
─┤ ├────┤N├────( )
网络 4
 M0.1     Q0.0
─┤ ├────(R)
           1
```

图5.9　EU/ED指令的格式

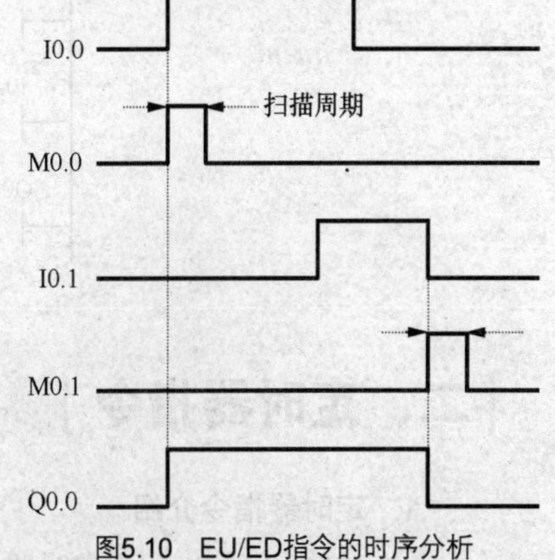

图5.10　EU/ED指令的时序分析

时序分析如图 5.10 所示。

I0.0 的上升沿，经触点（EU）产生一个扫描周期的时钟脉冲，驱动输出线圈 M0.0 导通一个扫描周期，M0.0 的常开触点闭合一个扫描周期，使输出线圈 Q0.0 置位为“1”，并保持。

I0.1 的下降沿，经触点（ED）产生一个扫描周期的时钟脉冲，驱动输出线圈 M0.1 导通一个扫描周期，M0.1 的常开触点闭合一个扫描周期，使输出线圈 Q0.0 复位为“0”，并保持。

2. 指令应用举例

【例 5-2】　抢答器程序设计。

（1）控制任务：有 3 个抢答席和 1 个主持人席，每个抢答席上各有 1 个抢答按钮和一盏抢答指示灯。参赛者在允许抢答时，第一个按下抢答按钮的抢答席上的指示灯将会亮，且释放抢答按钮后，指示灯仍然亮；此后另外两个抢答席上即使再按各自的抢答

按钮，其指示灯也不会亮。这样主持人就可以轻易地知道谁是第一个按下抢答器的。该题抢答结束后，主持人按下主持席上的复位按钮（常闭按钮），则指示灯熄灭，可以进行下一题的抢答比赛了。

工艺要求：本控制系统有 4 个按钮，其中 3 个为常开按钮 SB1、SB2、SB3，一个为常闭按钮 SB0。另外，作为控制对象有 3 盏灯 L1、L2、L3。

（2）I/O 分配表。

输入：

I0.0　SB0 //主持席上的复位按钮（常闭）

I0.1　SB1 //抢答席 1 上的抢答按钮

I0.2　SB2 //抢答席 2 上的抢答按钮

I0.3　SB3 //抢答席 3 上的抢答按钮

输出：

Q0.1　L1 //抢答席 1 上的指示灯

Q0.2　L2 //抢答席 2 上的指示灯

Q0.3　L3 //抢答席 3 上的指示灯

（3）程序设计。抢答器的程序设计如图 5.11 所示。本例的要点是：如何实现抢答器指示灯的“自锁”功能，即当某一抢答席抢答成功后，即使释放抢答按钮，其指示灯仍然亮，直至主持人进行复位才熄灭。若 I0.0 接常开按钮，将如何修改此程序，请读者自行思考。

I0.1　I0.0　Q0.2　Q0.3　Q0.1
Q0.1
I0.2　I0.0　Q0.1　Q0.3　Q0.2
Q0.2
I0.3　I0.0　Q0.1　Q0.2　Q0.3
Q0.3

图5.11　抢答器程序梯形图

二、定时器指令

1. 定时器指令介绍

S7—200 系列 PLC 的定时器是对内部时钟累计时间增量计时的。每个定时器均有一个 16 位的当前值寄存器用以存放当前值（16 位符号整数）；一个 16 位的预置值寄存器用以存放时间的设定值；还有一位状态位，反映其触点的状态。

（1）工作方式。S7—200 系列 PLC 定时器按工作方式分为三大类定时器，其指令格式如表 5.3 所示。

表 5.3 定时器的指令格式

<table>
<tr><th>LAD</th><th>STL</th><th>说　明</th></tr>
<tr><td>????
—IN TON
???? —PT</td><td>TON T××，PT</td><td rowspan="3">TON——通电延时定时器
TONR——记忆型通电延时定时器
TOF——断电延时型定时器
IN 是使能输入端，指令盒上方输入定时器的编号（T××）的范围为 T0～T255；
PT 是预置值输入端，最大预置值为 32767；PT 的数据类型为 INT；
PT 的操作数有：IW，QW，MW，SMW，T，C，VW，SW，AC，常数</td></tr>
<tr><td>????
—IN TONR
???? —PT</td><td>TONR T××，PT</td></tr>
<tr><td>????
—IN TOF
???? —PT</td><td>TOF T××，PT</td></tr>
</table>

（2）时基 。按时基脉冲分，有 1ms，10ms，100ms 三种定时器。不同的时基标准，定时精度、定时范围和定时器刷新的方式不同。

定时器的工作原理是：使能输入有效后，当前值 PT 对 PLC 内部的时基脉冲增 1 计数，当计数值大于或等于定时器的预置值后，状态位置“1”。其中，最小计时单位为时基脉冲的宽度，又为定时精度；从定时器输入有效，到状态位输出有效，经过的时间为定时时间，即定时时间 = 预置值 × 时基。当前值寄存器为 16bit，最大计数值为 32767，如表 5.4 所示。可见时基越大，定时时间越长，但精度越差。

表 5.4 定时器的类型

工 作 方 式	时基（ms）	最大定时范围（s）	定 时 器 号
TONR	1	32.767	T0，T64
	10	327.67	T1-T4，T65-T68
	100	3276.7	T5-T31，T69-T95
TON/TOF	1	32.767	T32，T96
	10	327.67	T33-T36，T97-T100
	100	3276.7	T37-T63，T101-T255

1ms，10ms，100ms 定时器的刷新方式如下所述。

① 1ms 定时器每隔 1ms 刷新一次，与扫描周期和程序处理无关，即采用中断刷新方式。因此当扫描周期较长时，在一个周期内可能被多次刷新，其当前值在一个扫描周期内不一定保持一致。

② 10ms 定时器由系统在每个扫描周期开始时自动刷新。由于每个扫描周期内只刷新一次，故而在每次程序处理期间其当前值为常数。

③ 100ms 定时器在该定时器指令执行时刷新。下一条执行的指令，即可使用刷新后的结果，非常符合正常的思路，使用方便可靠。但应当注意，如果该定时器的指令不是每个周期都执行，定时器就不能及时刷新，可能导致出错。

（3）定时器指令工作原理。

① 通电延时定时器（TON）指令工作原理。程序及时序分析如图 5.12 所示。当 I0.0 接通即使能端（IN）输入有效时，驱动 T37 开始计时，当前值从“0”开始递增，计时到设定值 PT 时，T37 状态位置“1”，其常开触点 T37 接通，驱动 Q0.0 输出，其后当前值仍增加，但不影响状态位。当前值的最大值为 32767。当 I0.0 分断时，使能端无效，T37 复位，当前值清“0”，状态位也清“0”，即回复原始状态。若 I0.0 接通时间未到设定值就断开，T37 则立即复位，Q0.0 不会有输出。

② 记忆型通电延时定时器（TONR）指令工作原理。使能端（IN）输入有效时（接通），定时器开始计时，当前值递增，当前值大于或等于预置值（PT）时，输出状态位置“1”。使能端输入无效（断开）时，当前值保持（记忆），使能端（IN）再次接通有效时，在原记忆值的基础上递增计时。

注意 TONR 记忆型通电延时型定时器采用线圈复位指令 R 进行复位操作，当复位线圈有效时，定时器当前位清“0”，输出状态位置“0”。

程序分析如图 5.13 所示。如 T3，当输入 IN 为“1”时，定时器计时；当 IN 为“0”时，其当前值保持并不复位；下次 IN 再为“1”时，T3 当前值从原保持值开始往上加，将当前值与设定值 PT 比较，当前值大于等于设定值时，T3 状态位置“1”，驱动 Q0.0 有输出，以后即使 IN 再为“0”，也不会使 T3 复位，要使 T3 复位，必须使用复位指令。

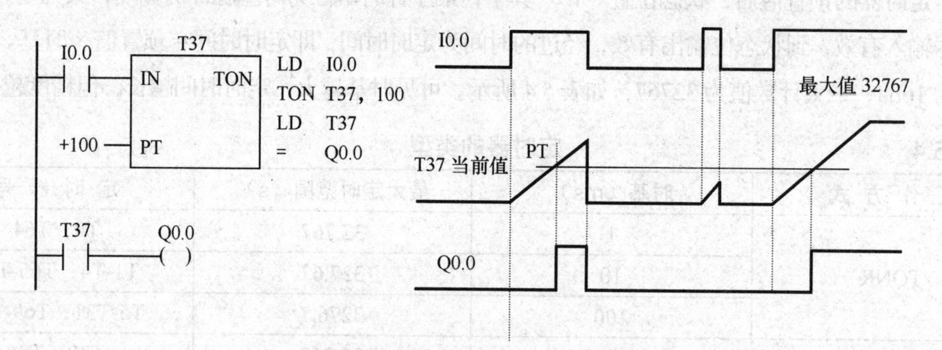

图5.12 通电延时定时器工作原理分析

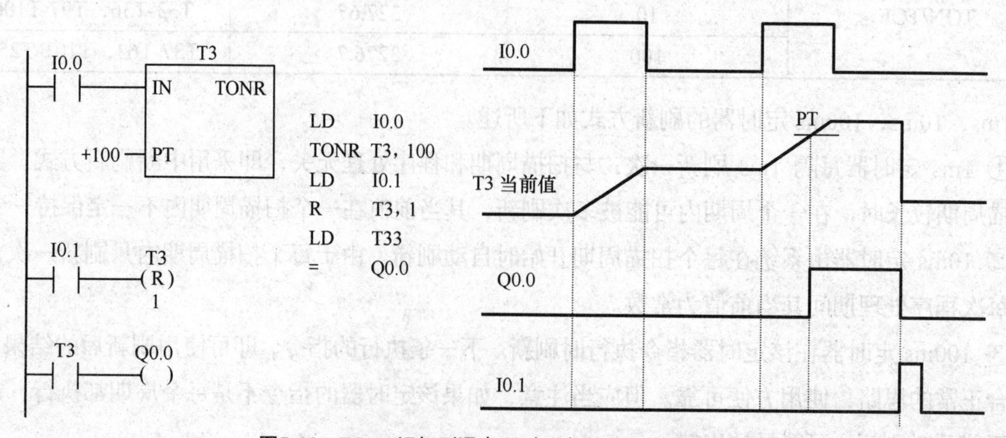

图5.13 TONR记忆型通电延时型定时器工作原理分析

③ 断电延时型定时器（TOF）指令工作原理。断电延时型定时器用来在输入断开，延时一段时间后，才断开输出。使能端（IN）输入有效时，定时器输出状态位立即置“1”，当前值复位为“0”。使能端（IN）断开时，定时器开始计时，当前值从0递增，当前值达到预置值时，定时器状态位复位为“0”，并停止计时，当前值保持。

如果输入断开的时间小于预定时间，定时器仍保持接通。IN再接通时，定时器当前值仍设为0。断电延时定时器的应用程序及时序分析如图5.14所示。

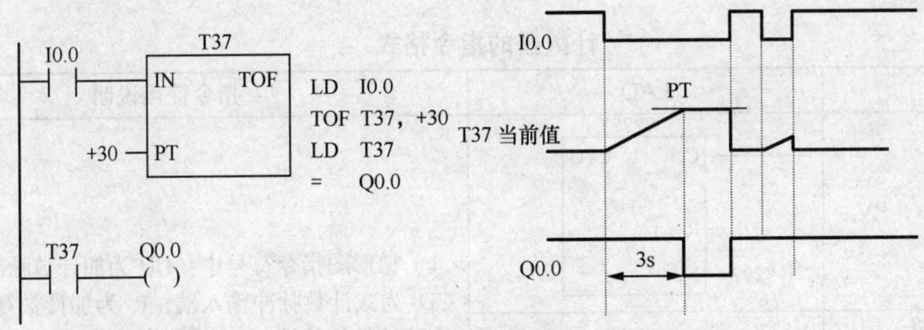

图5.14　TOF断电延时定时器的工作原理

2. 定时器指令应用举例

【例5-3】　用接在I0.0输入端的光电开关检测传送带上通过的产品，有产品通过时I0.0为ON，如果在10s内没有产品通过，则由Q0.0发出报警信号，通过I0.1输入端外接的开关解除报警信号。对应的梯形图如图5.15所示。

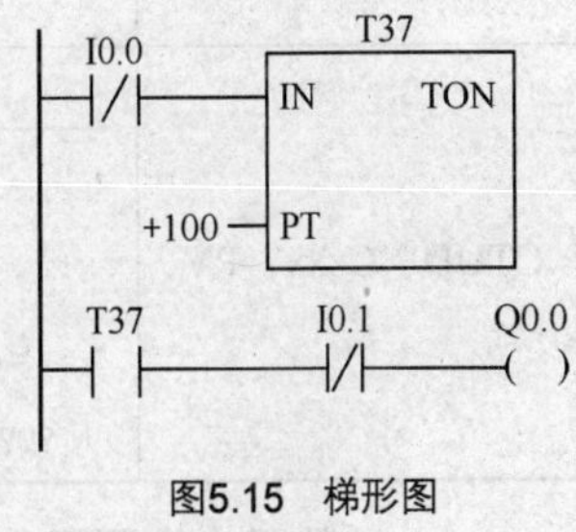

图5.15　梯形图

【例5-4】　闪烁电路。

图5.16所示为闪烁电路。图中I0.0的常开触点接通后，T37的IN输入端为“1”状态，T37开始定时。2s后定时时间到，T37的常开触点接通，使Q0.0变为ON，同时T38开始计时。3s后T38的定时时间到，它的常闭触点断开，使T37的IN输入端变为“0”状态，T37的常开触点断开，Q0.0变为OFF，同时使T38的IN输入端变为“0”状态，其常闭触点接通，T37又开始定时，以后Q0.0的线圈将这样周期性地“通电”和“断电”，直到I0.0变为OFF，Q0.0线圈“通电”时间等于T38的设定值，“断电”时间等于T37的设定值。

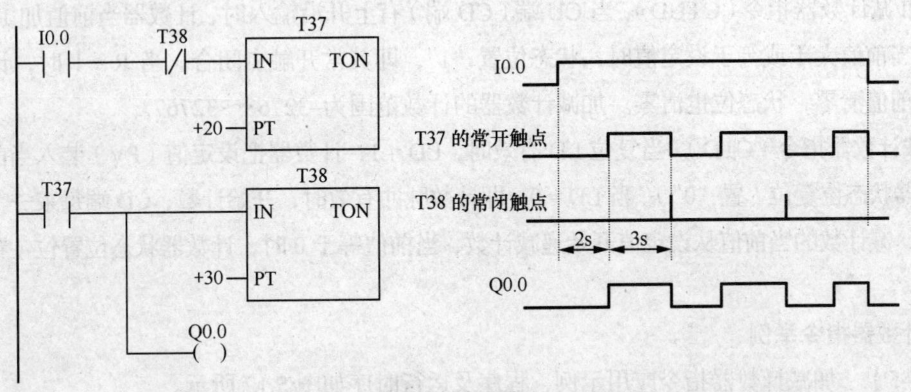

图5.16　闪烁电路

三、计数器指令

1. 计数器指令介绍

计数器利用输入脉冲上升沿累计脉冲个数。计数器当前值大于或等于预置值时，状态位置“1”。S7-200 系列 PLC 有 3 类计数器：CTU-加计数器、CTUD-加/减计数器、CTD-减计数。

（1）计数器指令格式如表 5.5 所示。

表 5.5　　计数器的指令格式

<table>
<tr><th>STL</th><th>LAD</th><th>指令使用说明</th></tr>
<tr><td>CTU　Cxxx，PV</td><td>????
CU　CTU
R
???? PV</td><td rowspan="3">（1）梯形图指令符号中：CU 为加计数脉冲输入端，CD 为减计数脉冲输入端，R 为加计数复位端，LD 为减计数复位端，PV 为预置值
（2）Cxxx 为计数器的编号，范围为 C0～C255
（3）PV 预置值最大范围为 32767；PV 的数据类型为 INT；PV 操作数为 VW，T，C，IW，QW，MW，SMW，AC，AIW，K
（4）CTU/CTUD/CD 指令使用要点：STL 形式中 CU，CD，R，LD 的顺序不能错；CU，CD，R，LD 信号可为复杂逻辑关系</td></tr>
<tr><td>CTD　Cxxx，PV</td><td>????
CD　CTD
LD
???? PV</td></tr>
<tr><td>CTUD　Cxxx，PV</td><td>????
CU　CTUD
CD
R
???? PV</td></tr>
</table>

（2）计数器工作原理分析。

① 加计数器指令（CTU）。当 CU 端有上升沿输入时，计数器当前值加 1。当计数器当前值大于或等于设定值（PV）时，该计数器的状态位置“1”，即其常开触点闭合。计数器仍计数，但不影响计数器的状态位。直至计数达到最大值（32767）。当 R = 1 时，计数器复位，即当前值清零，状态位也清零。

② 加/减计数器指令（CTUD）。当 CU 端（CD 端）有上升沿输入时，计数器当前值加 1（减 1）。当计数器当前值大于或等于设定值时，状态位置“1”，即其常开触点闭合。当 R = 1 时，计数器复位，即当前值清零，状态位也清零。加减计数器的计数范围为–32768～32767。

③ 减计数器指令（CTD）。当复位 LD 有效时，LD = 1，计数器把设定值（PV）装入当前值存储器，计数器状态位复位（置“0”）。当 LD = 0，即计数脉冲有效时，开始计数，CD 端每来一个输入脉冲上升沿，减计数的当前值从设定值开始递减计数，当前值等于 0 时，计数器状态位置位（置“1”），停止计数。

2. 计数器指令举例

【例 5-5】　加减计数器指令应用示例，程序及运行时序如图 5.17 所示。

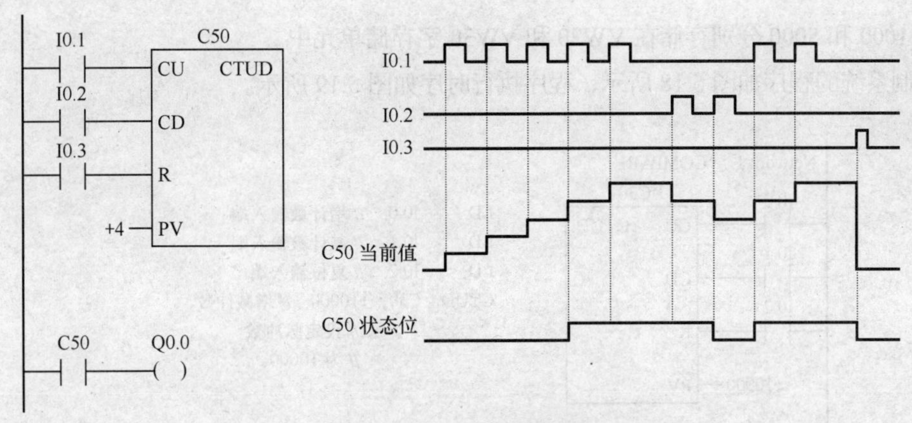

图5.17 加/减计数器应用示例

四、比较指令

1. 比较指令介绍

比较指令将两个操作数按指定的条件进行比较。在梯形图中用带参数和运算符的触点表示比较指令，比较条件成立时，触点就闭合，否则断开。指令格式如表 5.6 所示。

表 5.6 比较指令格式

STL	LAD	说 明
LD□xx IN1，IN 2	IN1 —|xx□|— IN2	比较触点接起始母线
LD N A□xx IN1，IN 2	N IN1 —| |—|xx□|— IN2	比较触点的“与”
LD N O□xx IN1，IN 2	N —| |— IN1 —|xx□|— IN2	比较触点的“或”

说明：

“xx”表示比较运算符，包括== 等于、<小于、>大于、< =小于等于、> =大于等于、< >不等于；“□”表示操作数 N1、N2 的数据类型及范围。

比较指令分类为：字节比较 LDB、AB、OB；整数比较 LDW、AW、OW；双字整数比较 LDD、AD、OD；实数比较 LDR、AR、OR。

2. 指令应用举例

【例 5-6】 控制要求：一自动仓库存放某种货物，最多 6000 箱，需对所存的货物进出计数。货物多于 1000 箱，灯 L1 亮；货物多于 5000 箱，灯 L2 亮。其中，L1 和 L2 分别受 Q0.0 和 Q0.1 控制，数值 1000 和 5000 分别存储在 VW20 和 VW30 字存储单元中。

本控制系统的程序如图 5.18 所示，程序执行时序如图 5.19 所示。

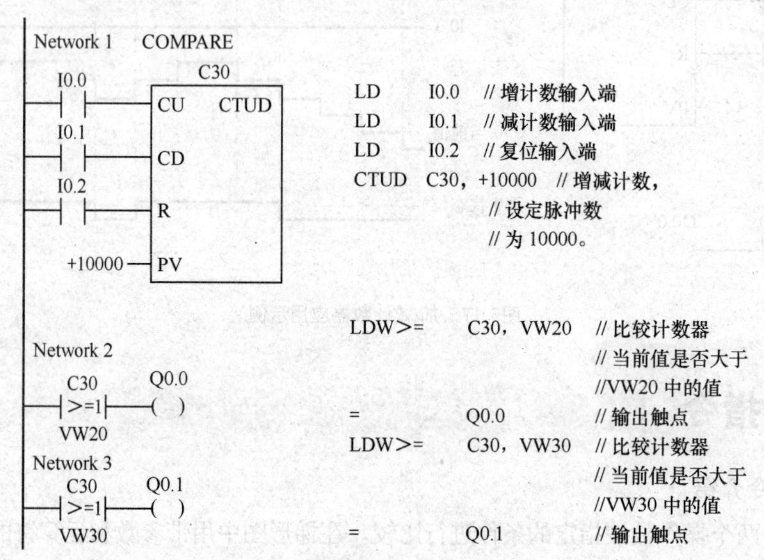

图5.18 控制系统的程序图

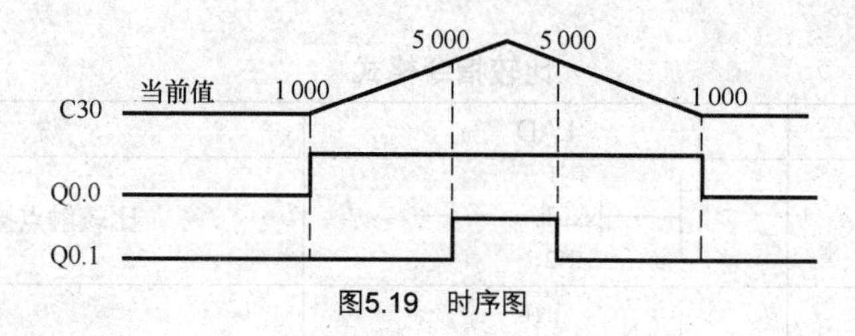

图5.19 时序图

熟悉运算指令

一、算术运算指令

1. 整数与双整数加减法指令

整数加法（ADD_I）和减法（SUB_I）指令是：使能输入有效时，将两个 16 位符号整数相加或相减，并产生一个 16 位的结果输出到 OUT。

双整数加法（ADD_D）和减法（SUB_D）指令是：使能输入有效时，将两个 32 位符号整数相加或相减，并产生一个 32 位结果输出到 OUT。

整数与双整数加减法指令格式如表 5.7 所示。

表 5.7　　　　　　　　　　　　**整数与双整数加减法指令格式**

LAD	ADD_I EN　ENO IN1　OUT IN2	SUB_I EN　ENO IN1　OUT IN2	ADD_DI EN　ENO IN1　OUT IN2	SUB_DI EN　ENO IN1　OUT IN2
功　能	IN1 + IN2 = OUT	IN1−IN2 = OUT	IN1 + IN2 = OUT	IN1−IN2 = OUT
操作数及数据类型	IN1/IN2：VW，IW，QW，MW，SW，SMW，T，C，AC，LW，AIW，常量，*VD，*LD，*AC OUT：VW，IW，QW，MW，SW，SMW，T，C，LW，AC，*VD，*LD，*AC IN/OUT 数据类型：整数		IN1/IN2：VD，ID，QD，MD，SMD，SD，LD，AC，HC，常量，*VD，*LD，*AC OUT：VD，ID，QD，MD，SMD，SD，LD，AC，*VD，*LD，*AC IN/OUT 数据类型：双整数	

【例 5-7】　求 5000 加 400 的和，5000 在数据存储器 VW200 中，结果放入 AC0。程序如图 5.20 所示。

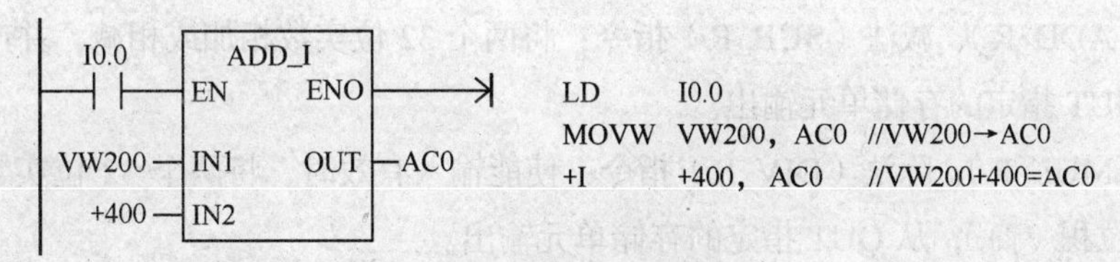

图5.20　程序梯形图

2. 整数乘除法指令

整数乘法指令（MUL_I）是：使能输入有效时，将两个 16 位符号整数相乘，并产生一个 16 位积，从 OUT 指定的存储单元输出。

整数除法指令（DIV_I）是：使能输入有效时，将两个 16 位符号整数相除，并产生一个 16 位商，从 OUT 指定的存储单元输出，不保留余数。如果输出结果大于一个字，则溢出位 SM1.1 置位为“1”。

双整数乘法指令（MUL_D）：使能输入有效时，将两个 32 位符号整数相乘，并产生一个 32 位乘积，从 OUT 指定的存储单元输出。

双整数除法指令（DIV_D）：使能输入有效时，将两个 32 位整数相除，并产生一个 32 位商，从 OUT 指定的存储单元输出，不保留余数。

整数乘法产生双整数指令（MUL）：使能输入有效时，将两个 16 位整数相乘，得出一个 32 位乘积，从 OUT 指定的存储单元输出。

整数除法产生双整数指令（DIV）：使能输入有效时，将两个 16 位整数相除，得出一个 32 位结果，从 OUT 指定的存储单元输出，其中高 16 位放余数，低 16 位放商。

整数乘除法指令格式如表 5.8 所示。

表 5.8　　　　整数乘除法指令格式

LAD	MUL_I EN ENO IN1 OUT IN2	DIV_I EN ENO IN1 OUT IN2	MUL_DI EN ENO IN1 OUT IN2	DIV_DI EN ENO IN1 OUT IN2	MUL EN ENO IN1 OUT IN2	DIV EN ENO IN1 OUT IN2
功能	IN1*IN2 = OUT	IN1/IN2 = OUT	IN1*IN2 = OUT	IN1/IN2 = OUT	IN1*IN2 = OUT	IN1/IN2 =OUT

【例 5-8】　乘除法指令应用举例，程序如图 5.21 所示。

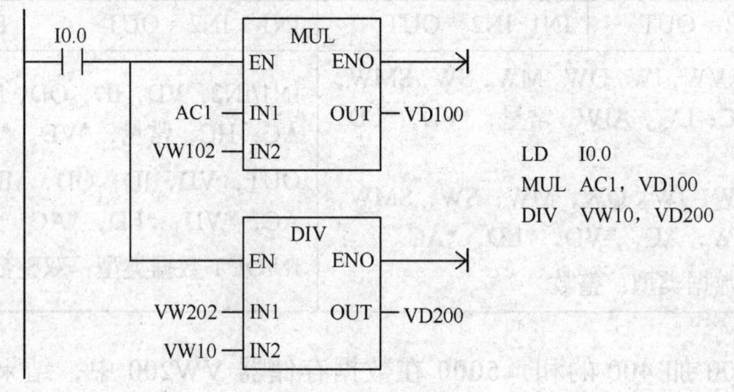

图5.21　程序梯形图

3. 实数加减乘除指令

实数加法（ADD_R）、减法（SUB_R）指令：将两个 32 位实数相加或相减，并产生一个 32 位实数结果，从 OUT 指定的存储单元输出。

实数乘法（MUL_R）、除法（DIV_R）指令：使能输入有效时，将两个 32 位实数相乘（除），并产生一个 32 位积（商），从 OUT 指定的存储单元输出。

指令格式如表 5.9 所列。

表 5.9　　　　实数加减乘除指令

LAD	ADD_R EN ENO IN1 OUT IN2	SUB_R EN ENO IN1 OUT IN2	MUL_R EN ENO IN1 OUT IN2	DIV_R EN ENO IN1 OUT IN2
功　能	IN1 + IN2 = OUT	IN1−IN2 = OUT	IN1*IN2 = OUT	IN1/IN2 = OUT

4. 数学函数变换指令

（1）平方根（SQRT）指令：对 32 位实数（IN）取平方根，并产生一个 32 位实数结果，从 OUT 指定的存储单元输出。

（2）自然对数（LN）指令：对 IN 中的数值进行自然对数计算，并将结果置于 OUT 指定的存储单元中。

（3）自然指数（EXP）指令：将 IN 取以 e 为底的指数，并将结果置于 OUT 指定的存储单元中。

（4）三角函数指令：将一个实数的弧度值 IN 分别求 sin、cos、tan，得到实数运算结果，从 OUT 指定的存储单元输出。

函数变换指令格式及功能如表 5.10 所列。

表 5-10　　函数变换指令格式及功能

LAD	SQRT EN ENO IN OUT	LN EN ENO IN OUT	EXP EN ENO IN OUT	SIN EN ENO IN OUT	COS EN ENO IN OUT	TAN EN ENO IN OUT
STL	SQRT IN，OUT	LN IN，OUT	EXP IN，OUT	SIN IN，OUT	COS IN，OUT	TAN IN，OUT
功能	SQRT(IN) = OUT	LN(IN) = OUT	EXP(IN) = OUT	SIN(IN) = OUT	COS(IN) = OUT	TAN(IN) = OUT

【例 5-9】　求 45° 正弦值。

分析：先将 45° 转换为弧度：（3.14159/180）× 45°，再求正弦值。程序如图 5.22 所示。

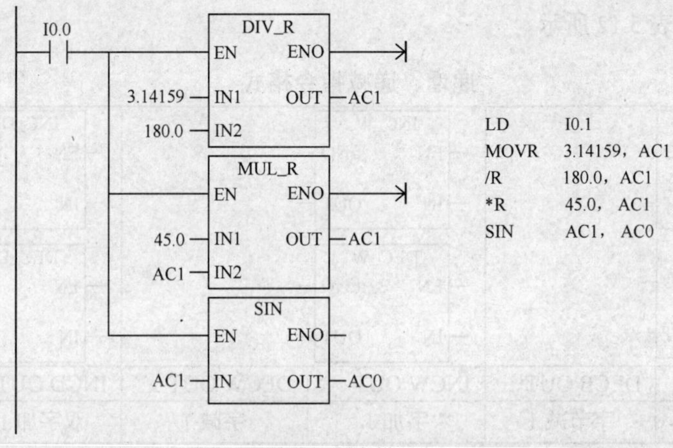

图5.22　程序梯形图

二、逻辑运算指令

逻辑运算是对无符号数按位进行与、或、异或和取反等操作。操作数的长度有 B、W、DW。逻辑运算指令格式如表 5.11 所示。

表 5.11　　逻辑运算指令格式

LAD	与	或	异或	取反
	WAND_B EN ENO IN1 OUT IN2	WOR_B EN ENO IN1 OUT IN2	WXOR_B EN ENO IN1 OUT IN2	INV_B EN ENO IN OUT
	WAND_W EN ENO IN1 OUT IN2	WOR_W EN ENO IN1 OUT IN2	WXOR_W EN ENO IN1 OUT IN2	INV_W EN ENO IN OUT
	WAND_DW EN ENO IN1 OUT IN2	WOR_DW EN ENO IN1 OUT IN2	WXOR_DW EN ENO IN1 OUT IN2	INV_DW EN ENO IN OUT

续表

STL	ANDB IN1，OUT ANDW IN1，OUT ANDD IN1，OUT	ORB IN1，OUT ORW IN1，OUT ORD IN1，OUT	XORB IN1，OUT XORW IN1，OUT XORD IN1，OUT	INVB OUT INVW OUT INVD OUT
功能	IN1，IN2 按位相与	IN1，IN2 按位相或	IN1，IN2 按位异或	对 IN 取反

三、递增、递减指令

递增、递减指令用于对输入无符号数字节、符号数字、符号数双字进行加 1 或减 1 的操作。递增、递减指令格式如表 5.12 所示。

表 5.12　　递增、递减指令格式

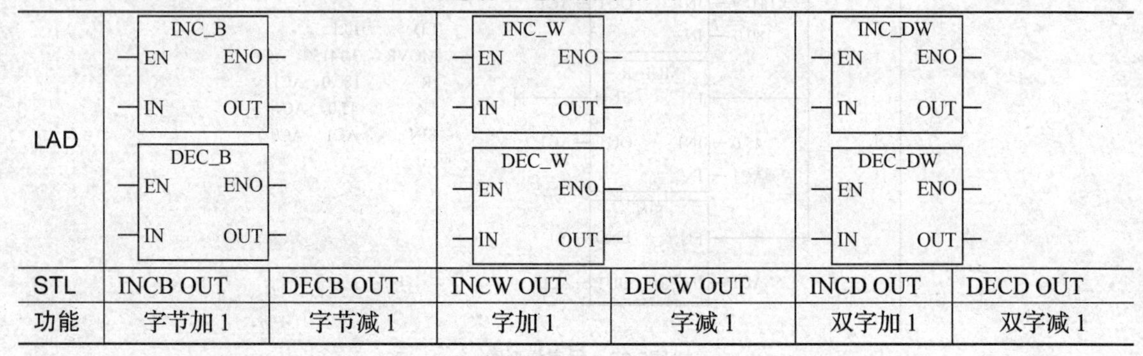

STL	INCB OUT	DECB OUT	INCW OUT	DECW OUT	INCD OUT	DECD OUT
功能	字节加 1	字节减 1	字加 1	字减 1	双字加 1	双字减 1

理解数据处理指令

一、数据传送指令

数据传送指令 MOV，用来传送单个的字节、字、双字、实数。指令格式及功能如表 5.13 所示。

表 5.13　　单个数据传送指令 MOV 的指令格式

LAD	MOV_B EN ENO ???? — IN OUT — ????	MOV_W EN ENO ???? — IN OUT — ????	MOV_DW EN ENO ???? — IN OUT — ????	MOV_R EN ENO ???? — IN OUT — ????
STL	MOVB IN，OUT	MOVW IN，OUT	MOVD IN，OUT	MOVR IN，OUT
类型	字节	字、整数	双字、双整数	实数
功能	使能输入有效，即 EN＝1 时，将一个输入 IN 的字节、字/整数、双字/双整数或实数送到 OUT 指定的存储器输出。在传送过程中不改变数据的大小。传送后，输入存储器 IN 中的内容不变			

数据块传送指令 BLKMOV，将从输入地址 IN 开始的 N 个数据传送到输出地址 OUT 开始的 N 个单元中，N 的范围为 1～255，N 的数据类型为字节。指令格式及功能如表 5.14 所示。

表 5.14　　数据块传送指令格式及功能

LAD	BLKMOV_B EN　ENO ???? — IN1　OUT — ???? ???? — N	BLKMOV_W EN　ENO ???? — IN　OUT — ???? ???? — N	BLKMOV_D EN　ENO ???? — IN　OUT — ???? ???? — N
STL	BMB　IN，OUT	BMW　IN，OUT	BMD　IN，OUT
操作数及数据类型	IN：VB，IB，QB，MB，SB，SMB，LB。 OUT：VB，IB，QB，MB，SB，SMB，LB。 数据类型：字节	IN：VW，IW，QW，MW，SW，SMW，LW，T，C，AIW。 OUT：VW，IW，QW，MW，SW，SMW，LW，T，C，AQW。 数据类型：字	IN/ OUT　：VD，ID，QD，MD，SD，SMD，LD。 数据类型：双字
	N：VB，IB，QB，MB，SB，SMB，LB，AC，常量；数据类型：字节；数据范围：1～255。		
功能	使能输入有效时，即 EN = 1 时，把从输入 IN 开始的 N 个字节（字、双字）传送到以输出 OUT 开始的 N 个字节（字、双字）中		

二、移位指令

移位指令分为左、右移位和循环左、右移位及寄存器移位指令三大类。前两类移位指令按移位数据的长度又分字节型、字型、双字型 3 种。

1. 左、右移位指令

（1）左移位指令（SHL）。使能输入有效时，将输入 IN 的无符号数字节、字或双字中的各位向左移 N 位后（右端补 0），将结果输出到 OUT 所指定的存储单元中，如果移位次数大于 0，则最后一次移出位保存在“溢出”存储器位 SM1.1；如果移位结果为 0，零标志位 SM1.0 置“1”。

（2）右移位指令(SHR)。使能输入有效时，将输入 IN 的无符号数字节、字或双字中的各位向右移 N 位后，将结果输出到 OUT 所指定的存储单元中，移出位补 0，最后一位移出位保存在 SM1.1。如果移位结果为 0，零标志位 SM1.0 置“1”。指令格式如表 5.15 所列。

表 5.15　　左、右移位指令格式

LAD	SHL_B EN　ENO ???? — IN　OUT — ???? ???? — N SHR_B EN　ENO ???? — IN　OUT — ???? ???? — N	SHL_W EN　ENO ???? — IN　OUT — ???? ???? — N SHR_W EN　ENO ???? — IN　OUT — ???? ???? — N	SHL_DW EN　ENO ???? — IN　OUT — ???? ???? — N SHR_DW EN　ENO ???? — IN　OUT — ???? ???? — N
STL	SLB　OUT，N SRB　OUT，N	SLW　OUT，N SRW　OUT，N	SLD　OUT，N SRD　OUT，N
功能	SHL：字节、字、双字左移 N 位；SHR：字节、字、双字右移 N 位		

2. 循环左、右移位指令

循环移位将移位数据存储单元的首尾相连，同时又与溢出标志 SM1.1 连接，SM1.1 用来存放被移出的位。

（1）循环左移位指令（ROL）。使能输入有效时，将 IN 输入无符号数（字节、字或双字）循环左移 *N* 位后，将结果输出到 OUT 所指定的存储单元中，移出的最后一位的数值送溢出标志位 SM1.1。当需要移位的数值是零时，零标志位 SM1.0 为 1。

（2）循环右移位指令（ROR）。使能输入有效时，将 IN 输入无符号数（字节、字或双字）循环右移 *N* 位后，将结果输出到 OUT 所指定的存储单元中，移出的最后一位的数值送溢出标志位 SM1.1。当需要移位的数值是零时，零标志位 SM1.0 为 1。表 5.16 所示为循环左、右移位指令格式。表 5.17 为字循环右移 3 次举例。

表 5.16　　循环左、右移位指令格式及功能

LAD	ROL_B: EN, ENO; ????—IN, OUT—????; ????—N ROR_B: EN, ENO; ????—IN, OUT—????; ????—N	ROL_W: EN, ENO; ????—IN, OUT—????; ????—N RRR_W: EN, ENO; ????—IN, OUT—????; ????—N	ROL_DW: EN, ENO; ????—IN, OUT—????; ????—N ROR_DW: EN, ENO; ????—IN, OUT—????; ????—N
STL	RLB　OUT，N RRB　OUT，N	RLW　OUT，N RRW　OUT，N	RLD　OUT，N RRD　OUT，N
功能	ROL：字节、字、双字循环左移 N 位；ROR：字节、字、双字循环右移 N 位		

表 5.17　　字循环右移 3 次举例

移位次数	地　址	单元内容	位 SM1.1	说　明
0	LWO	1011010100110011	X	移位前
1	LWO	1101101010011001	1	右端 1 移入 SM1.1 和 LW0 左端
2	LWO	1110110101001100	1	右端 1 移入 SM1.1 和 LW0 左端
3	LWO	0111011010100110	0	右端 0 移入 SM1.1 和 LW0 左端

【例 5-10】　用 I0.0 控制接在 Q0.0～Q0.7 上的 8 个彩灯循环移位，从左到右以 0.5s 的速度依次点亮，保持任意时刻只有一个指示灯亮，到达最右端后，再从左到右依次点亮。

分析：8 个彩灯循环移位控制可以用字节的循环移位指令。根据控制要求，首先应置彩灯的初始状态为 QB0 = 1，即左边第一盏灯亮；接着灯从左到右以 0.5s 的速度依次点亮，即要求字节 QB0 中的“1”用循环左移位指令每 0.5s 移动一位，因此需在 ROL-B 指令的 EN 端接一个 0.5s 的移位脉冲（可用定时器指令实现）。梯形图程序和语句表程序如图 5.23 所示。

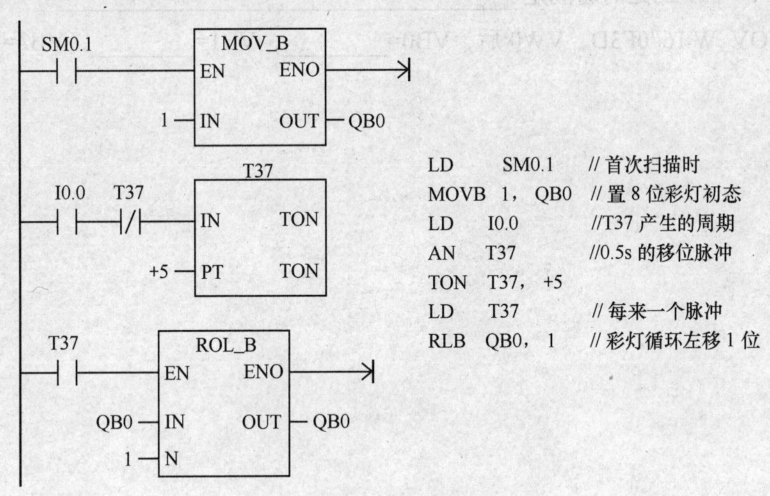

图5.23　梯形图程序和语句表程序

3. 移位寄存器指令（SHRB）

移位寄存器指令（SHRB）是可以指定移位寄存器的长度和移位方向的移位指令，实现将 DATA 数值移入移位寄存器中。指令格式如图 5.24 所示。

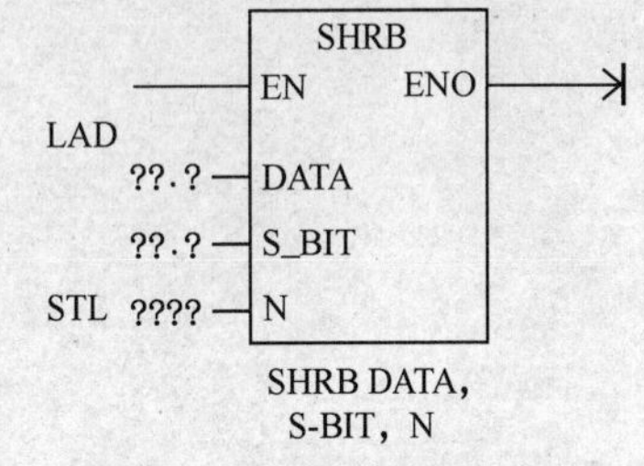

图5.24　移位寄存器指令格式

EN 为使能输入端，连接移位脉冲信号，每次使能有效时，整个移位寄存器移动 1 位。DATA 为数据输入端，连接移入移位寄存器的二进制数值，执行指令时将该位的值移入寄存器。S_BIT 指定移位寄存器的最低位。N 指定移位寄存器的长度和移位方向，移位寄存器的最大长度为 64 位，N 为正值表示左移位，输入数据（DATA）移入移位寄存器的最低位（S_BIT），并移出移位寄存器的最高位；N 为负值表示右移位，输入数据移入移位寄存器的最高位，并移出最低位（S_BIT）。

习　题

1. 可编程程序控制器系统由____________、____________、____________组成。
2. PLC 输出电路的结构形式分为____________、____________、____________。
3. 可编程程序控制器采用____________________________________的工作方式。
4. PLC 一个扫描周期需经过____________、____________、____________阶段。

5. S7-200 系列 PLC 的 SIMATIC 指令有__________、__________、__________编程语言。
6. SHRB I1.0，M1.0，+10 是实现______________________________。
7. SWAP QW0 是实现______________________________。
8. SM0.0 是______________________________。
9. TON T37，+300 的延时时间是______________________________。
10. 执行 MOV_W 16#0F3D，VW0 后，VB0=________，VB1=________，VB2=________。

Chapter 6

模块六

可编程序控制器程序

任务一 掌握编程原则

学习了 PLC 的指令系统之后，就可以根据系统的控制要求编制程序了，下面进一步说明编制程序的基本原则。

（1）输入/输出继电器、内部辅助继电器、定时器、计数器等器件的触点可多次重复使用，无需用复杂的程序结构来减少触点的使用次数。

（2）梯形图每一行都是从左母线开始，线圈接在最右边，触点不能放在线圈的右边，如图 6.1 所示。

（3）线圈不能直接与左母线相连，如果需要，可以通过一个没有使用过的内部辅助继电器的常闭触点或者特殊功能继电器 SM0.0（常 ON）来连接，如图 6.2 所示。

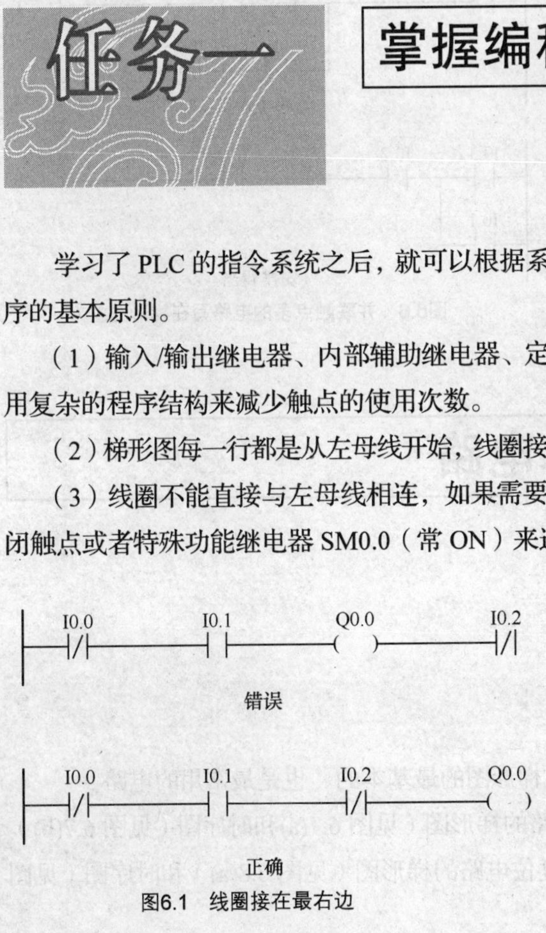

I0.0 I0.1 Q0.0 I0.2

错误

I0.0 I0.1 I0.2 Q0.0

正确

图6.1 线圈接在最右边

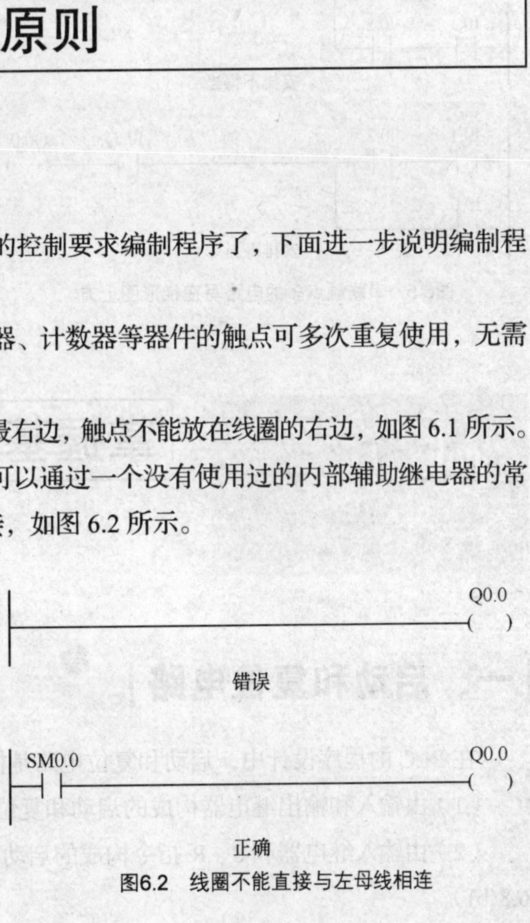

Q0.0

错误

SM0.0 Q0.0

正确

图6.2 线圈不能直接与左母线相连

（4）同一编号的继电器线圈在一个程序中不得重复使用，如图 6.3 所示。

（5）在梯形图中串联触点使用的次数没有限制，可无限次使用，如图 6.4 所示。

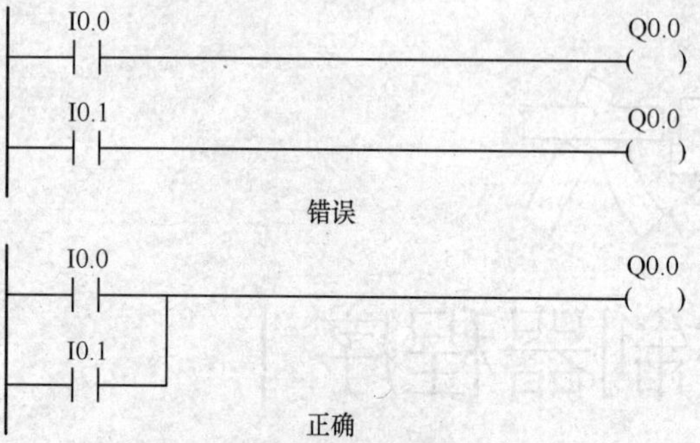

图6.3　同一线圈不得重复使用

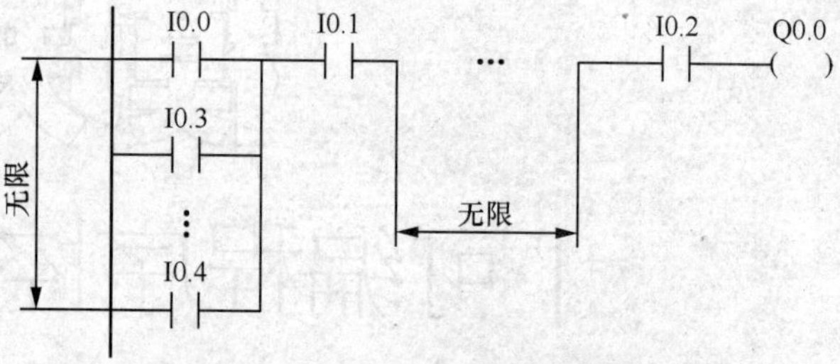

图6.4　串联触点使用的次数没有限制

（6）把串联触点多的电路写在梯形图上方，如图 6.5 所示。

（7）把并联触点多的电路写在梯形图左方，如图 6.6 所示。

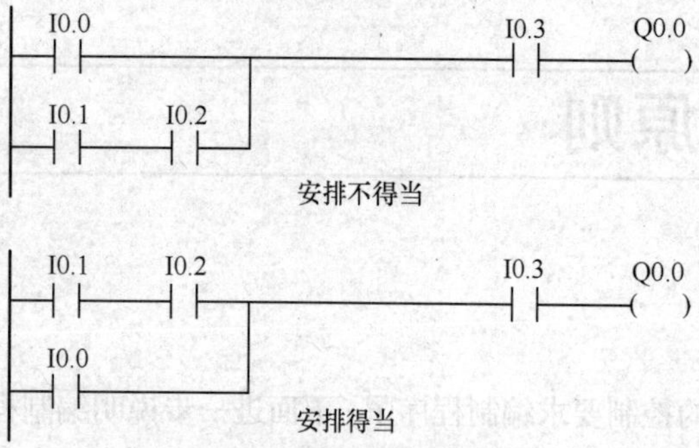

图6.5　串联触点多的电路写在梯形图上方

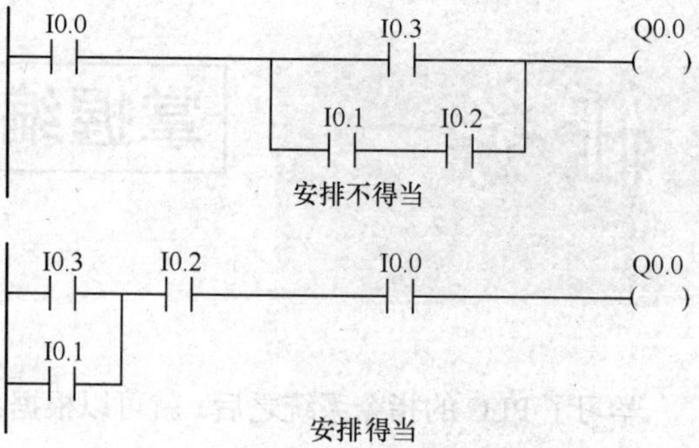

图6.6　并联触点多的电路写在梯形图左方

掌握基本电路

一、启动和复位电路

在 PLC 的程序设计中，启动和复位电路是构成梯形图的最基本的、也是最常用的电路。

（1）由输入和输出继电器构成的启动和复位电路的梯形图（见图 6.7(a)和时序图（见图 6.7(b)）。

（2）由输入继电器和 S、R 指令构成的启动和复位电路的梯形图（见图 6.8(a)）和时序图（见图 6.8(b)）。

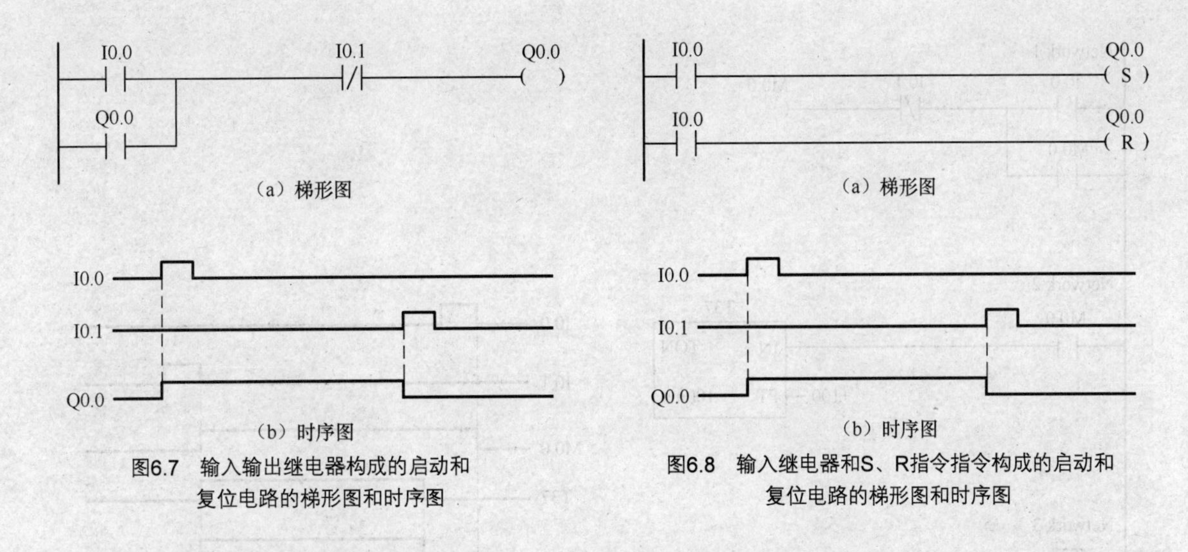

图6.7 输入输出继电器构成的启动和复位电路的梯形图和时序图

图6.8 输入继电器和S、R指令指令构成的启动和复位电路的梯形图和时序图

二、沿触发电路

在 PLC 的程序设计中，经常需要用单脉冲信号来实现一些只需执行一次的指令，这些单脉冲信号可作为计数器的输入，也可作为系统启动、停止的信号。还有，逻辑指令要求前端电路必须是沿触发指令。

（1）上升沿触发指令（见图 6.9）。

（2）下降沿触发指令（见图 6.10）。

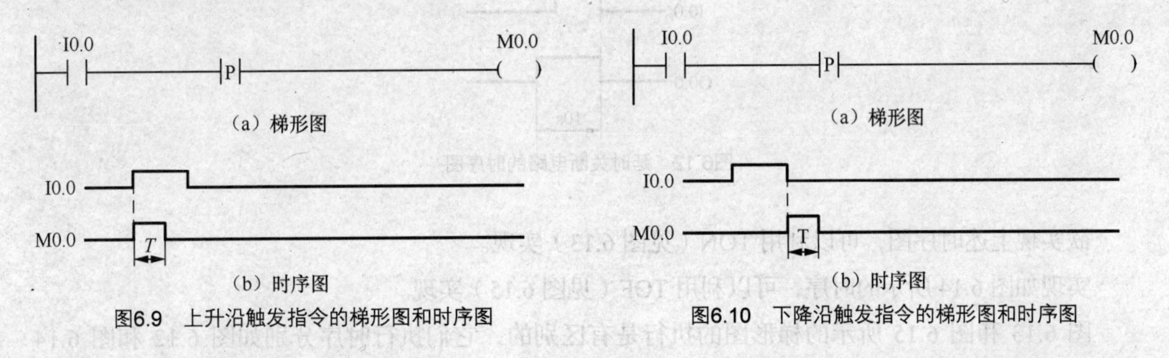

图6.9 上升沿触发指令的梯形图和时序图

图6.10 下降沿触发指令的梯形图和时序图

三、延时电路

延时电路是 PLC 控制中经常用到的一种基本电路，它有着很广泛的用途，除了定时的功能外，还可以实现一些复杂问题的简单化。

根据定时器的分类，延时电路分为延时导通电路和延时关断电路。

（1）延时导通电路。上一模块讨论到延时导通定时器，原理如图 5.11，前面已经讲到的图是为了讲原理，在实际中不可以用，因为 TON 要想正常工作其前端电路的导通时间必须大于定时时间。应用下面电路（见图 6.11）。

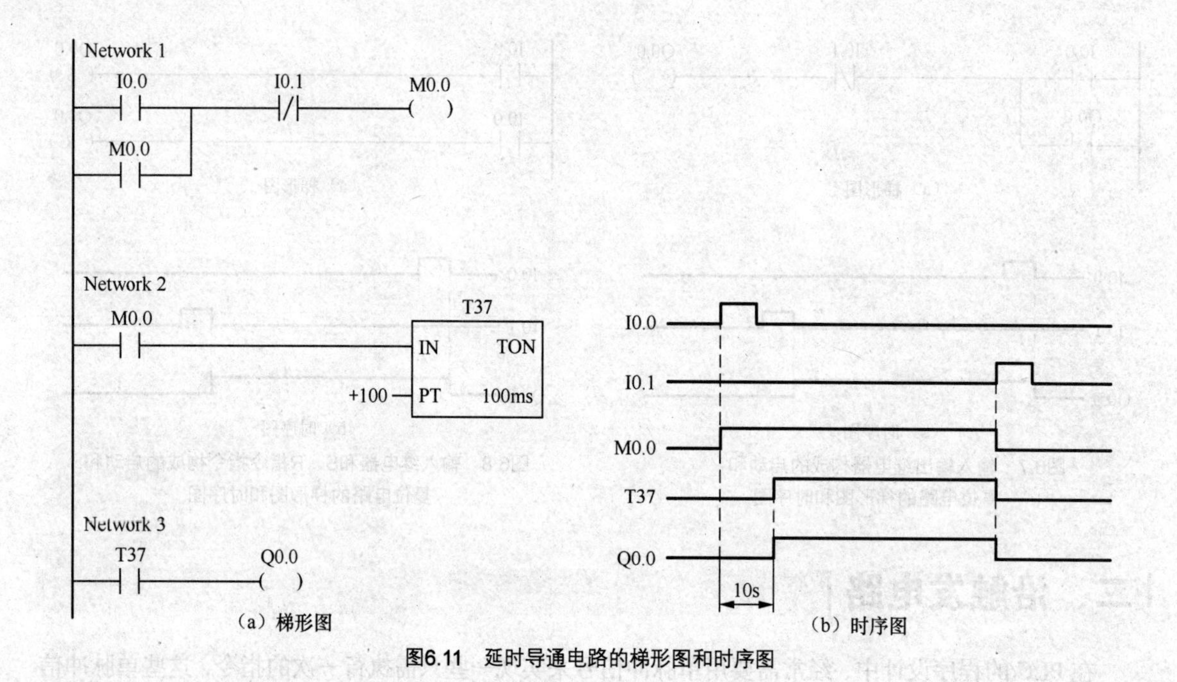

图6.11 延时导通电路的梯形图和时序图

（2）延时关断电路。现场定时有延时导通，也有的时候需要延时关断，其时序如图 6.12 所示。

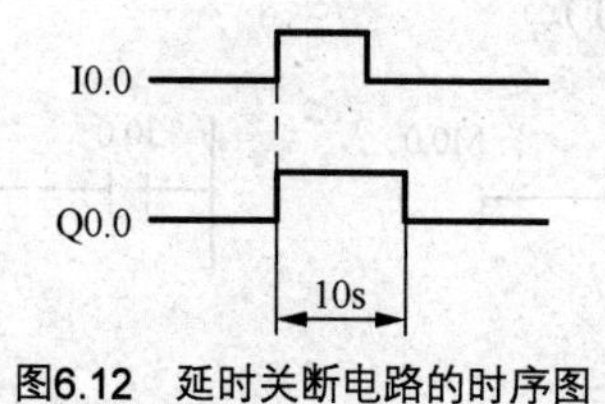

图6.12 延时关断电路的时序图

欲实现上述时序图，可以利用 TON（见图 6.13）实现。

实现如图 6.14 所示的时序，可以利用 TOF（见图 6.15）实现。

图 6.13 和图 6.15 所示的梯形图的执行是有区别的，它们执行时序分别如图 6.12 和图 6.14 所示。

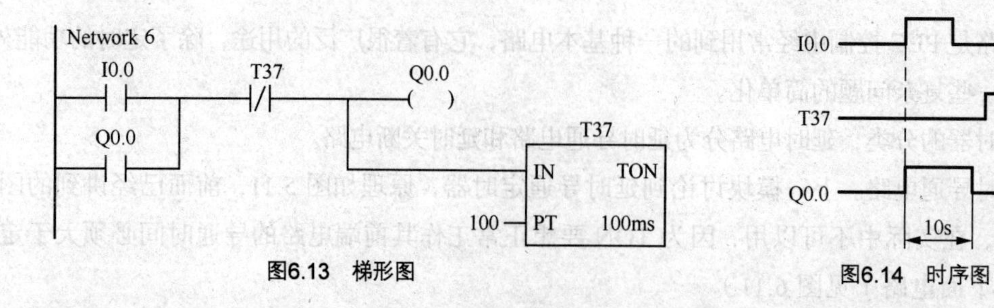

图6.13 梯形图

图6.14 时序图

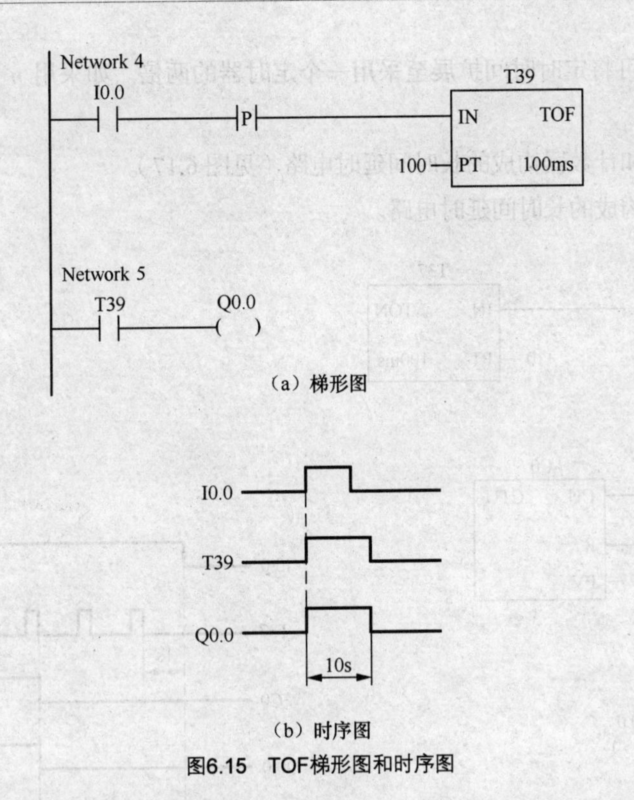

（a）梯形图

（b）时序图

图6.15　TOF梯形图和时序图

四、长时间延时电路

定时器的定时时间是有范围的，为0～3 276.7s。如果需要定时的时间比这个时间长，那么就需要用长时间延时电路来解决。

（1）采用两个或两个以上定时器构成的长时间延时电路（见图6.16）。

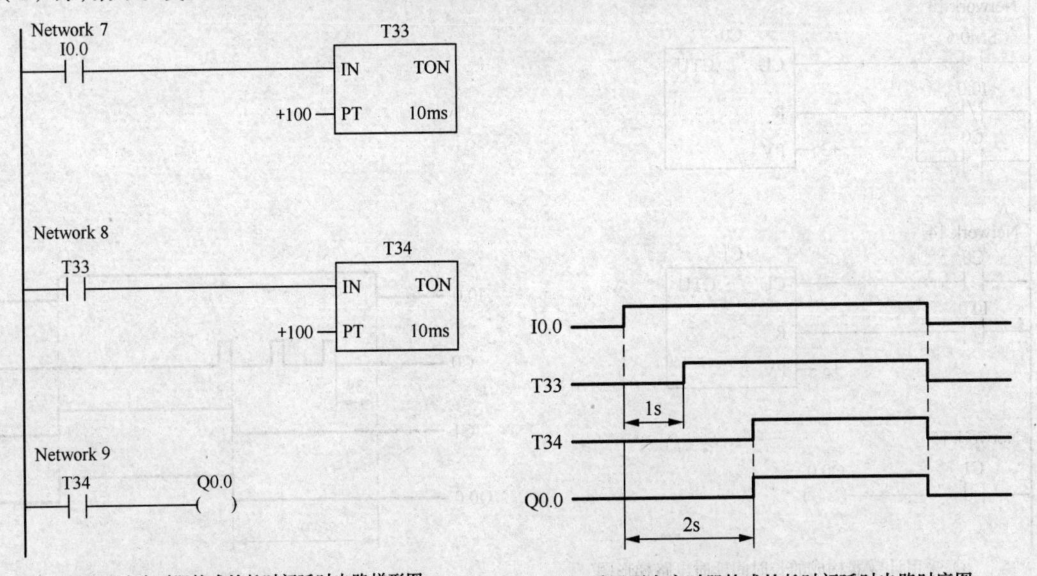

（a）采用两个定时器构成的长时间延时电路梯形图　　（b）采用两个定时器构成的长时间延时电路时序图

图6.16　两个定时器构成的延时电路的梯形图和时序图

采用两个定时器可将定时时间扩展至采用一个定时器的两倍。如采用 n 个定时器，则可扩展至 n 倍。

（2）采用定时器和计数器构成的长时间延时电路（见图 6.17）。

（3）采用计数器构成的长时间延时电路。

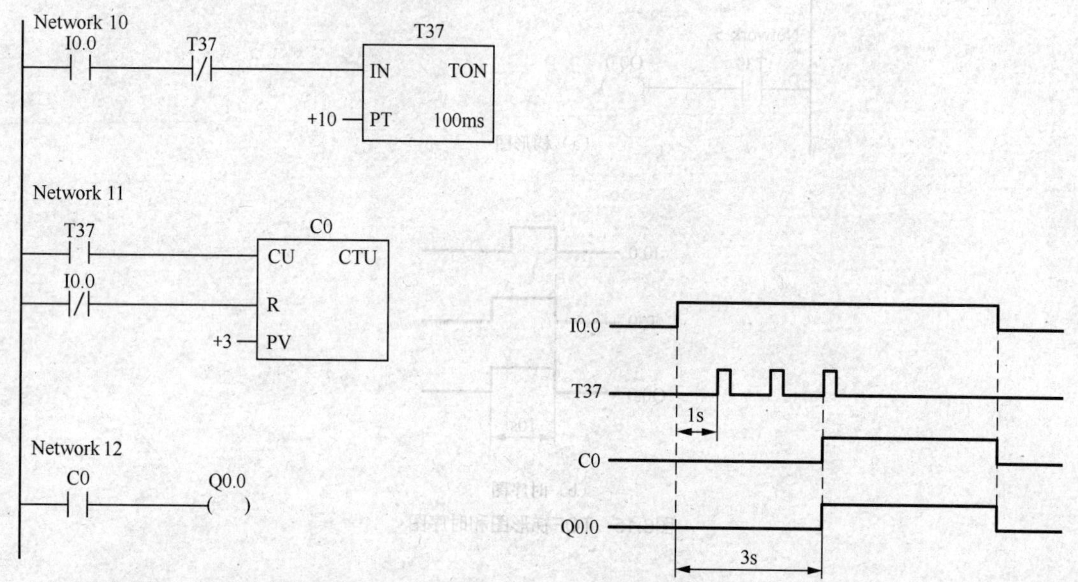

（a）采用定时器和计数器构成的长时间延时电路梯形图

（b）采用定时器和计数器构成的长时间延时电路时序图

图6.17　定时器和计数器构成的延时电路梯形图和时序图

首先，用计数器和特殊功能继电器构成定时器，其次按照类似（2）的方式连接，即定时器首尾相连的方式连接，就构成了这种形式的长时间延时电路，如图 6.18 所示。

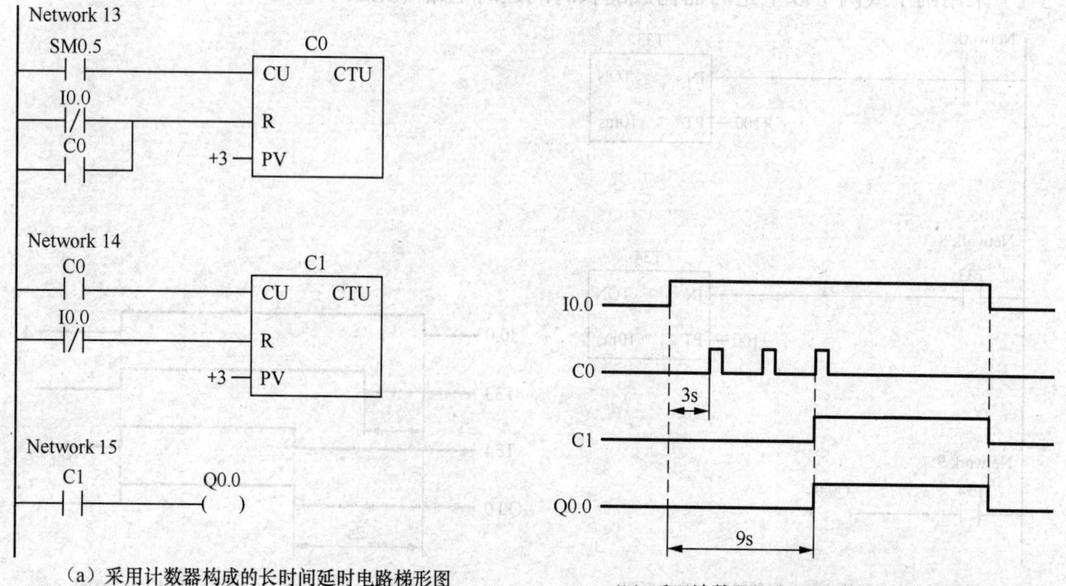

（a）采用计数器构成的长时间延时电路梯形图

（b）采用计数器构成的长时间延时电路时序图

图6.18　计数器构成的延时电路的梯形图和时序图

五、顺序延时接通电路

为了便于说明，定义具有如下时序的电路为顺序延时接通电路，如图 6.19 所示。

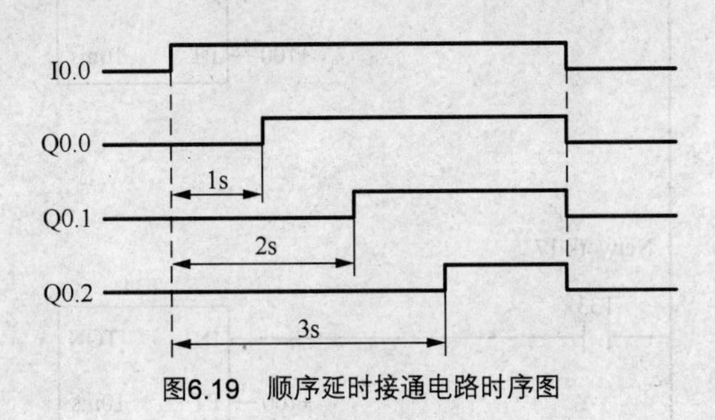

图6.19　顺序延时接通电路时序图

（1）采用定时器并联的电路（见图 6.20）。

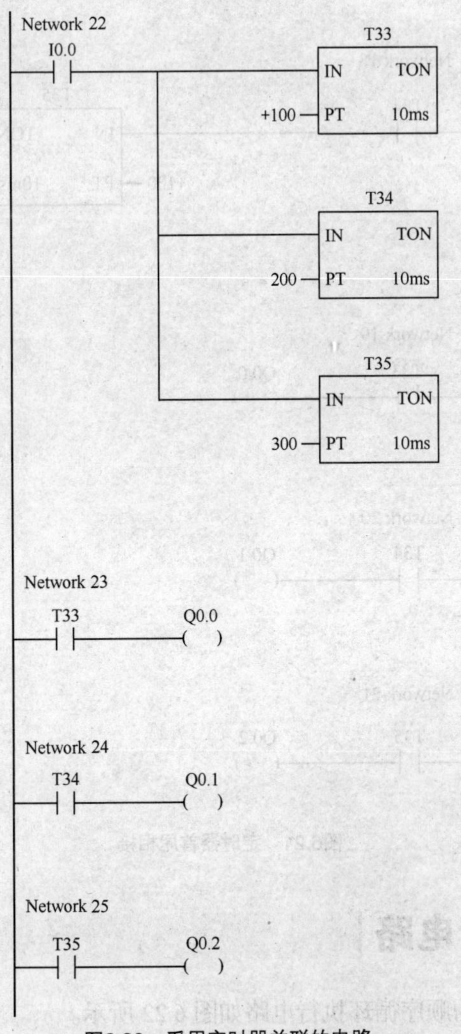

图6.20　采用定时器并联的电路

（2）定时器首尾相接（见图 6.21）。

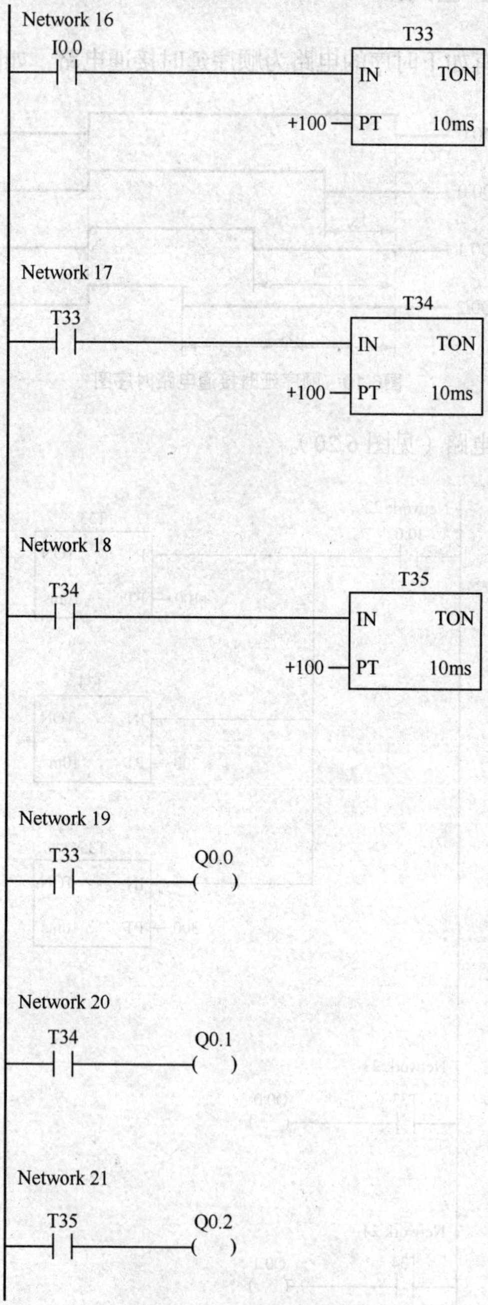

Network 16
I0.0
T33
IN TON
+100 PT 10ms

Network 17
T33
T34
IN TON
+100 PT 10ms

Network 18
T34
T35
IN TON
+100 PT 10ms

Network 19
T33 Q0.0

Network 20
T34 Q0.1

Network 21
T35 Q0.2

图6.21 定时器首尾相接

六、顺序循环执行电路

（1）采用逻辑指令构成的顺序循环执行电路如图 6.22 所示。

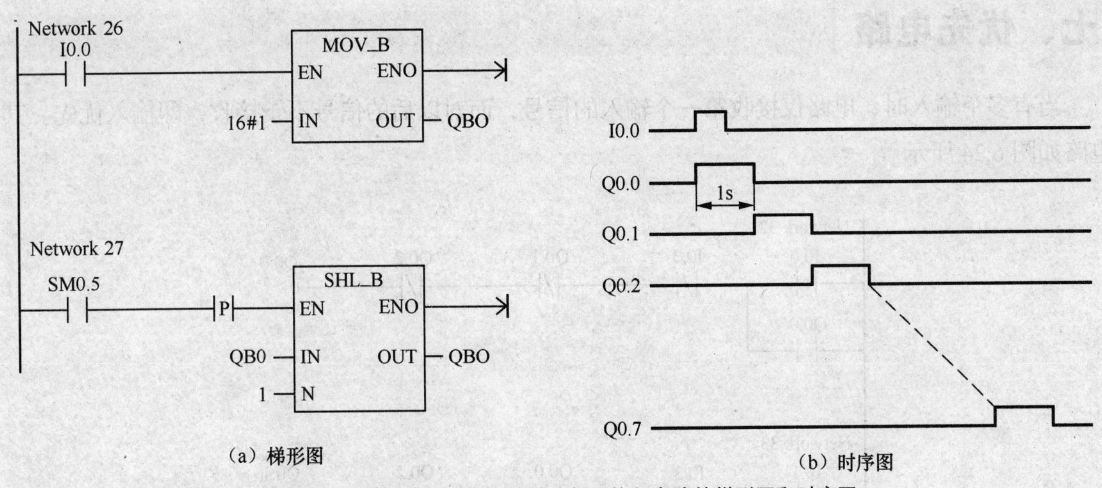

（a）梯形图 （b）时序图

图6.22 采用逻辑指令构成的顺序循环执行电路的梯形图和时序图

（2）采用定时器构成的顺序循环执行电路如图 6.23 所示。

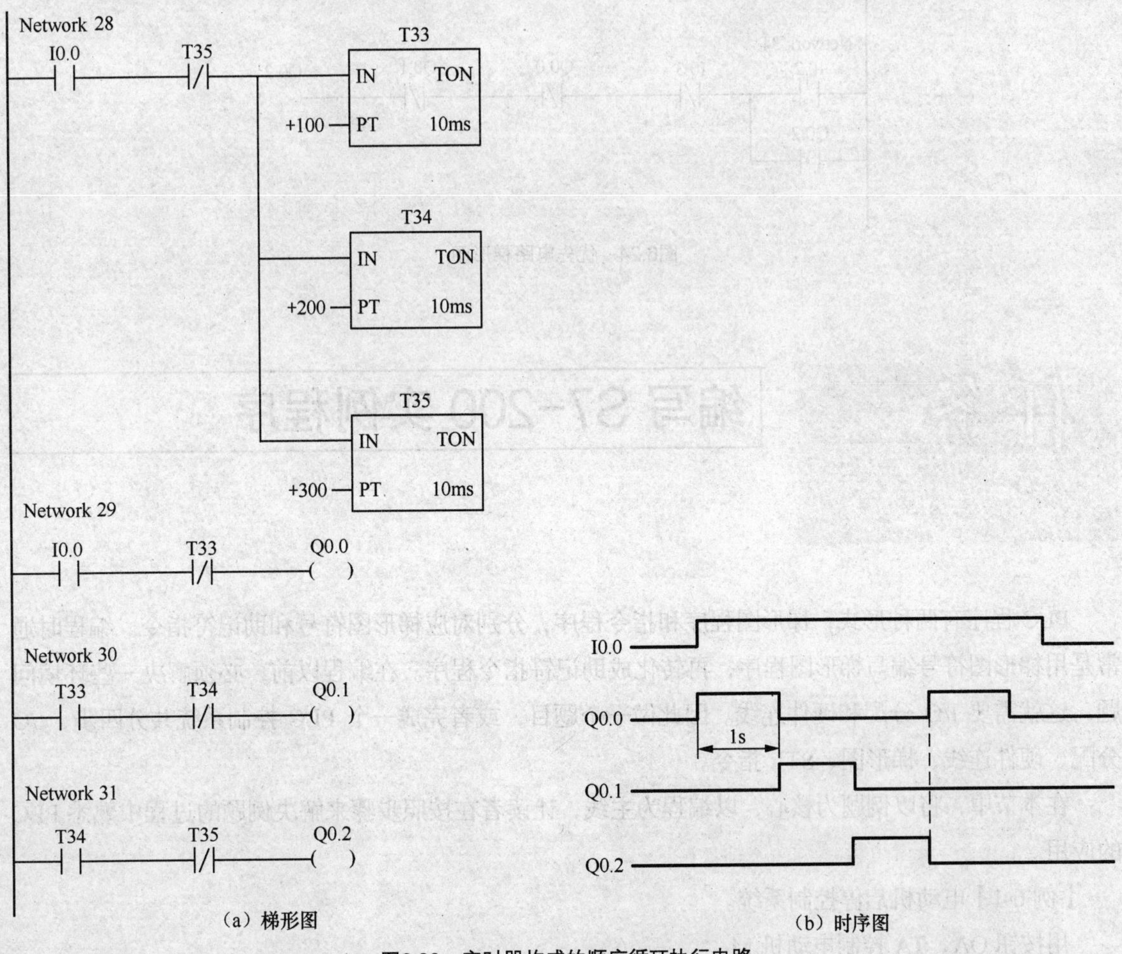

（a）梯形图 （b）时序图

图6.23 定时器构成的顺序循环执行电路

七、优先电路

当有多个输入时，电路仅接收第一个输入的信号，而对以后的信号不予接收，即输入优先。其电路如图 6.24 所示。

Network 32
I0.0 I0.3 Q0.1 Q0.2 Q0.0
Q0.0

Network 33
I0.1 I0.3 Q0.0 Q0.2 Q0.1
Q0.1

Network 34
I0.2 I0.3 Q0.0 Q0.1 Q0.2
Q0.2

图6.24 优先电路梯形图

编写 S7-200 实例程序

PLC 程序有两种形式，梯形图程序和指令程序，分别对应梯形图符号和助记符指令。编程时通常是用梯形图符号编写梯形图程序，再转化成助记符指令程序。在编程以前，必须解决一些环境问题，这就需要 I/O 分配和硬件连线。因此做一个题目，或者完成一个 PLC 控制系统共分四步，I/O 分配、硬件连线、梯形图、STL 指令。

在本节中，将以例题为核心，以编程为主线，让读者在按照步骤来解决例题的过程中熟悉 PLC 的应用。

【例 6-1】电动机启停控制系统。

用按钮 QA、TA 控制电动机 M。

控制要求：当按下按钮 QA，电动机 M 得电；当按下按钮 TA，电动机 M 失电。

1. I/O 分配

（1）输入。

QA：I0.0；TA：I0.1

（2）输出。

Y：Q0.0

2. 硬件连线（见图 6.25）

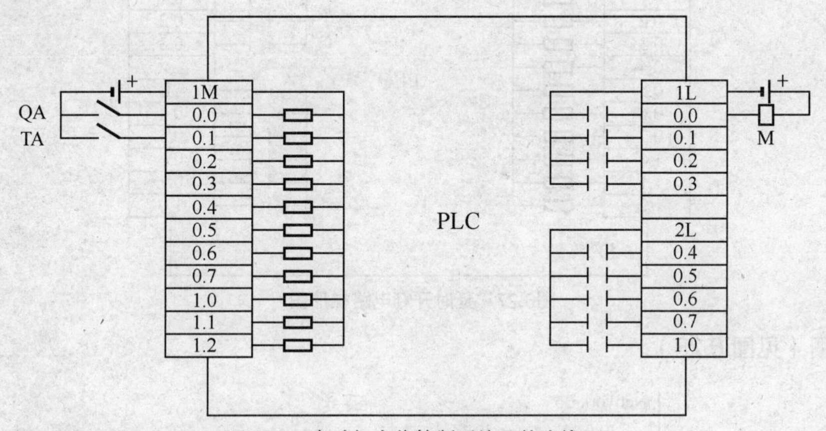

图6.25 电动机启停控制系统硬件连线图

3. 梯形图（见图 6.26）

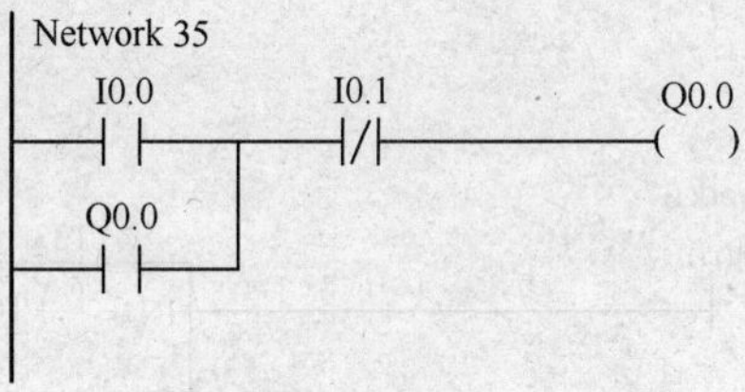

Network 35

I0.0 I0.1 Q0.0

Q0.0

图6.26 电动机启停控制系统梯形图

4. 指令表

Network 35

LD I0.0

O Q0.0

AN I0.1

= Q0.0

【例 6-2】延时开灯电路。

用按钮 Q1、Q2 控制灯 L。

控制要求：Q1↓ $\xrightarrow{3s}$ L 亮，Q2↓L 灭。

1. I/O 分配

（1）输入。

Q1：I0.0；Q2：I0.1

（2）输出。

L：Q0.0

2. 硬件连线（见图 6.27）

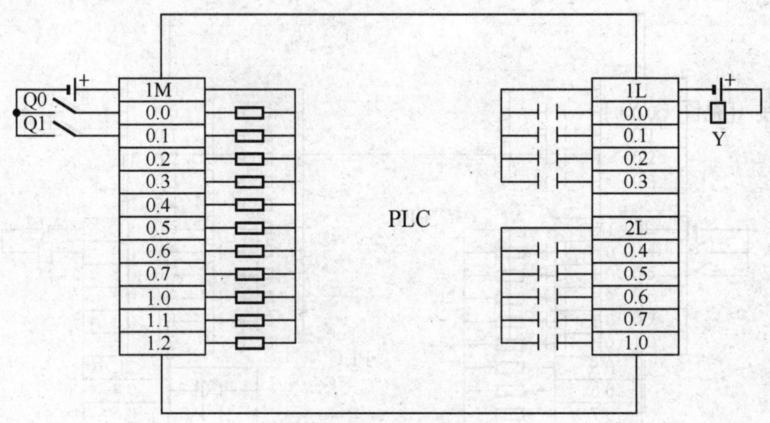

图6.27 延时开灯电路梯形图

3. 梯形图（见图 6.28）

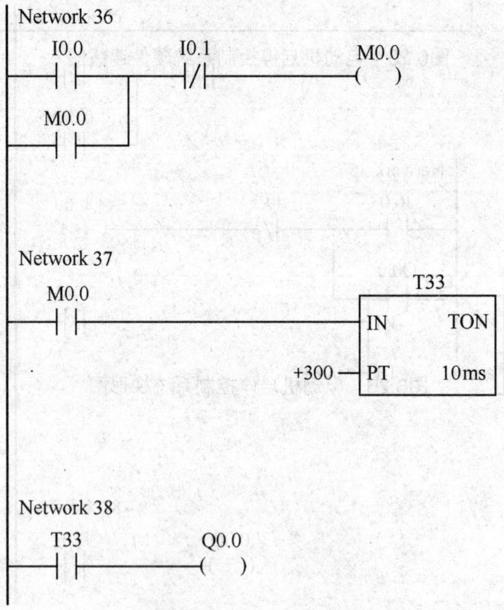

Network 36
I0.0 I0.1 M0.0
M0.0

Network 37
M0.0 T33
IN TON
+300 PT 10ms

Network 38
T33 Q0.0

图6.28 延时开灯电路梯形图

4. 指令表

Network 36

LD I0.0

O M0.0

AN I0.1

= M0.0

Network 37

LD　　M0.0

TON　　T33, +300

Network 38

LD　　T33

=　　Q0.0

【例 6-3】延时关灯电路，用按钮 Q 控制灯 L。

控制要求：当 Q↓L 亮 —2s→ L 灭。

1. I/O 分配

（1）输入。

Q：I0.0

（2）输出。

L：Q0.0

2. 硬件连线图（见图 6.29）

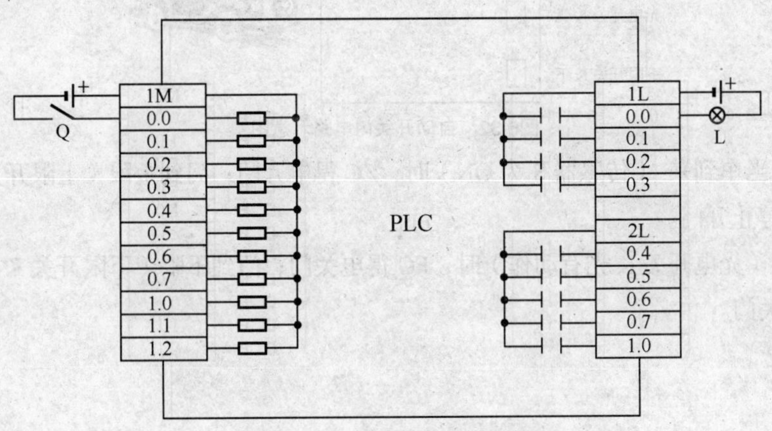

图6.29　延时关灯电路硬件连线图

3. 梯形图和指令表

（1）方法一。

① 梯形图如图 6.30 所示。

② 指令表。

Network 4

LD　　I0.0

EU

TOF　　T39,200

Network 5

LD　　T39

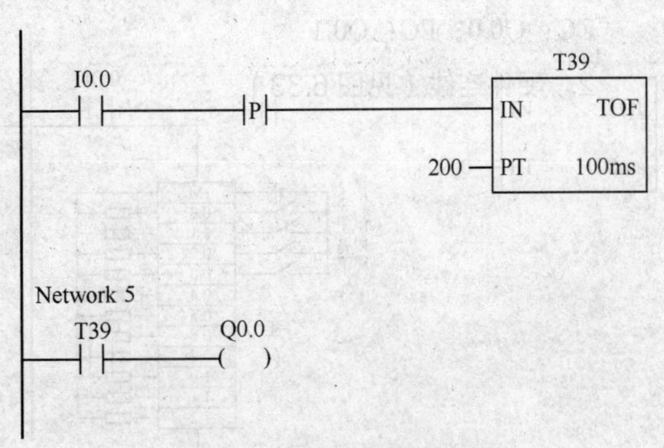

图6.30　延时关灯电路梯形图

=　　Q0.0

（2）方法二。

① 梯形图如图 6.31 所示。

② 指令表。

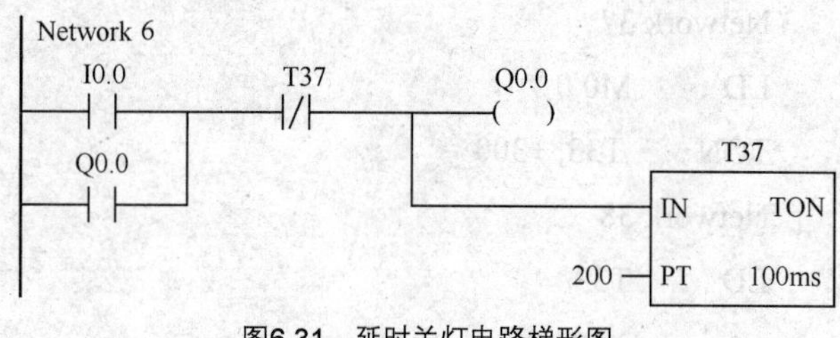

图6.31　延时关灯电路梯形图

```
Network 6
LD      I0.0
O       Q0.0
AN      T37
=       Q0.0
TON     T37,100
```

【例 6-4】自动开关门电路，示意图如图 6.32 所示。

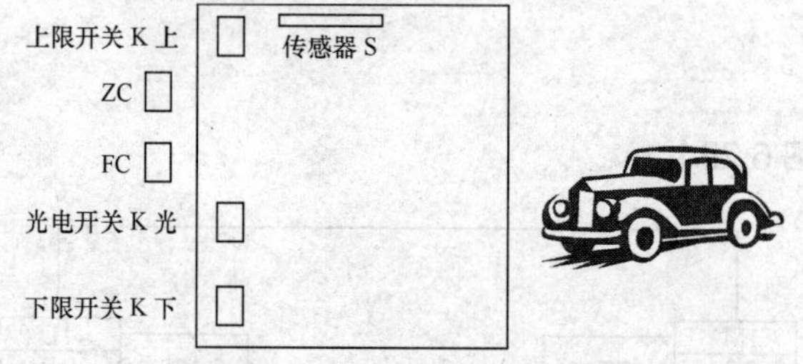

图6.32　自动开关门电路示意图

控制要求：当车到来（传感器 S 为 ON）时，ZC 得电开门；门到上限（上限开关 K 上为 ON）时，ZC 失电，停止开门。

当车进门后（光电开关 K 光有动作）时，FC 得电关门；门到下限（下限开关 K 下为 ON）时，FC 失电，停止关门。

1. I/O 分配

（1）输入。

S：I0.0；K 上：I0.1；K 光：I0.2；K 下：I0.3

（2）输出。

ZC：Q0.0；FC：Q0.1

2. 硬件连线（见图 6.33）

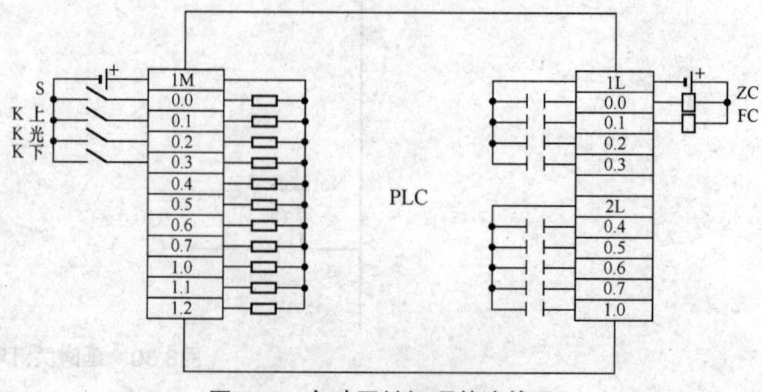

图6.33　自动开关门硬件连线图

3. 梯形图（见图 6.34）

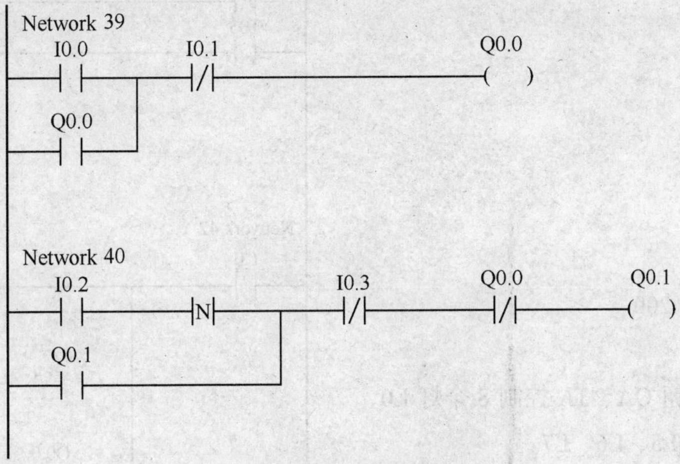

Network 39
I0.0
I0.1
Q0.0
Q0.0
Network 40
I0.2
N
I0.3
Q0.0
Q0.1
Q0.1

图6.34　自动开关门硬件梯形图

4. 指令表

留作作业（注意下降沿）。

【例 6-5】包装机。

一台包装机，用光电开关 K 对生产线进行检测计数，当计到第 5 个产品时，驱动线圈 C 工作 2s。

1. I/O 分配

（1）输入。

K：I0.0

（2）输出。

C：Q0.0

2. 硬件连线（见图 6.35）

1M
0.0
0.1
0.2
0.3
0.4
0.5
0.6
0.7
1.0
1.1
1.2
K
PLC
1L
0.0
0.1
0.2
0.3
2L
0.4
0.5
0.6
0.7
1.0
C

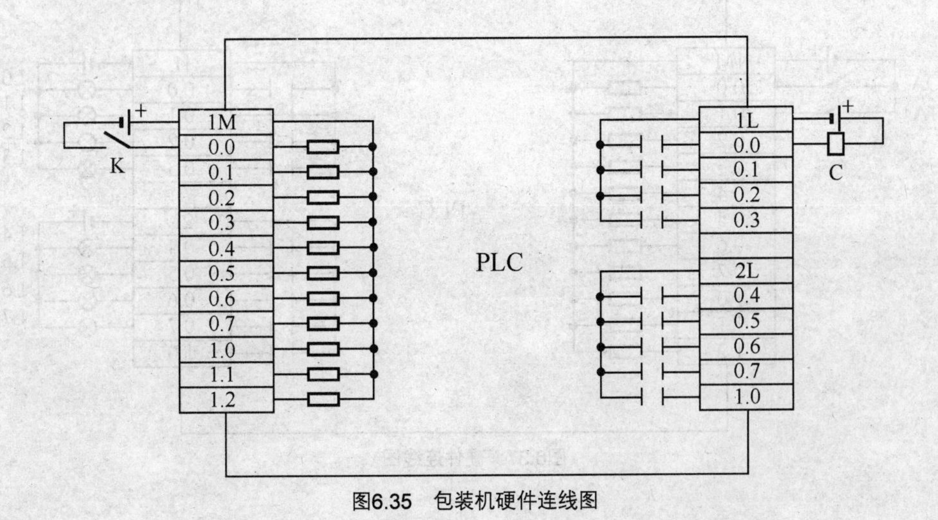

图6.35　包装机硬件连线图

3. 梯形图（见图 6.36）

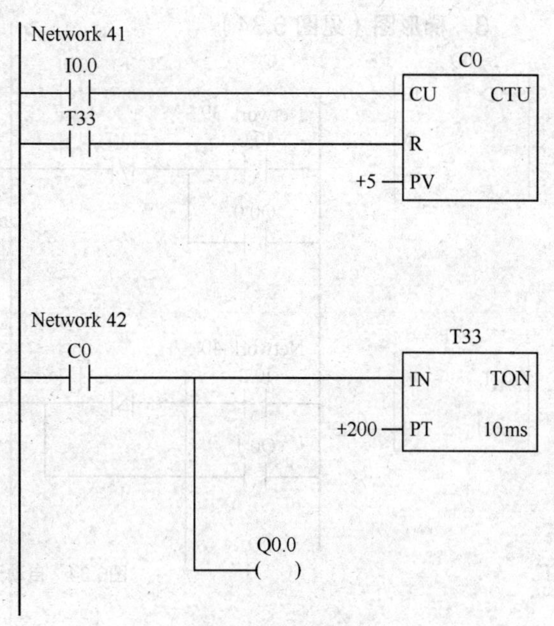

图6.36 包装机梯形图

4. 指令表

```
Network 41
LD      I0.0
LD      T33
CTU     C0, +5
Network 42
LD      C0
TON     T33, +200
=       Q0.0
```

【例 6-6】用按钮 QA、TA 控制 8 个灯 L0、L1、L2、L3、L4、L5、L6、L7。

控制要求：QA↓仅 L0 亮 —1s→ 仅 L1 亮……仅 L7 亮 —1s→ 仅 L0 亮，如此循环；TA↓全灭。

1. I/O 分配

（1）输入。

QA：I0.0；TA：I0.1

（2）输出。

L0：Q0.0；L1：Q0.1；L2：Q0.2；L3：Q0.3；

L4：Q0.4；L5：Q0.5；L6：Q0.6；L7：Q0.7

2. 硬件连线（见图 6.37）

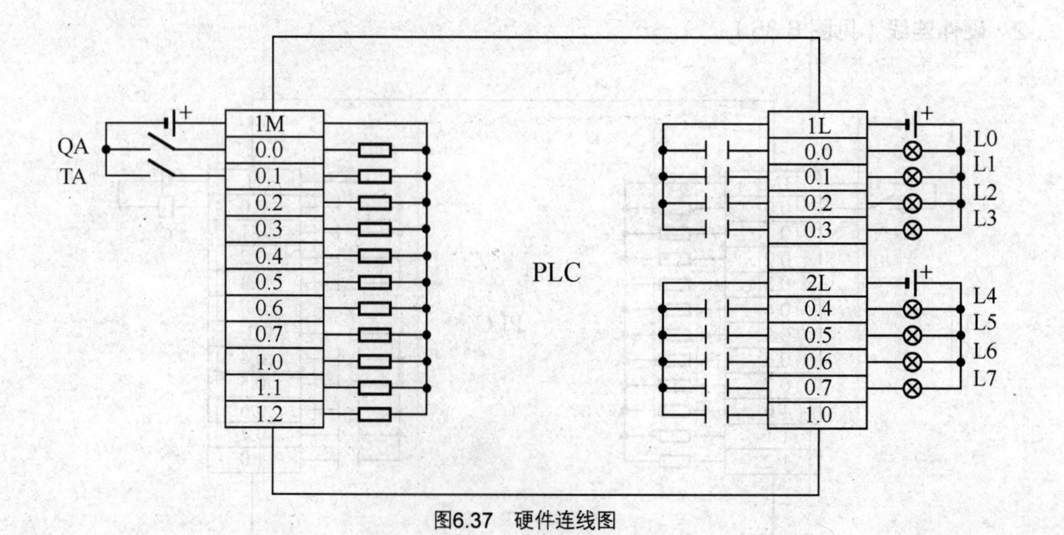

图6.37 硬件连线图

3. 梯形图（见图 6.38）

4. 指令表

```
Network 43
LD      I0.0
O       M0.0
AN      I0.1
=       M0.0
Network 44
LD      I0.0
EU
MOVB    1,QBO
Network 45
LD      M0.0
A       SM0.5
EU
RLB     QB0,1
Network 46
LD      I0.1
EU
MOVB    0,QBO
```

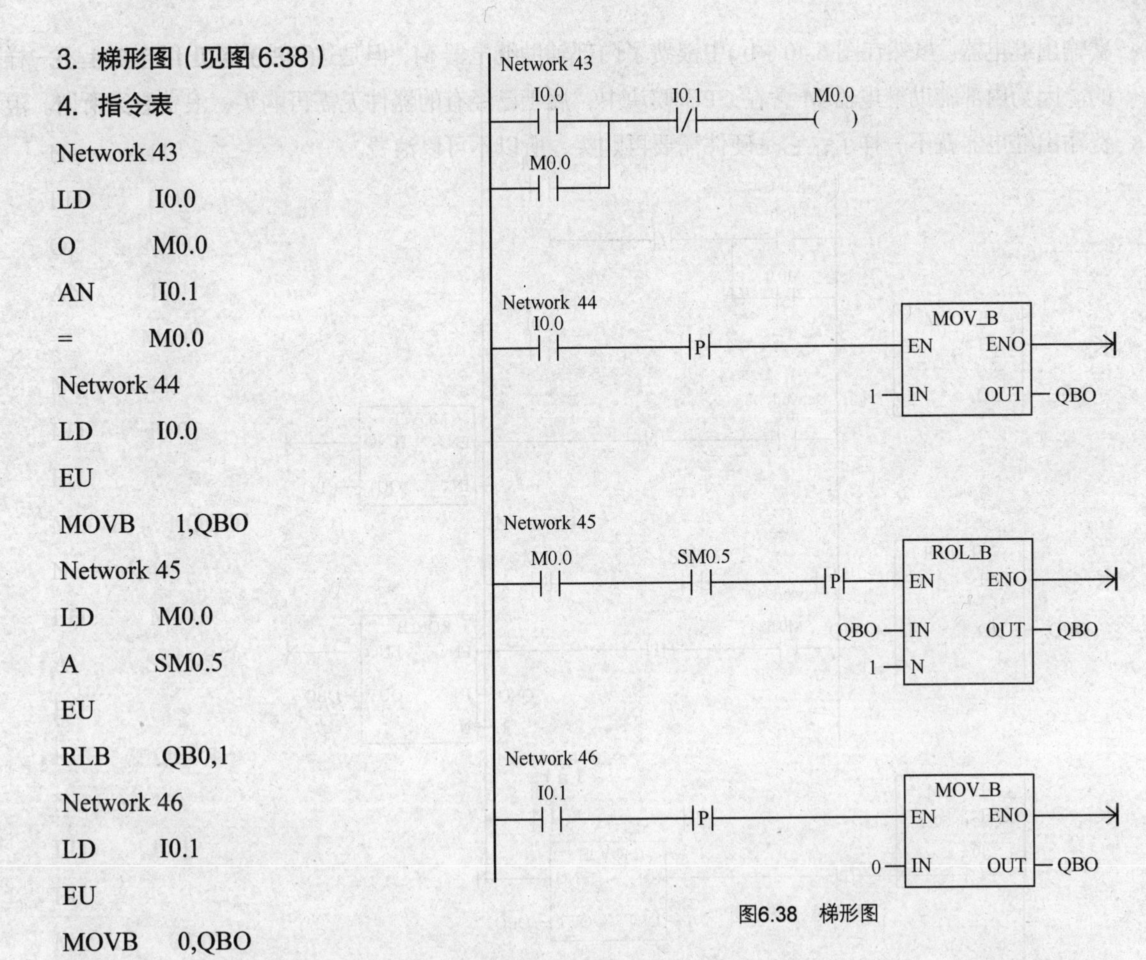

图6.38　梯形图

【例 6-7】用按钮 QA、TA 控制 4 个灯 L0、L1、L2、L3。

控制要求：QA↓，仅 L0、L2 亮 —1s→ 仅 L1、L3 亮 —1s→ 仅 L0、L2 亮，如此循环；TA↓，全灭。

1. I/O 分配

（1）输入。

QA：I0.0；TA：I0.1

（2）输出。

L0：Q0.0；L1：Q0.1；L2：Q0.2；L3：Q0.3

2. 硬件连线（见图 6.39）

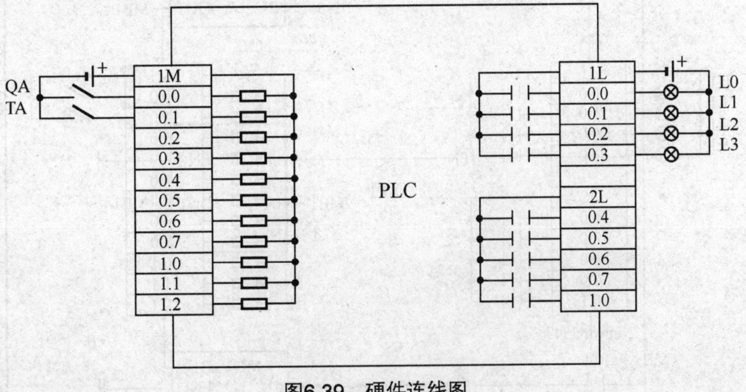

图6.39　硬件连线图

3. 梯形图

梯形图如图 6.40（a）所示。

图 6.40（a）虽然能完成题目要求，但是它浪费了 4 个输出点，这在工程上是不允许的，所以用图 6.40（b）比较合适。图 6.40（b）用了 M 字节作为操作模块，再用 M 字节的继电器一一对应地控制输出继电器，这样就不会浪

费输出继电器。虽然在图 6.40（b）中浪费了内部辅助继电器 M，但是这和浪费输出继电器是不一样的。因为内部辅助继电器 M 含在 CPU 模块中，属于已经有的器件无需再购买，浪费它无所谓。浪费输出继电器就不一样了，它是硬件需要再购买，所以不可以浪费。

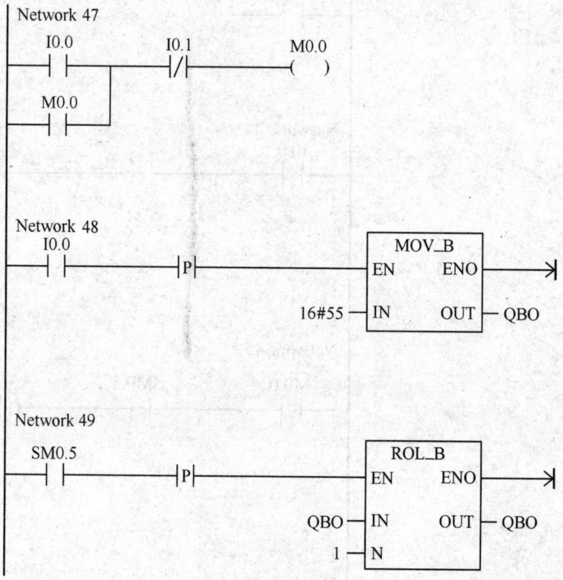

（a）

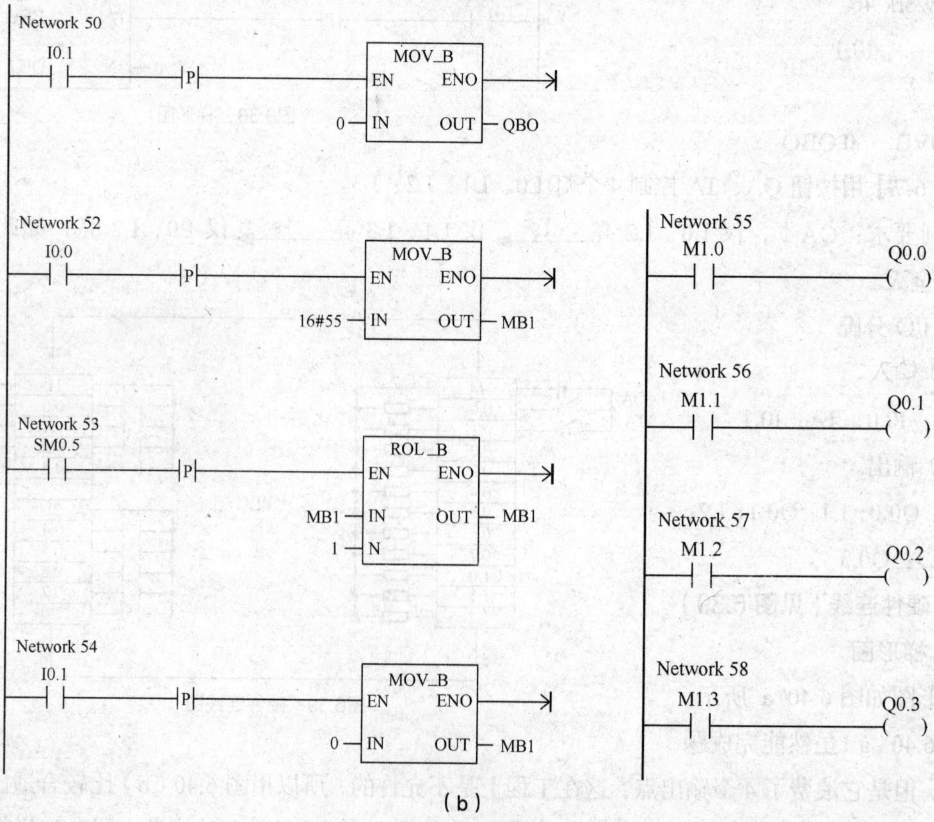

（b）

图6.40 梯形图

4. 指令表

```
Network 52
LD      I0.0
EU
MOVB    16#55,MB1
Network 53
LD      SM0.5
EU
RLB     MB1,1
Network 54
LD      I0.1
EU
MOVB    0, MB1
Network 55
LD      M1.0
=       Q0.0
Network 56
LD      M1.1
=       Q0.1
Network 57
LD      M1.2
=       Q0.2
Network 58
LD      M1.3
=       Q0.3
```

【例 6-8】用按钮 QA、TA 控制 9 个灯 L0、L1、L2、L3、L4、L5、L6、L7、L8。

控制要求：QA↓，仅 L0 亮 $\xrightarrow{1s}$ 仅 L1 亮……仅 L7 亮 $\xrightarrow{1s}$ 仅 L8 亮 $\xrightarrow{1s}$ 仅 L0 亮，如此循环；TA↓，全灭。

1. I/O 分配

输入：

QA：I0.0；TA：I0.1

输出：

L0：Q0.0；L1：Q0.1；L2：Q0.2；L3：Q0.3；

L4：Q0.4；L5：Q0.5；L6：Q0.6；L7：Q0.7；L8：Q1.0

2. 硬件连线（见图 6.41）

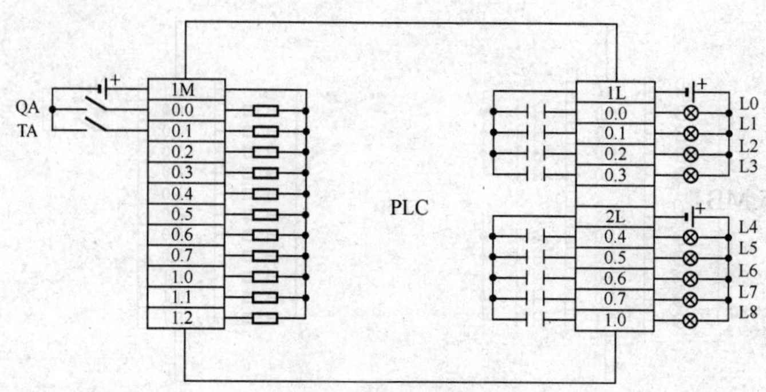

图6.41 硬件连线图

3. 梯形图（见图 6.42）

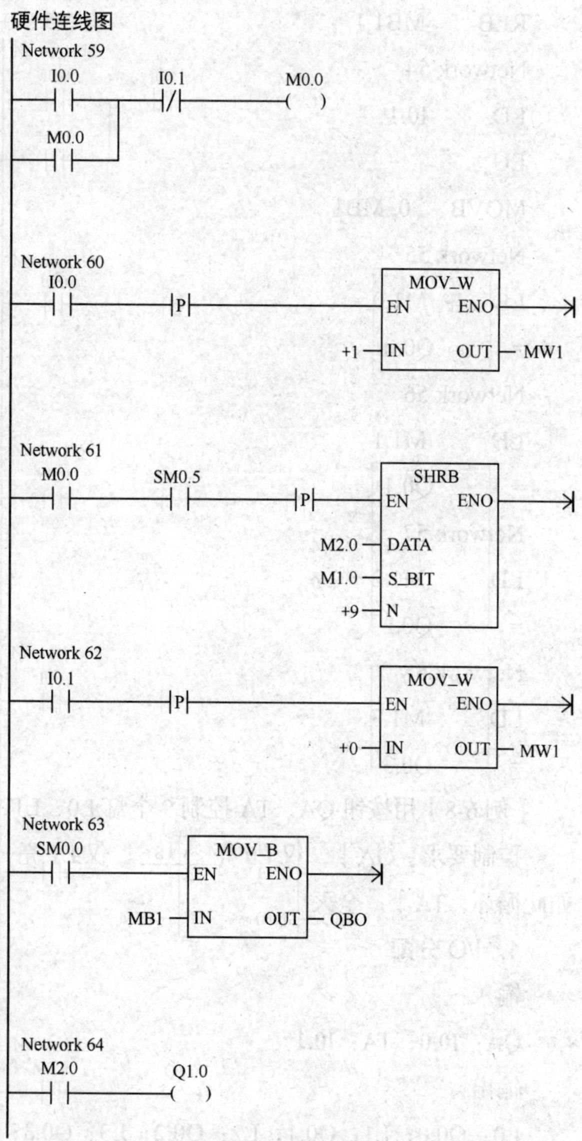

图6.42 梯形图

4. 指令表

```
Network 59
LD      I0.0
O       M0.0
AN      I0.1
=       M0.0
Network 60
LD      I0.0
EU
MOVW    +1,MW1
Network 61
LD      M0.0
A       SM0.5
EU
SHRB    M2.0,M1.0, + 9
Network 62
LD      I0.1
EU
MOVW    +0,MW1
Network 63
LD      SM0.0
MOVB    MB1,QB0
Network 64
LD      M2.0
=       Q1.0
```

【例 6-9】用按钮 QA、TA 控制 8 个灯 L0、L1、L2、L3、L4、L5、L6、L7。

控制要求：QA↓，仅 L0 亮 —1s→ 仅 L1 亮……仅 L7 亮 —1s→ 全灭 —1s→ 仅 L0 亮，如此循环；TA↓，全灭。

1. I/O 分配

输入：

QA：I0.0；TA：I0.1

输出：

L0：Q0.0；L1：Q0.1；L2：Q0.2；L3：Q0.3；

L4：Q0.4；L5：Q0.5；L6：Q0.6；L7：Q0.7

2. 硬件连线（见图 6.43）

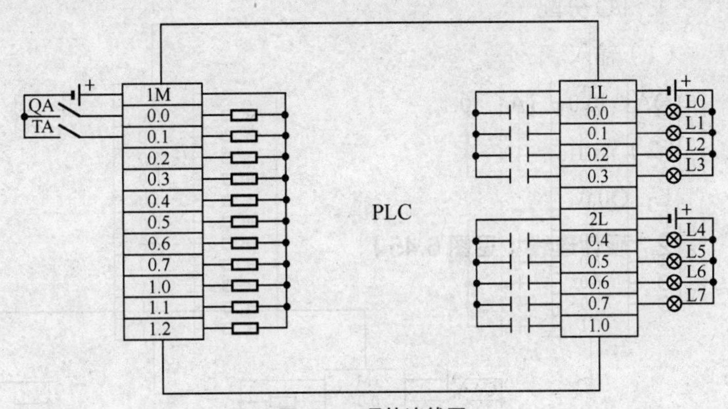

图6.43　硬件连线图

3. 梯形图（见图 6.44）

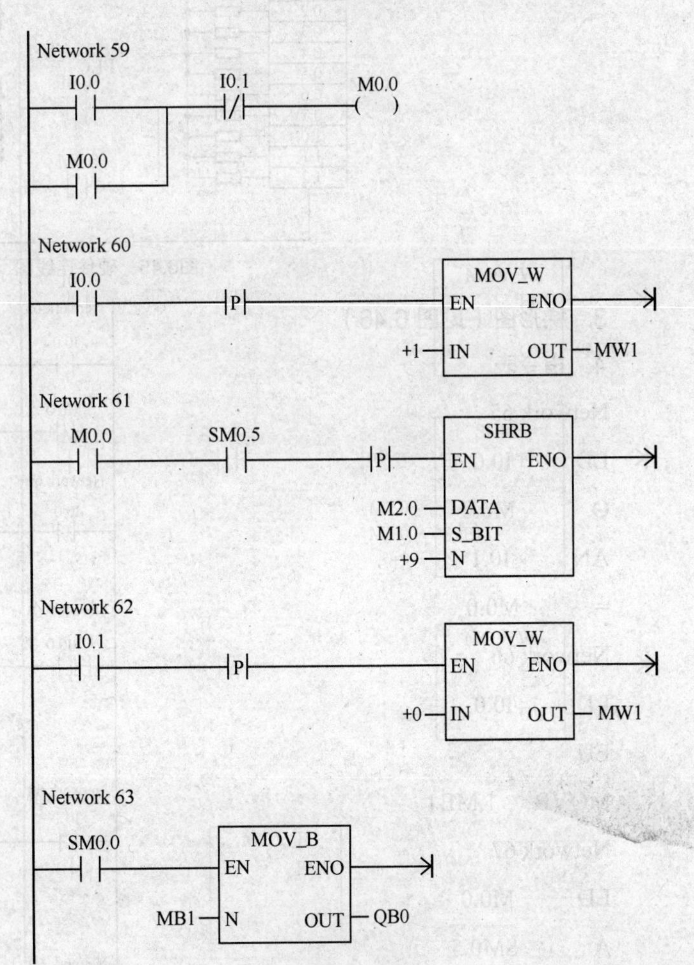

图6.44　梯形图

4. 指令表

```
Network 59
LD      I0.0
O       M0.0
AN      I0.1
=       M0.0
Network 60
LD      I0.0
EU
MOVW    +1,MW1
Network 61
LD      M0.0
A       SM0.5
EU
SHRB    M2.0,M1.0, + 9
Network 62
LD      I0.1
EU
MOVW    +0,MW1
Network 63
LD      SM0.0
MOVB    MB1,QB0
```

【例 6-10】用按钮 QA、TA 控制灯 L。

控制要求：QA↓，L 亮 —1s→ L 灭 —7s→ L 亮，如此循环；TA↓，全灭。

1. I/O 分配

（1）输入。

QA：I0.0；TA：I0.1

（2）输出。

L：Q0.0

2. 硬件连线（见图 6.45）

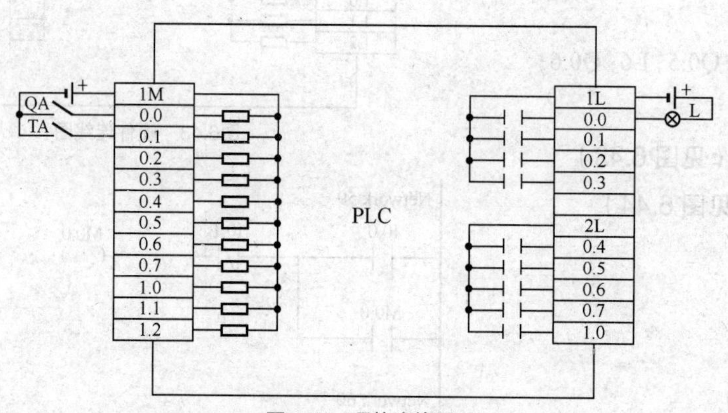

图6.45 硬件连线图

3. 梯形图（见图 6.46）

4. 指令表

```
Network 65
LD      I0.0
O       M0.0
AN      I0.1
=       M0.0
Network 66
LD      I0.0
EU
MOVB    1,MB1
Network 67
LD      M0.0
A       SM0.5
EU
RLB     M1.7,M1.0,+8
```

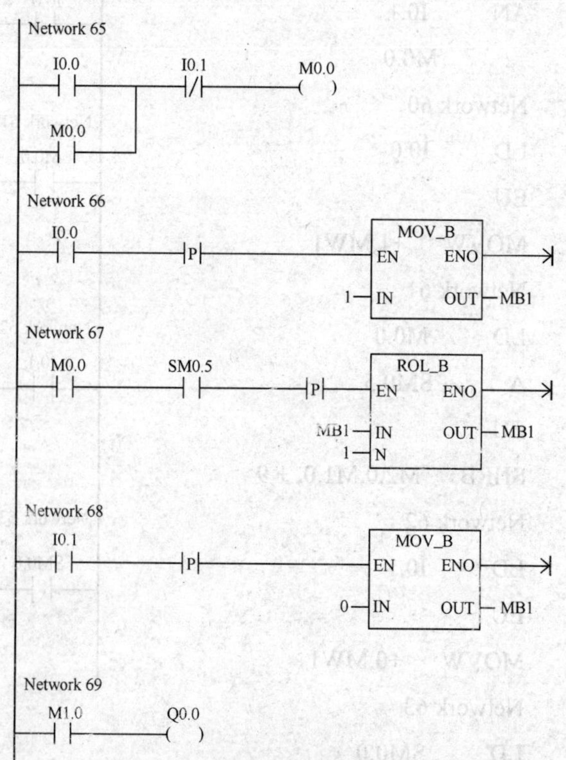

图6.46 梯形图

Network 68

LD I0.1

EU

MOVB 0,MB1

Network 69

LD M1.0

= Q0.0

【例 6-11】用按钮 QA、TA 控制灯 L。

控制要求：QA↓，L 亮 —1s→ L 灭 —8s→ L 亮，如此循环；TA↓，全灭。

1. I/O 分配

（1）输入。

QA：I0.0；TA：I0.1

（2）输出。

L：Q0.0

2. 硬件连线（见图 6.47）

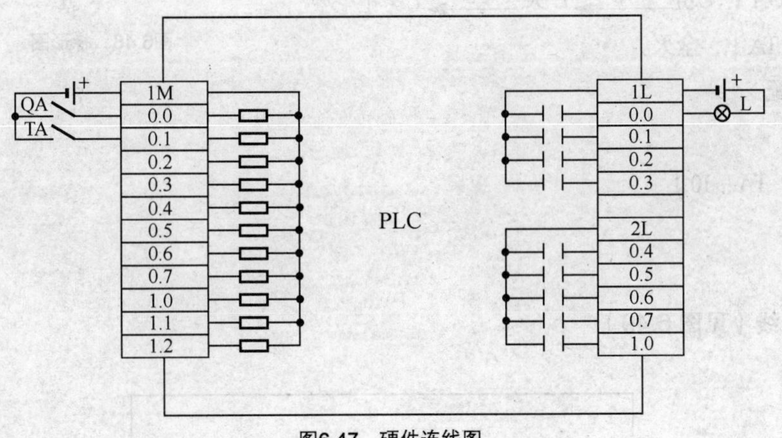

图6.47 硬件连线图

3. 梯形图（见图 6.48）

4. 指令表

Network 70

LD I0.0

O M0.0

AN I0.1

= M0.0

Network 71

LD I0.0

```
EU
MOVW     +1,MW1
Network 72
LD       M0.0
A        SM0.5
EU
SHRB     M2.0, M1.0, + 9
Network 73
LD       I0.1
EU
MOVW     +0,MW1
Network 74
LD       M2.0
=        Q0.0
```

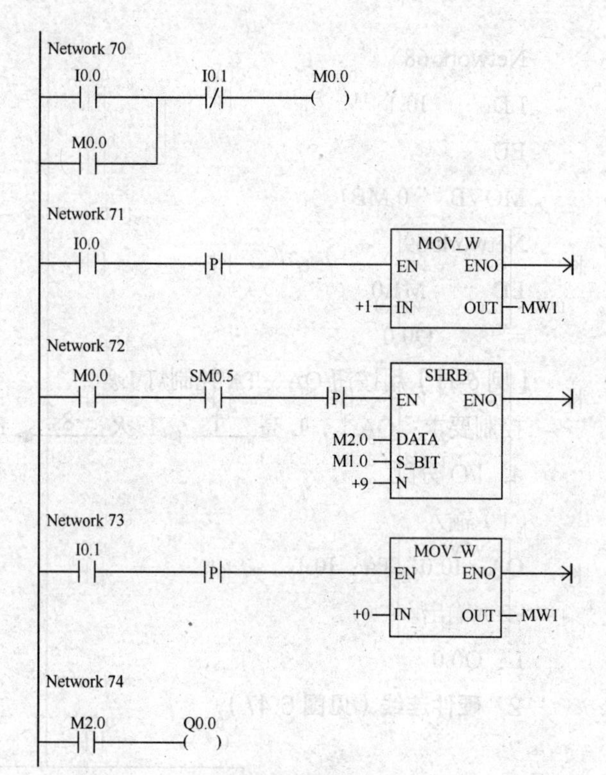

图6.48 梯形图

【例 6-12】用按钮 QA、TA 控制灯 L。

控制要求：QA↓，L 亮 $\xrightarrow{7s}$ L 灭 $\xrightarrow{9s}$ L 亮，如此循环；TA↓，全灭。

1. I/O 分配

（1）输入。

QA：I0.0；TA：I0.1

（2）输出。

L：Q0.0

2. 硬件连线（见图 6.49）

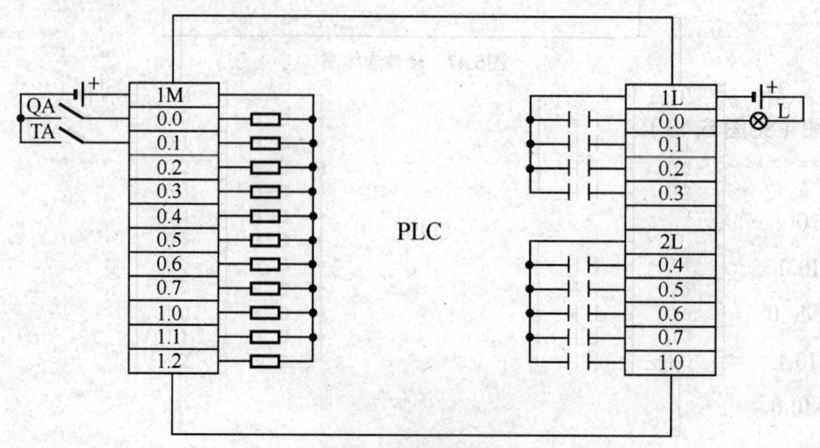

图6.49 硬件连线图

3. 梯形图和指令表

（1）方法一。

① 梯形图如图 6.50 所示。

图6.50　梯形图

② 指令表。

```
Network 70
LD      I0.0
O       M10.0
AN      I0.1
=       M10.0
Network 71
LD      I0.0
EU
MOVW    16#FE,MW0
Network 72
LD      M10.0
A       SM0.5
EU
SHRB    M1.7,M0.0, +16
Network 73
LD      I0.1
EU
MOVW    +0,MW0
Network 74
LD      M0.0
=       Q0.0
```

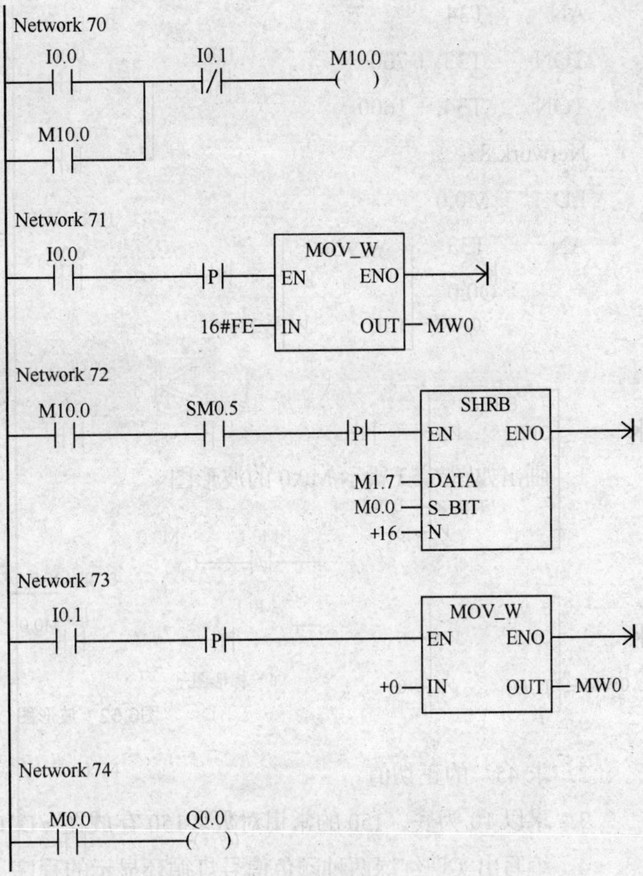

（2）方法二。

① 梯形图如图 6.51 所示。

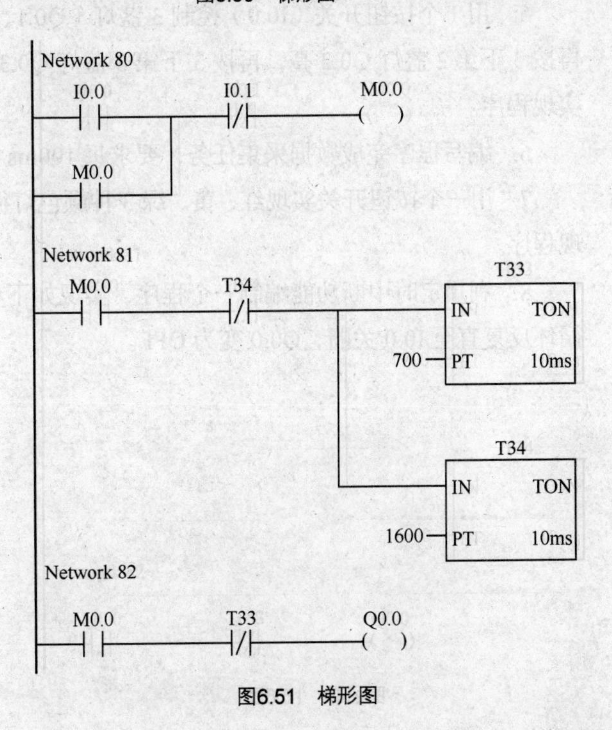

图6.51　梯形图

② 指令表。

```
Network 80
LD      I0.0
O       M0.0
AN      I0.1
=       M0.0
Network 81
LD      M0.0
```

```
AN      T34
TON     T33, + 700
TON     T34, + 1600
Network 82
LD      M0.0
AN      T33
=       Q0.0
```

1. 画出如图 6.52 所示 M0.0 的波形图。

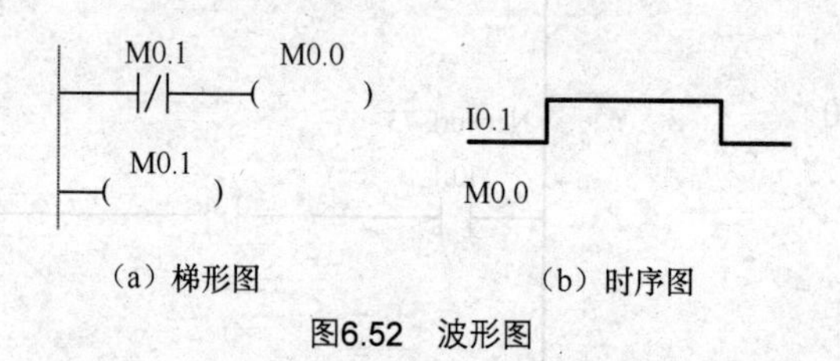

（a）梯形图　　（b）时序图

图6.52　波形图

2. 求 45° 的正切值。

3. 求以 10 为底，150 的常用对数。150 存放在 VD100 中，结果存放到 AC1 中。（DI_R 转换）

4. 编写出实现红绿两种颜色信号灯循环显示的程序（要求循环间隔时间为 0.5s）。

5. 用 1 个按钮开关（I0.0）控制 3 盏灯（Q0.1、Q0.2、Q0.3），按钮按 3 下第一盏灯 Q0.1 亮，再按 3 下第 2 盏灯 Q0.2 亮，再按 3 下第 3 盏灯 Q0.3 亮，再按 1 下 3 盏灯全灭；依次反复。编写出实现程序。

6. 编写程序完成数据采集任务，要求每 100ms 采集一个数。

7. 用一个按钮开关实现红、黄、绿 3 种颜色灯循环显示，要求循环间隔时间为 0.5s。编写出实现程序。

8. 利用定时中断功能编制一个程序，实现如下功能：当 I0.0 接通时，Q0.0 亮 1s，灭 1s，如此循环反复直至 I0.0 关断，Q0.0 变为 OFF。

模块七

| 数控系统 PMC 程序 |

在数控机床中，处理开关量的工作交由可编程序控制器来管理，在 FANUC 数控系统里面叫做 PMC。在这一模块，我们主要讨论编写数控系统 PMC 程序以及程序备份等问题。

任务一 了解 FANUC 0i 系列数控系统 PMC 地址

一、地址定义

地址用来区分信号，不同的地址分别对应机床侧的输入/输出信号、CNC 侧的输入/输出信号、内部继电器、计数器、定时器、保持型继电器和数据表。PMC 程序中主要使用 4 种类型的地址，如图 7.1 所示。X 和 Y 信号表示机床侧的 PMC 输入/输出信号（与 I/O 模块连接），F 和 G 信号表示 PMC 与 CNC 之间的输入/输出信号（仅在存储器 RAM 中传送）。

每个地址由字节号和位号（0～7）组成。在字节号的开头必须指定一个字母来表示信号的类型。如 X18.5，其中“X18”为字节号，“5”为位号（位号为 0～7）。

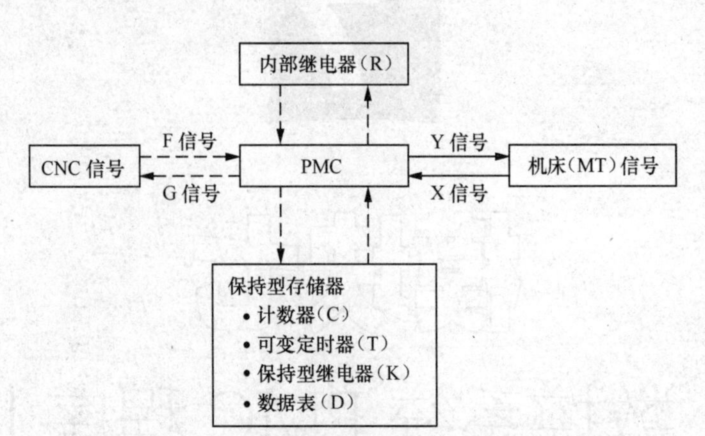

图7.1 FANUC数控系统的接口与地址关系

二、绝对地址与符号地址

绝对地址（memory address）：I/O 信号的存储器区域，地址唯一，如 X1.5 代表 PMC 第 1 输入字节第 5 位的开关量输入（位）信号。符号地址（symbol address）：用英文字母（符号）代替的地址，只是一种符号，可为 PMC 程序编辑、阅读与检查提供方便，但不能取代绝对地址，如当输入 X1.5 为“主轴报警”信号时，在程序中习惯用符号“SPDALM”来代替 X1.5。“符号地址”需要编制专门的注释文件（符号表）；注释文件的最大存储器容量为 64KB；每一“符号地址”最大不能超过 6 个字符；“符号地址”与“绝对地址”可以在 PMC 程序中混合使用，如图 7.2 所示。

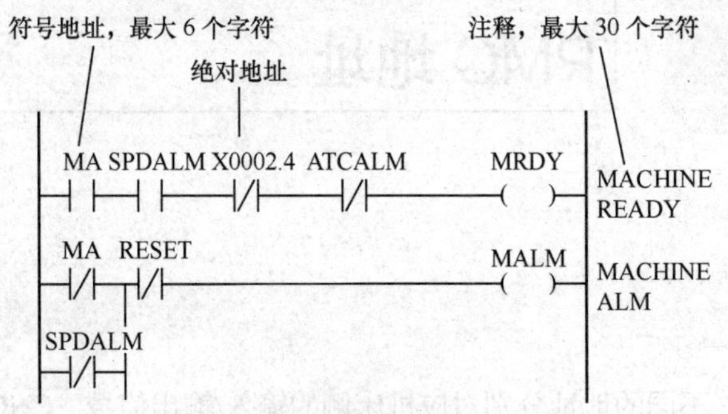

图7.2 FANUC数控系统PMC程序

三、G、F 信号名称定义说明

G、F 信号名称定义说明见表 7.1。

表 7.1 G、F 信号名称定义说明

名　称	意　义	备　注
n	CNC 系统路径号	1，2
#P	各路径独立的信号	
#SV	伺服轴	1～5

续表

名　称	意　义	备　注
#SP	主轴	1，2
#PX	PMC 控制轴	

四、PMC、CNC、MT 之间的关系

由图 7.3 所示的各个地址的相互关系可以看出，以 PMC 为控制核心，输入到 PMC 的信号有 X 信号和 F 信号，从 PMC 输出的信号有 Y 信号和 G 信号。PMC 本身还有内部继电器 R、计数器 C、定时器 T、保持型继电器 K、数据表 D 以及信息 A 等。要设计与调试 FANUC 数控系统 PMC 程序必须了解系统中 PMC 所起的重要作用以及 PMC 与 CNC、PMC 与机床（MT）、CNC 与机床（MT）之间的关系。

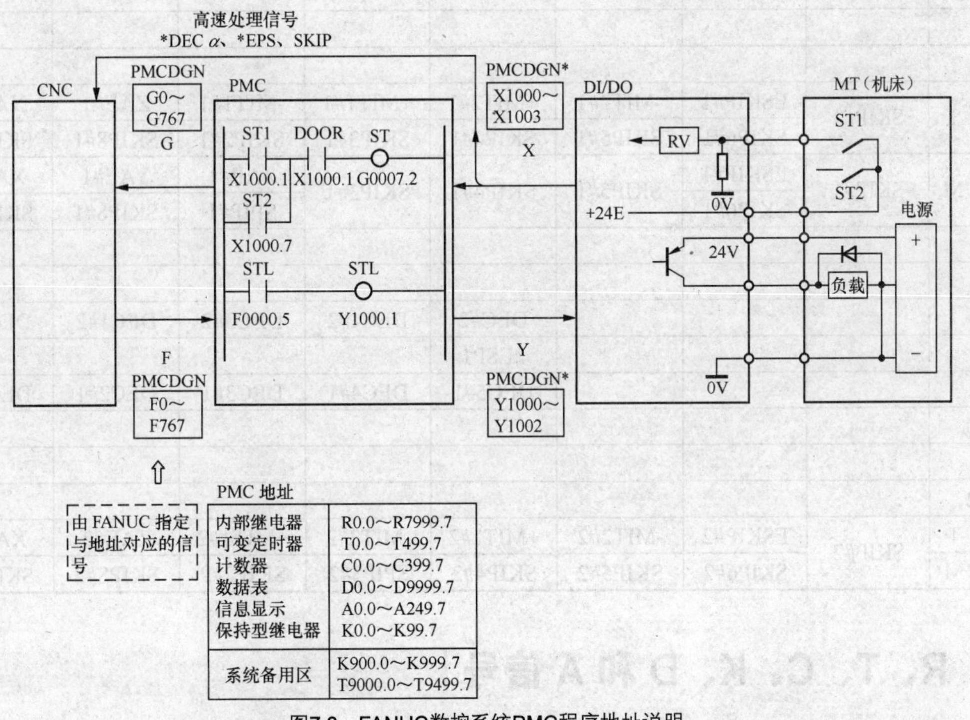

图7.3　FANUC数控系统PMC程序地址说明

（1）CNC 是数控系统的核心，机床上 I/O 要与 CNC 交换信息，要通过 PMC 处理才能完成，PMC 在机床与 CNC 之间发挥桥梁作用。

（2）机床本体信号进入 PMC，输入信号为 X 信号，输出到机床本体的信号为 Y 信号，因为内置 PMC 和外置 PMC 不同，所以地址的编排和范围有所不同。机床本体输入/输出的地址分配和含义原则上由机床厂定义分配。

（3）根据机床动作要求编制 PMC 程序，由 PMC 处理后送给 CNC 装置的信号为 G 信号，CNC 处理结果产生的标志位为 F 信号，直接用于 PMC 逻辑编程，各具体信号含义可以参考 FANUC 有关

技术资料。G 信号和 F 信号的含义由 FANUC 公司指定。

（4）PMC 本身还有内部地址（内部继电器、可变定时器、计数器、数据表、信息显示、保持型继电器等），在需要时也可以把 PMC 作为普通 PLC 使用。

（5）机床本体上的一些开关量通过接口电路进入系统，大部分信号进入 PMC 控制器参与逻辑处理，处理结果送给 CNC 装置（G 信号）。其中有一部分高速处理信号如*DEC（减速）、*ESP（急停）、SKIP（跳跃）等直接进入 CNC 装置，由 CNC 装置直接处理相关功能，见表 7.2 所示。CNC 输出控制信号为 F 信号，该信号根据需要参与 PMC 编程。带"*"的信号是负逻辑信号，如急停信号（*ESP）通常为 1（没有急停动作），当处于急停状态时*ESP 信号为 0。

表 7.2　　　　CNC 装置直接处理信号表

地址		#7	#6	#5	#4	#3	#2	#1	#0
X0									
X1									
X2									
X3									
X4	T	SKIP#1	ESKIP#1	-MIT2#1	+MIT2#1	+MIT1#1	-MIT1#1	ZAE#1	XAE#1
			SKIP6#1	SKIP5#1	SKIP4#1	SKIP3#1	SKIP2#1	SKIP8#1	SKIP7#1
	M	SKIP#1	ESKIP#1	SKIP5#1	SKIP4#1	SKIP3#1	ZAE#1	YAE#1	XAE#1
			SKIP6#1				SPIP#1	SKIP8#1	SKIP7#1
X5									
X6									
X7					DEC#2	DEC4#2	DEC3#2	DEC1#2	DEC1#2
X8					*ESP1				
X9					DEC5#1	DEC4#1	DEC3#1	DEC2#1	DEC1#1
X10									
X11									
X12									
X13	T	SKIP#2	ESKIP#2	-MIT2#2	+MIT2#2	-MIT2#2	+MIT1#2	ZAE#2	XAE#2
	M		SKIP6#2	SKIP5#2	SKIP4#2	SPIP3#2	SKIP2#2	SKIP8#2	SKIP7#2

五、R、T、C、K、D 和 A 信号

本书以 FANUC 0i-D 数控系统的 PMC 为例介绍。表 7.3 所示为 FANUC 0i-D 数控系统 PMC 信号。

表 7.3　　　　FANUC 0i-D 数控系统 PMC 信号

类型	信号的种类	0i-D PMC	0i-D/0i Mate-D PMC/L
X	从机床一侧输入到 PMC 的输入信号（MT→PMC）	X0～X127 X200～X327	X0～X127
Y	从 PMC 输出到机床一侧的输出信号（PMC→MT）	Y0～Y127 Y0～Y327	Y0～Y127

续表

类型	信号的种类	0i-D PMC	0i-D/0i Mate-D PMC/L
F	从 CNC 输入到 PMC 的输入信号（CNC→PMC）	F0～F767	F0～F767
		F1000～F1767	
G	从 PMC 输出到 CNC 的输出信号（CNC→PMC）	G0～G767	G0～G767
		G1000～G1767	
R	内部继电器	R0～R7999	R0～R1499
C	计数器	C0～C399	C0～C79
		C5000～C5199	C5000～C5039
T	可变定时器	T0～T499	T0～T79
		T9000～T9499	T9000～TT079
K	保持型继电器	K0～K99	K0～K19
		K900～K999	K900～K999
D	数据表	D0～D9999	D0～D2999
E	扩展继电器	E0～E9999	E0～E9999
A	信息显示　显示请求	A0～A249	A0～A249
	信息显示　状态显示	A9000～A9294	A9000～A9294
L	标签	L1～L9999	L1～L9999
P	子程序	P1～P5000	P1～P5129

1. 内部继电器（R）

内部继电器在上电时被清零，用于 PMC 临时存取数据。例如 R0 表示 R0.0～R0.7，八位二进制。FANUC 0i-D 数控系统 PMC 的 R 信号范围如表 7.4 所示。R9000～R9499 为系统管理继电器，有特殊含义。

表 7.4　　FANUC 0i-D 数控系统 PMC 的 R 信号范围

类型	地址号	#7	#6	#5	#4	#3	#2	#1	#0
用户地址	R0								
	…								
	R7999								
系统管理	R9000								
	…								
	R9499								

2. 信息继电器（A）

信息继电器用于信息显示请求位，当该位为 1 时，显示对应的信息内容。上电时，信息继电器为 0。信息继电器字节数为 250（A0～A249），信息显示为 2000 字节（250 字节 × 8 = 2 000 字节）。

3. 定时器（T）

定时器用于 TMR 功能指令设置时间，是非易失性存储区，FANUC 0i-D 数控系统 PMC 的定时器信号范围如表 7.5 所示。信号范围为 T0～T499 的定时器为 250 个，每两个字节存放 1 个定时器的值。T9000～T9499 为可变定时器精度的定时器，数量是 250 个。

表 7.5　　FANUC 0i-D 数控系统 PMC 的定时器信号范围

类　型	地　址　号	#7	#6	#5	#4	#3	#2	#1	#0	定　时　编　号
可变定时器	T0	定时设置值								NO.1
	T1									
	…									
	T498	定时设置值								NO.250
	T499									
可变精度定时器	T9000									
	…									
	T9499									

计数器用于 CTR 指令和 CRTB 指令计数，是非易失性存储区，FANUC 0i-D 数控系统 PMC 的计数器信号范围如表 7.6 所示。信号范围为 CO～C399，计数器为 100 个，每 4 个字节存放一个计数器的相关数值，两个字节为预置值，两个字节为当前值。C5000～C5199 为固定计数器区域，每两个字节存放一个计数器的数值，计数器数量是 100 个。

表 7.6　　FANUC 0i-D 数控系统 PMC 的计数器信号范围

类　型	地　址　号	#7	#6	#5	#4	#3	#2	#1	#0	计　数　器　号
可变计数器	C0	计数器预置值								NO.1
	C1									
	C2	计数当前值								
	C3									
	…									
	C396									NO.100
	C397									
	C398									
	C399									
固定计数器	C5000									
	…									
	C5199									

4. 保持型继电器（K）

保持型继电器用于保持型继电器和 PMC 参数设置。保持型继电器是非易失性存储区，FANUC 0i-D 数控系统 PMC 的保持型继电器信号范围如表 7.7 所示。用户使用的信号范围为 K0～K99，共 100 字节。K900～K999 为 PMC 参数设置，具有特殊含义。

表 7.7 FANUC 0i-D 数控系统 PMC 的保持型继电器信号范围

类 型	地址号	#7	#6	#5	#4	#3	#2	#1	#0	备用
用户地址	K0									
	…									
	K99									
PMC 参数	K900									
	…									
	K999									

5. **数据表地址（D）**

数据表包括数据控制表和数据设定表，数据控制表用于控制数据表的数据格式（二进制还是 BCD）和数据表大小。

数据控制表数据必须在数据表设定数据前设定。数据表也是非易失性存储区，FANUC 0i-D 数控系统 PMC 数据表有 10000 字节（D0～D9999），其数据表范围如表 7.8 所示。

表 7.8 FANUC 0i-D 数控系统 PMC 数据表范围

类 型	地址号	#7	#6	#5	#4	#3	#2	#1	#0	备用
数据表控制地址										
数据表参数	D0									
	…									
	D9999									

六、输入/输出信号（X 信号和 Y 信号）

FANUC 系统的 PMC 与机床本体的输入信号地址符为 X，输出信号地址符为 Y，I/O 模块由于系统和配置的 PMC 软件版本不同，地址范围也不同，前面已有介绍。以 FANUC 0i-D 系统来讲，都是外置 I/O 模块，对典型数控机床来讲，输入/输出信号主要有以下 3 方面内容。

1. **数控机床操作面板开关输入和状态指示**

数控机床操作面板不管是选用 FANUC 标准面板还是用户自行设计的操作面板，典型数控机床操作面板的主要功能相差不多，一般包括：

（1）操作方式开关和状态灯（自动、手动、手轮、回参考点、编辑、DNC、MDI 等）；

（2）程序控制开关和状态灯（单段、空运行、轴禁止、选择性跳跃等）；

（3）手动主轴正转、反转、停止按钮和状态灯以及主轴倍率开关；

（4）手动进给轴方向选择按钮及快进键；

（5）冷却控制开关和状态灯；

（6）手轮轴选择开关和手轮倍率开关（×1、× 10、× 100、× 1000）；

（7）手动按钮和自动倍率开关；

（8）急停按钮；

（9）其他开关。

2. 数控机床本体输入信号

数控机床本体输入信号一般有每个进给轴的减速开关、超程开关，还有机床功能部件上的开关。比如数控车床的 X 轴和 Z 轴正负限位开关、X 轴和 Z 轴减速开关、加工中心刀库刀位开关。

3. 数控机床本体输出信号

数控机床本体输出信号一般有冷却泵、润滑泵、主轴正转/反转（模拟主轴）、机床功能部件的执行动作等。

七、G 信号和 F 信号

G 信号和 F 信号的地址是由 FANUC 公司规定的，需要 CNC 实现某一个逻辑功能必须编制 PMC 程序，结果输出 G 信号，由 CNC 实现对进给电动机和主轴电动机等的控制；CNC 当前运行状态需要参与 PMC 程序控制，必须读取 F 信号地址。

在 FANUC 数控系统中，CNC 与 PMC 的接口信号随着系统型号和功能的不同而不同，各个系统的 G 信号和 F 信号有一定的共性和规律。在技术资料中，G、F 信号的一般表示方法是：G×××表示 G 信号地址为×××，G×××.1 表示 G 信号地址×××中 0～7 的第 1 位信号，有时也用 G×××# × 表示位信号地址，各信号也经常用符号表示，如*ESP 表示地址信号为 G8.4 的位符号。加“*”表示 0 有效，平时要使该信号处于 1。F 信号的地址表示基本同 G 信号。

在设计与调试 PMC 中，一般需要学会查阅 G 信号和 F 信号。

PMC 数据备份与恢复

一、了解数据知识

1. PMC 的数据种类和作用

在 PMC 菜单中，PMC 数据有两种，一种是程序，另一种是参数。PMC 程序存放在 FLASH ROM 中，而 PMC 参数存放在 SRAM 中。PMC 参数主要包括定时器、计数器、保持型继电器、数据表等非易失性数据，数据由系统电池保存。

2. PMC 数据备份与恢复的外部设备和接口

PMC 数据备份与恢复通信接口主要有以下 3 种。

（1）RS-232C 接口。FANUC 0i-D 系统的插座接口为 JD36A 和 JD36B。系统与计算机通信线 RS-232C 的电缆连接方法（25 芯-9 芯）如图 7.4 所示。

（2）存储卡接口。在 FANUC 0i-D 系统中，存储卡接口在显示屏的左边，如图 7.5 所示。

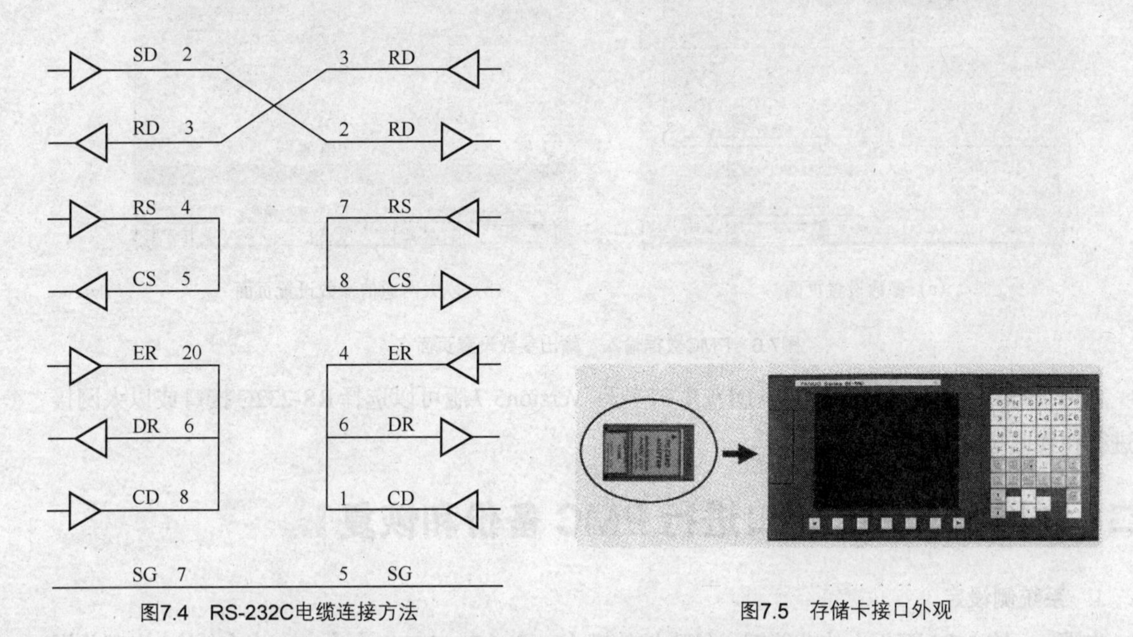

图7.4　RS-232C电缆连接方法

图7.5　存储卡接口外观

（3）以太网接口。FANUC 0i-D 系统提供了 3 种以太网接口，PCMCIA 卡接口、嵌入式以太网接口（标配）和数据服务器（选配）。

FANUC 0i-D 系统的标准配置中内置以太网接口，而 FANUC 0i-D 系统只可以选用 PCMCIA 卡，所以只能使用 PCMCIA 卡接口。使用时把 PCMCIA 卡插入 PCMCIA 卡接口，以太网接口可以作为普通以太网临时使用，可以传输系统参数、梯形图、PMC 参数等，也可以在线进行基于 FANUC LADDER-Ⅱ及 SERVO GUIDE 的调整等。

3. PMC 数据备份与恢复有关软件

PMC 数据备份与恢复的具体数据不同，使用的外设工具和软件也不同。利用存储卡可以备份和恢复梯形图 PMC 程序和 PMC 参数。利用 FANUC 公司的 FANUC LADDER-III 软件可以备份和恢复系统中的 PMC 程序和参数。利用该软件可以选择 RS-232 接口或以太网接口进行通信，也可以在线监控 PMC 程序。

4. PMG 数据备份与恢复参数设置

PMC 数据备份与恢复参数设置必须根据通信的外部接口的不同而设置不同参数，PMC 数据通过存储卡和 RS-232C 等接口进行输入、输出主要参数设置的页面如图 7.6（a）所示。在此页面所示的参数设置中，可以把当前的 PMC 程序备份到系统的 FLASH ROM 中，也可以把程序从系统的 FLASH ROM 恢复到当前 RAM 中。

若通过内置以太网或 PCMCIA 卡以太网接口进行数据输入、输出，系统的参数设置页面如图 7.6（b）所示。具体参数设置步骤见案例和项目训练。

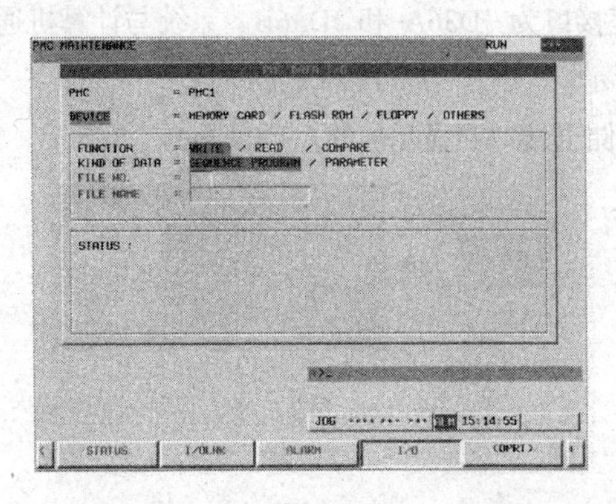

(a) 参数设置页面

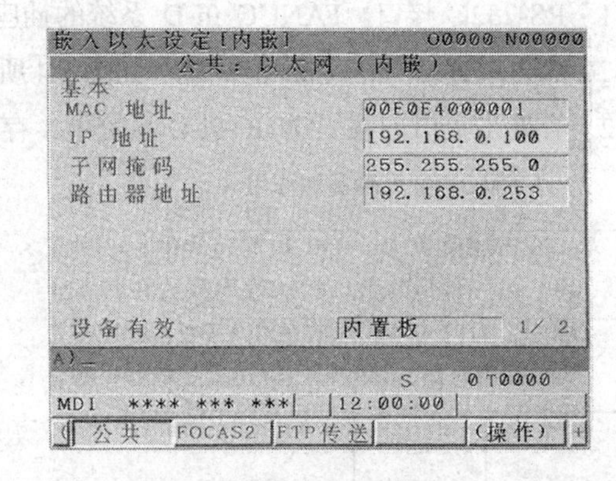

(b) 以太网通信参数设置页面

图7.6 PMC数据输入、输出参数设置页面

利用FANUC公司的FANUC LADDER-III软件Version5.7版可以选择RS-232C接口或以太网接口进行在线监控PMC程序。

二、利用RS-232接口进行PMC备份和恢复

1. 系统侧设定

步骤1：按MDI面板上的功能键，依次按软键【+】、【PMCCNF】、【+】、【在线】，出现如图7.7所示的在线监测参数设置页面。

步骤2：在MDI面板上移动上下光标，选择参数页面如图7.7所示，参数设置如表7.9所示。

步骤3：按MDI面板上的功能键，再按软键【参数】、【操作】，输入“24”，再按软键【搜索】，确认参数24 = 0（根据PMC在线监测页面的设定）。

步骤4：在通信过程中，若RS-232C的“INACTIVE”变为“CONNECTED”，表明连接成功，正在通信。

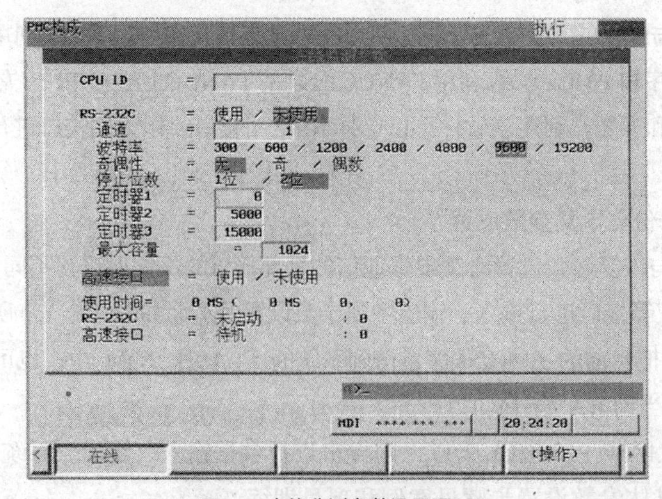

图7.7 在线监测参数设置页面

表 7.9　　RS-232C 接口参数设置

参　数	设 置 值	参　数	设 置 值
RS-232（通信接口）	USE	TIMER（超时错误 1）	0
CHANNEL（通道）	JD36A：1 JD36B：2	TIMER（超时错误 2）	5000
BAUD RATE（波特率）	9600 或 19200	TIMER（超时错误 3）	15000
PARITE（奇偶位）	NONE	MAX PACKER SIZE（最大数据包）	1024
STOP BIT（停止位）	2BITS	HIGH SPEED（高速通信）	NOT USE

2. 计算机侧 FANUC LADDER-Ⅲ 软件设置与操作

步骤 1：运行 FANUC LADDER-III 软件。

步骤 2：根据 CNC 系统的 PMC 类型，建立新文件。单击【New】按钮，出现如图 7.8 所示页面，输入文件名并选择 PMC 类型，其中 CPMC 类型与 CNC 系统一致。

步骤 3：设置通信参数。

① 选择工具栏中的【Tool】、【communication】、【setting】，进入如图 7.9 所示页面。确认通信参数是否与 CNC 系统设置一致，主要参数是波特率、奇偶位、停止位。“Enable device”（可使用设备）是选择实际连接的接口，“Use device”表示使用设备。

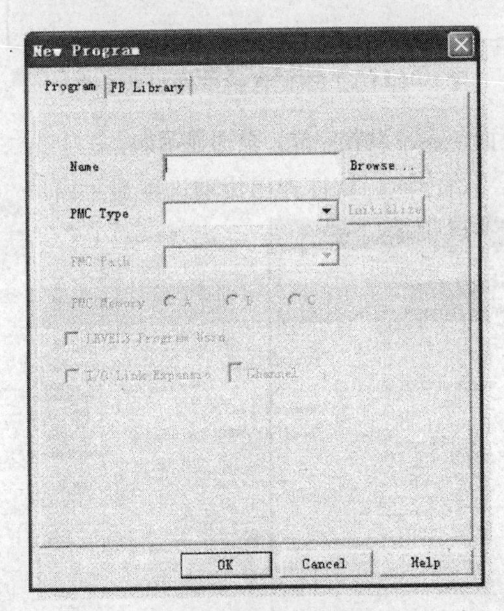

图7.8　建立新文件页面

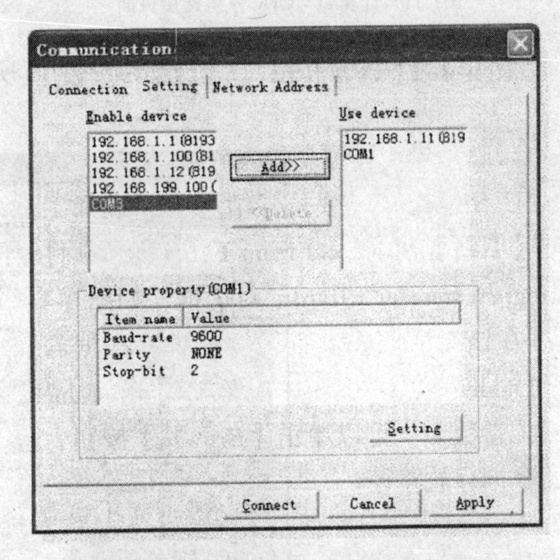

图7.9　FANUC LADDER-III软件通信参数设置页面

② 若 FANUC LADDER-III 软件通信参数设置与数控系统 PMC 在线监测不一致，可以单击【setting】修改，如图 7.10 所示。

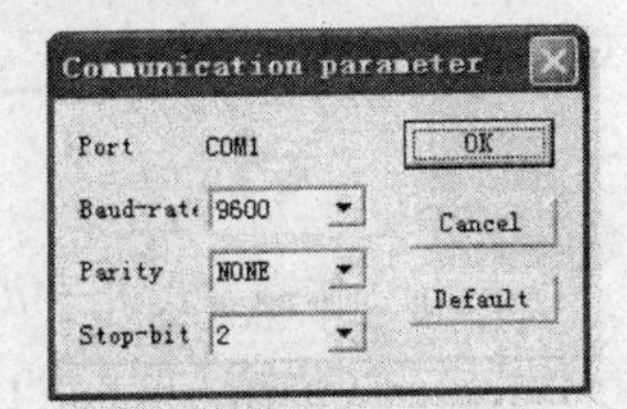

图7.10　RS-232C通信参数设置

步骤 4：与 CNC 建立连接。

按图 7.9 所示单击【connect】按钮，若硬件没有故障，计算机与 CNC 系统就能连接成功，如图 7.11 所示。

步骤 5：PMC 数据备份操作。

① 在编辑方式或急停情况下，选择工具栏中的【Too1】、【Load from PMC】，软件弹出“Program transfer wizard”对话框，如图 7.12 所示，在该对话框中设置传输内容。根据需要选择“Ladder”（梯形图）以及“PMC Parameter”（PMC 参数）。可以单击【Browse】按钮，选择 PMC 数据存放路径。

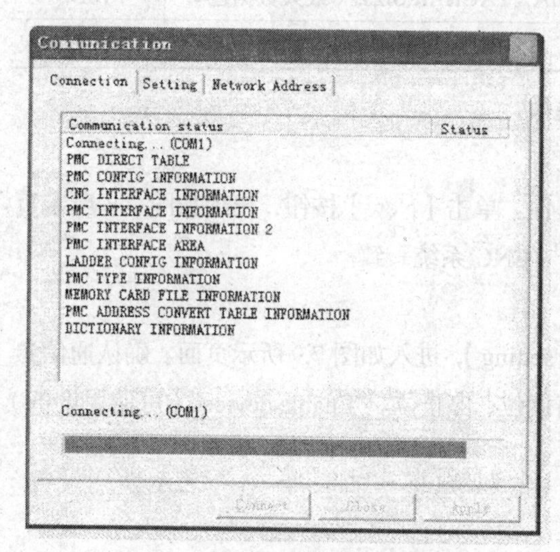

图7.11　计算机与CNC系统连接页面

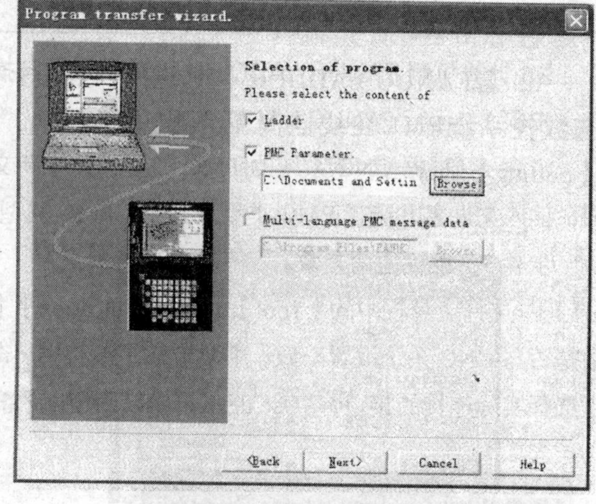

图7.12　从数控系统传输PMC程序的参数设置

② 单击【Next】按钮，系统显示如图 7.13 所示页面，表示设置完成。页面显示如下：

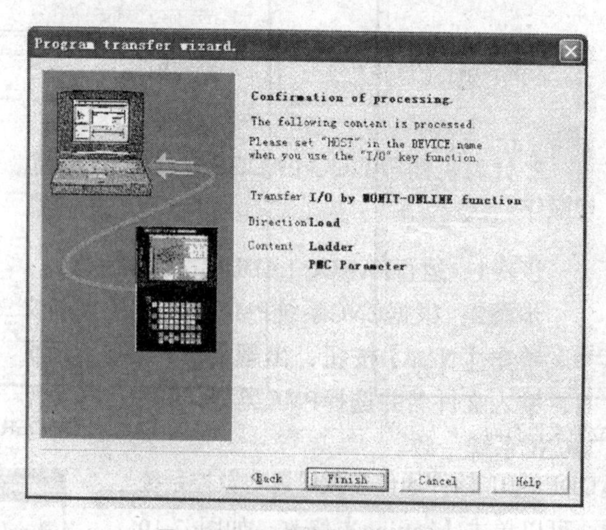

图7.13　PMC传输参数设置完成

Transfer（传输方式）：“I/O by MONIT-ONLINE function”（通过 I/O 在线监控）；

Direction（传输方向）：“Load”（从数控系统传至计算机）；

Content（传输内容）：“Ladder”（梯形图）和“PMC Parameter”（PMC 参数）。

③ 确认设置正确后，单击【Finish】按钮，系统开始传输。软件弹出传输进度显示窗口，如图 7.14 所示。

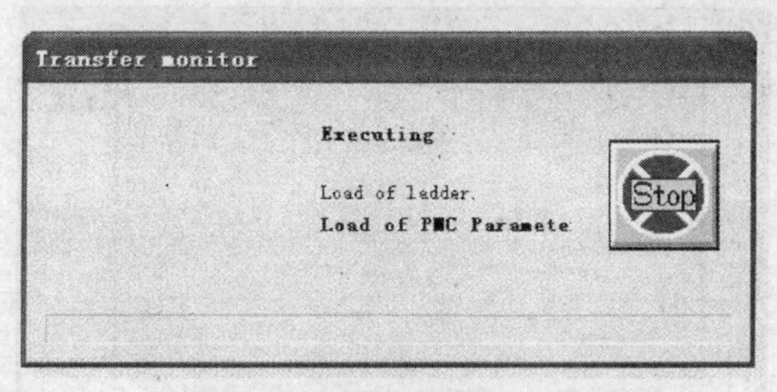

图7.14　梯形图程序传输进度显示窗口

④ 当从数控系统向计算机传输 PMC 程序结束时，软件弹出“Decompile”对话框，如图 7.15 所示。传输的程序必须经过反编译才能在计算机上显示。

⑤ 单击【Yes】按钮，系统自动默认反汇编，系统弹出“Program List”对话框，计算机显示收到的 PMC 程序。

⑥ 若单击“Program List”对话框中的【Ladder】就能看到下载备份的 PMC 程序。单击【Save】按钮，会弹出如图 7.16 所示页面，再单击【OK】按钮，就能保存下载的所有数据。

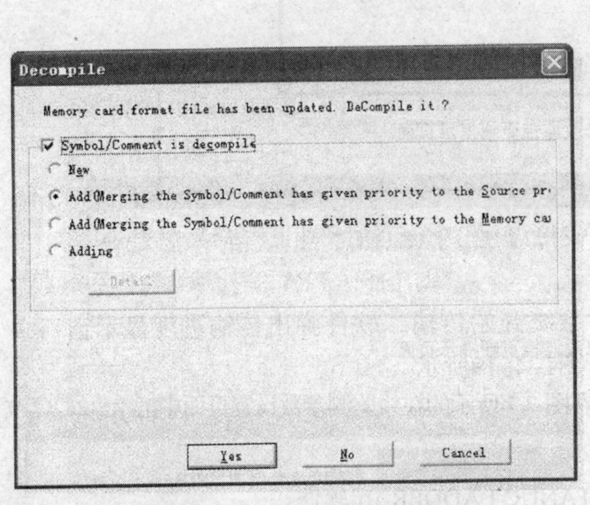

图7.15　“Decompile”对话框

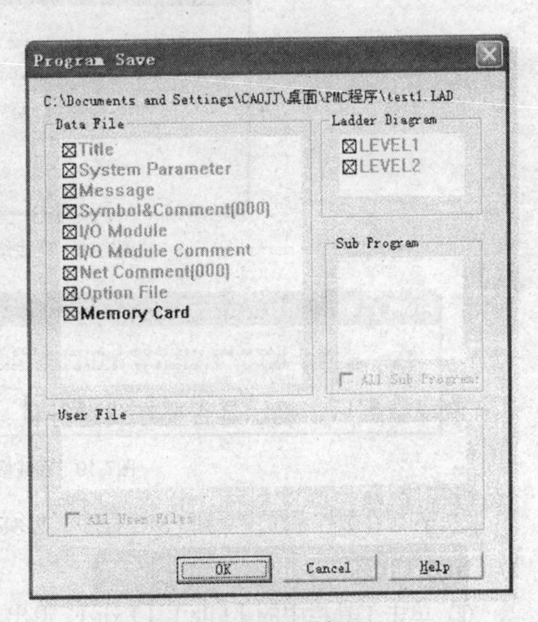

图7.16　保存PMC数据页面

⑦ 若单击【LEVEL2】按钮，再单击【ON Line】图标按钮，就可以在线监控梯形图，如图 7.17 所示。深蓝色为某触点连通，浅色为某触点不通。

⑧ 若需修改，单击【ON Line】图标按钮，当前程序就停止监控，可以进行编辑修改，不管再保存或下载到 CNC 系统，都会弹出如图 7.18 所示页面，单击【OK】按钮，会弹出如图 7.19 所示的

监控更新提示，再单击【是】按钮，就能出现如图 7.15 所示的“Decompile”对话框。更新过程中，需继续进行 Decompile；根据提示保存或下载到 CNC 系统。下载数据恢复见步骤 6。

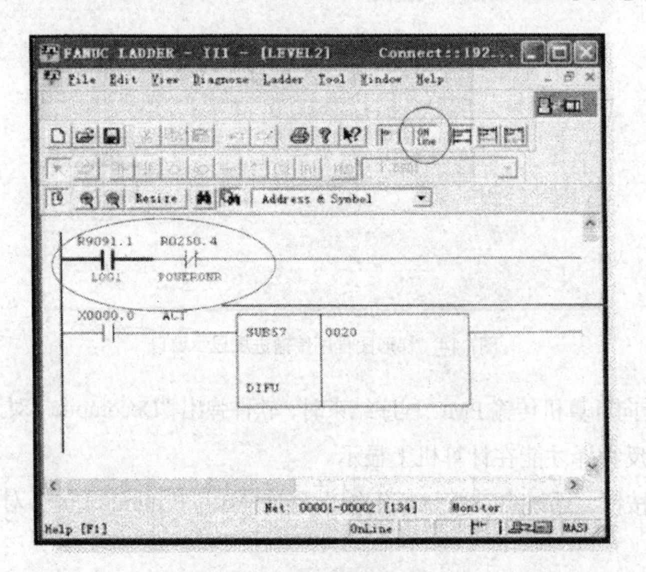

图7.17　在线监控PMC程序

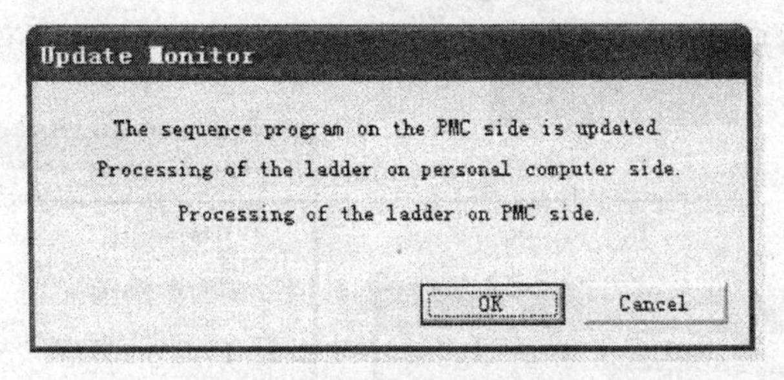

图7.18　在线修改监控更新提示页面

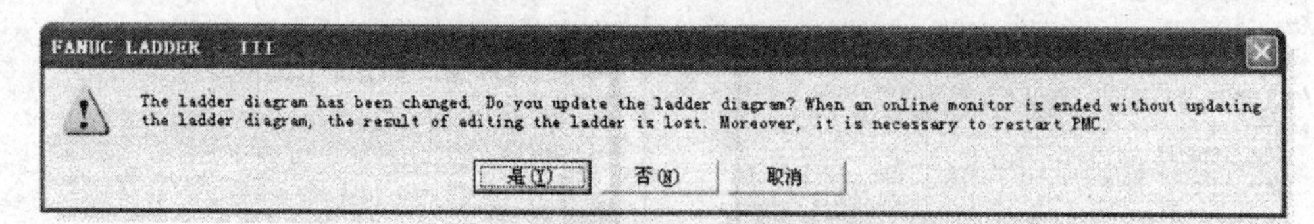

图7.19　在线修改监控更新提示页面

⑨ 若想在数控系统中看到 PMC 程序，必须在图 7.7 所示的在线监测参数设置页面中把 RS-232C 改为“NOT USE”。

⑩ 单击工具栏中的【File】、【Exit】，退出 FANUC LADDER-III 软件。

⑪ 在数控系统中，按照前面介绍的知识，把数控系统 PMC 程序写入 FLASH ROM。

步骤 6：PMC 程序恢复到数控系统的操作。

① 打开需要恢复的 PMC 程序，单击工具栏中的【File】、【Open Program】，选择需要传输的 PMC 程序（文件名.LAD）并打开。

② 单击工具栏中的【Tool】、【Store to PMC】，软件弹出“Program transfer wizard”对话框，如

图 7.20 所示，在该对话框中设置传输内容。根据需要选择 “Ladder”（梯形图）以及 “PMC Parameter”（PMC 参数），同时选择 PMC 参数路径。

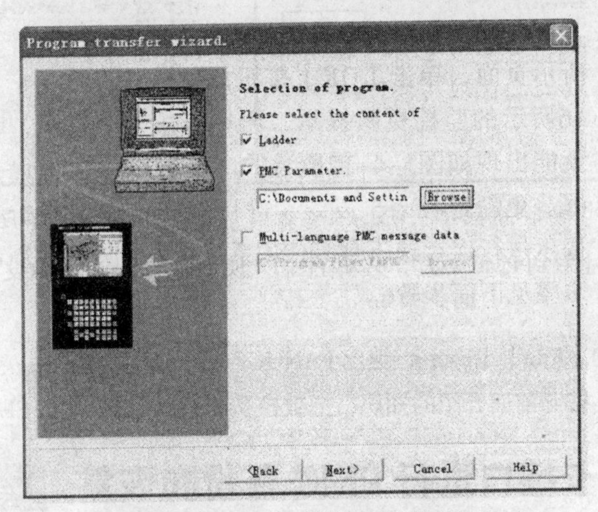

图7.20　将程序上传到数控系统的参数设置

③ 单击【Next】按钮，系统显示如图 7.21 所示页面，表示设置完成。页面显示如下：

Transfer（传输方式）：“I/O by MONIT-ONLINE”（通过 I/O 在线监控）；

Direction（传输方向）：“Store”（从计算机传至数控系统）；

Content（传输内容）：“Ladder”（梯形图）和 PMC Parameter（PMC 参数）。

④ 确认设置正确后，单击【Finish】按钮，系统开始传输，软件弹出传输进度显示窗口，如图 7.22 所示。

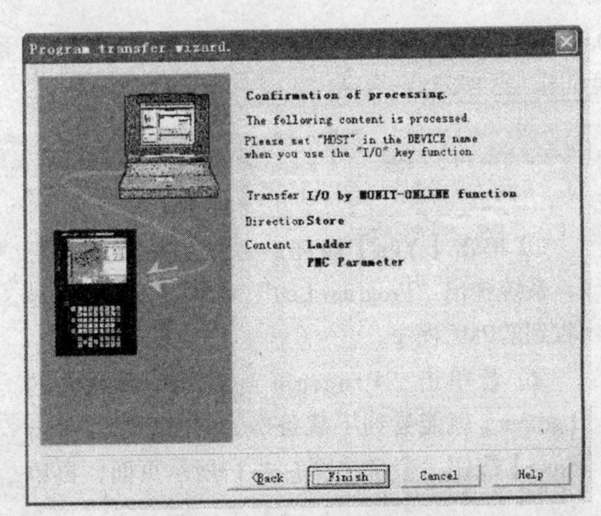

图7.21　PMC传输参数确认完成

⑤ 恢复数据后，提示是否要在线运行和停止 PMC 程序，如图 7.23 所示，单击【Yes】按钮，运行程序。

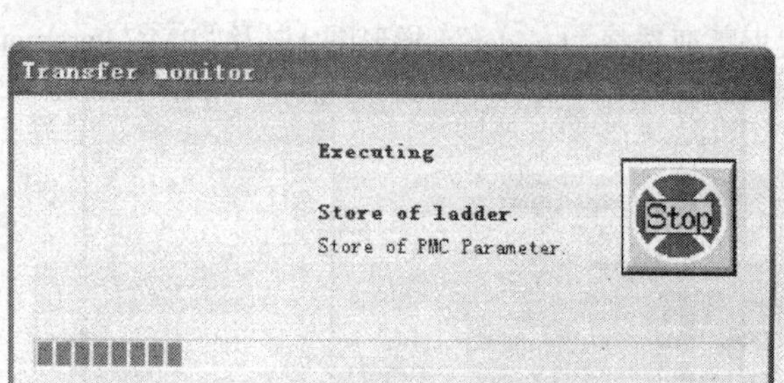

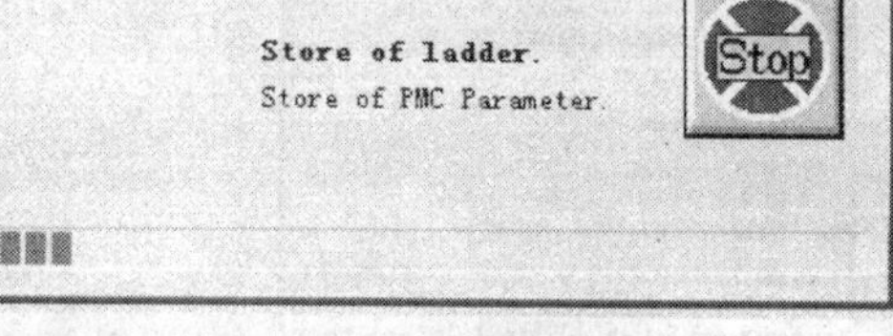

图7.22　梯形图程序传输进度显示窗口

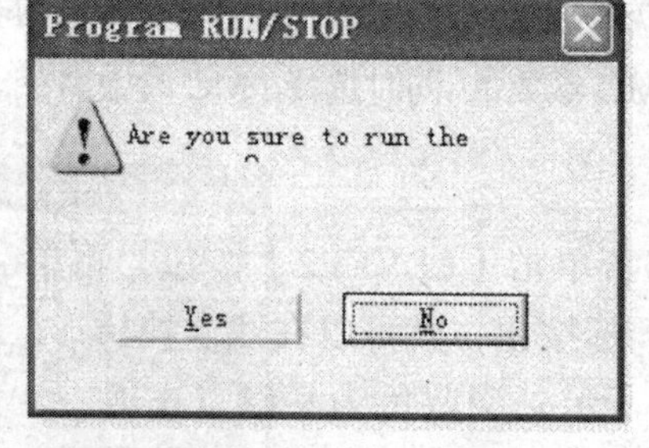

图7.23　PMC程序运行和停止提示

⑥ 若想在数控系统上看到 PMC 程序，必须在图 7.7 所示的在线监测参数设置页面中把 RS-232C 改为“NOT USE”。

⑦ 单击工具栏中的【File】、【Exit】，退出 FANUC LADDER-III 软件。

⑧ 在数控系统中，按照前面介绍的知识，把数控系统 PMC 程序写入 FLASH ROM。

三、利用存储卡接口进行 PMC 备份和恢复

1. PMC 程序备份

步骤 1：多次按 MDI 面板上的功能键，依次按软键【 + 】、【PMCMNT】、【I/O】、【操作】，出现如图 7.24 所示的 PMC 数据输入/输出页面。

步骤 2：在 MDI 面板上按方向键，上下左右移动光标，选择：

装置 = 存储卡（CF 卡）；

功能 = 写；

数据类型 = 顺序程序；

文件 = PMC1_LAD.000（当光标在此位置时，按软键【文件名】，CNC 系统自动添加文件名或自行输入文件名）。结果如图 7.25 所示。

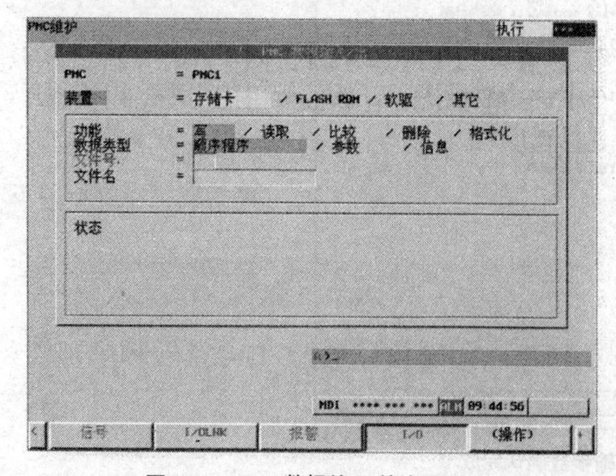

图7.24　PMC数据输入/输出页面

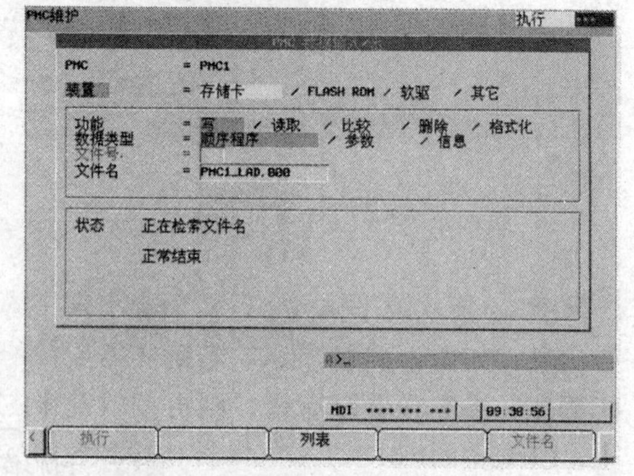

图7.25　PMC数据输入/输出页面（输入）

步骤 3：按软键【执行】，CNC 系统中的 PMC 程序就传送到 CF 卡中。

同样步骤设置数据类型 = 参数，进行 PMC 参数备份。

2. PMC 数据恢复操作

步骤 1：多次按 MDI 面板上的功能键，依次按软键【 + 】、【 PMCMNT 】、【 I/O 】、【 操作 】，出现如图 7.24 所示的 PMC 数据输入/输出页面。

步骤 2：在 MDI 面板上按方向键，上下左右移动光标，选择：

装置 = 存储卡（CF 卡）；

功能 = 读；

数据类型 = 空白（无法选）；

文件号 = 1（CF 卡中文件序号）（当光标在此位置时，按软键【 列表 】，CNC 系统浏览 CF 卡中的文件目录（见图 7.26），移动光标选择文件并按软键【 选择 】）；

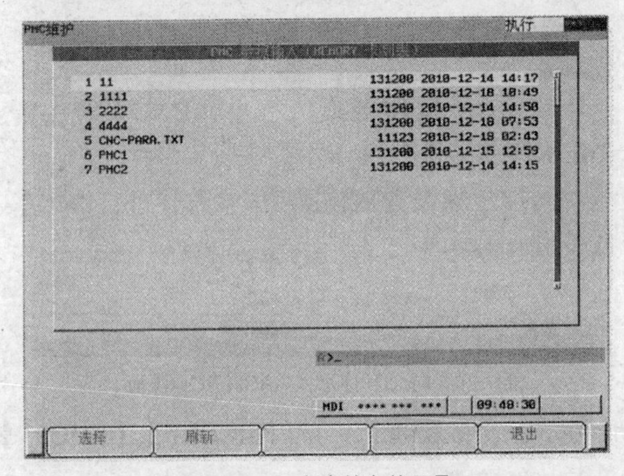

图7.26 CF卡中的文件目录

文件名 = PMCl_LAD.000（与文件序号一致的文件名或直接输入 CF 卡中的文件名）。

步骤 3：按软键【 执行 】，页面会出现一个警告信息，如图 7.27 所示。若确实需要传输 PMC 程序，且参数设置没有错，则再按软键【 执行 】，CF 卡中的 PMCI LAD.000 被传输到数控系统的 DRAM（动态 RAM）中。传输开始后，PMC 程序自动处于停止状态（动态 RAM 中的 PMC 程序断电后会丢失，因此必须把 PMC 程序保存到 FIASH ROM 中）。

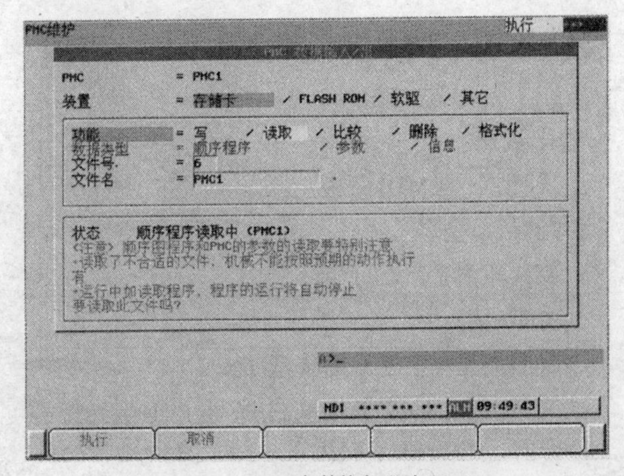

图7.27 PMC参数恢复警告页面

步骤 4：在 MDI 面板上按方向键，上下左右移动光标，选择：

装置 = FLASH ROM；

功能 = 写；

数据类型 = 顺序程序；

文件号 = 空白（无法选）；

文件名 = 空白（无法选）。

按软键【执行】，结果如图 7.28 所示，执行 PMC 程序写入 FLASH ROM 操作。

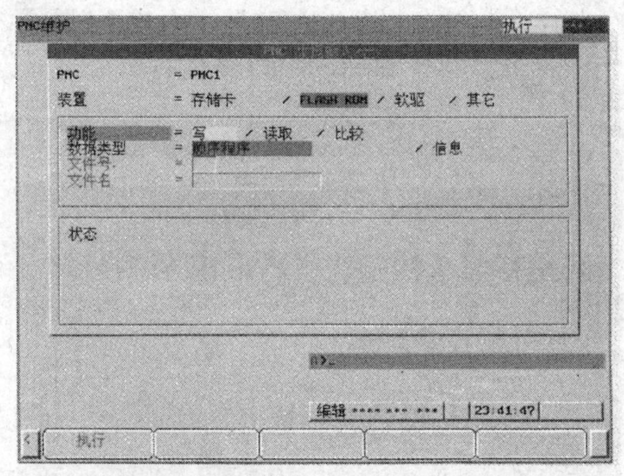

图7.28　PMC程序写入FIASH ROM页面

步骤 5：多按几次功能键，依次按软键【 + 】、【PMCCNF】、【PMCST】、【操作】、【启动】，开始运行 PMC 程序。PMC 程序恢复完成。

四、利用以太网接口进行 PMC 备份和恢复

1. CNC 数控系统参数设置

步骤 1：多次按 MDI 面板上的功能键，依次按软键【 + 】、【PMCCNF】、【 + 】、【在线】，出现如图 7.29 所示的在线监控参数设置页面。

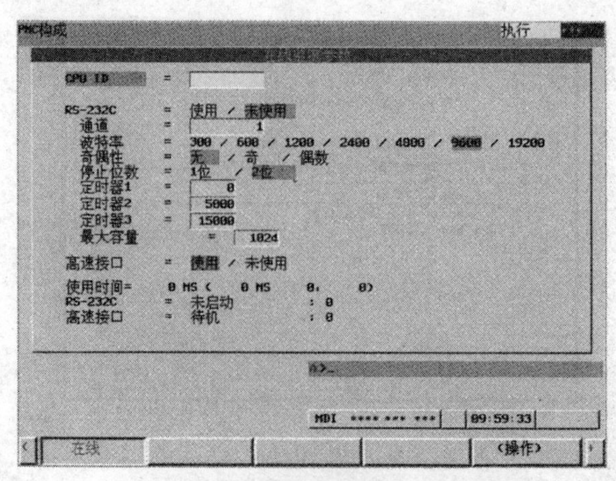

图7.29　外部软件在线监控参数设置页面

步骤 2：在 MDI 面板上移动光标，将“高速接口”设为“使用”。在通信过程中，若“高速接口”的“待机”变为“连接”，表明连接成功，正在通信。

步骤 3：多按几次功能键，再按软键【参数】、【操作】，输入“24”，再按软键【搜索】，确认参数 24 = 0（根据 PMC 在线监测页面的设定）。

步骤 4：设置 CNC 系统 IP 地址（以内置以太网卡为例）。

多按几次功能键，再依次按软键【 + 】、【内嵌】、【公共】，出现公共参数设定页面，根据页面所示设定 IP 等相关地址，如图 7.30 所示，再按软键【F0CAS2】，并如图 7.31 所示设置参数。

嵌入以太设定[内嵌]
O0000 N00000
公共：以太网（内嵌）
基本
MAC 地址
00E0E4000001
IP 地址
192.168.0.100
子网掩码
255.255.255.0
路由器地址
192.168.0.253
设备有效
内置板
1/ 2
A)_
S
0 T0000
MDI **** *** ***
12:00:00
公共
FOCAS2
FTP传送
(操作)
+

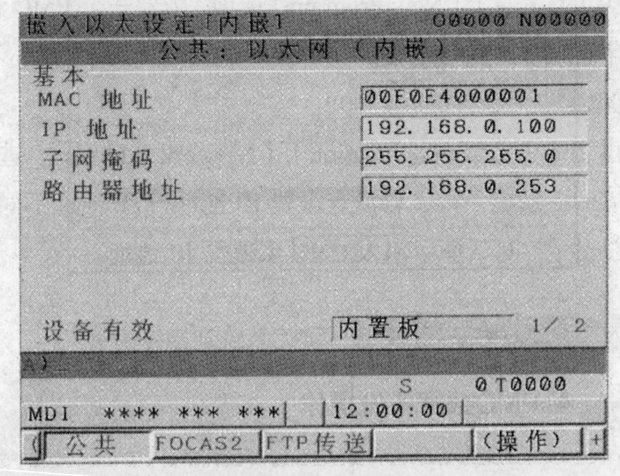

图7.30 内置以太网卡公共参数设置页面

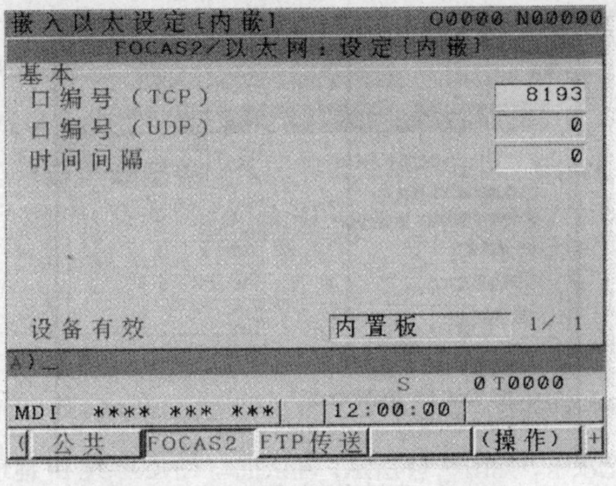

嵌入以太设定[内嵌]
O0000 N00000
FOCAS2/以太网：设定[内嵌]
基本
口编号（TCP）
8193
口编号（UDP）
0
时间间隔
0
设备有效
内置板
1/ 1
A)_
S
0 T0000
MDI **** *** ***
12:00:00
公共
FOCAS2
FTP传送
(操作)
+

图7.31 内置以太网卡FOCAS2参数设置

对于伺服向导和 FANUC LADDER-III 之间的连接，PCMCIA 以太网卡在出厂时，已经设定了如下默认值。

IP 地址：192.168.1.1；

子网掩码：255.255.255.0；

路由器地址：无；

口编号（TCP）：8193；

口编号（UDP）：0；

时间间隔：0。

一旦设定以后，如果在 IP 地址中设定空白（空格），则会返回默认值。

内置以太网端口没有默认值。

2. 计算机侧 FANUC LADDER-III 软件设置与操作

步骤 1：计算机侧系统 IP 地址的设定。本地网络连接属性参考图 7.32 所示进行设置。

步骤 2：运行 FANUC LADDER-III 软件。

步骤 3：单击工具栏中的【File】、【New Program】选项，新建一个 PMC 程序，PMC 类型与 CNC 系统一样，文件名以及存放的路径自行定义。

步骤 4：设置通信参数。

① 单击工具栏中的【Tool】、【Communication】、【Network Address】，进入图 7.33 所示页面。确认已有的 IP 地址是否与 CNC 系统一样，若没有设置 IP 地址或 IP 地址不同，则单击【Add Host】按钮，在“Host Setting Dialog”对话框中输入 CNC 系统的 IP 地址。

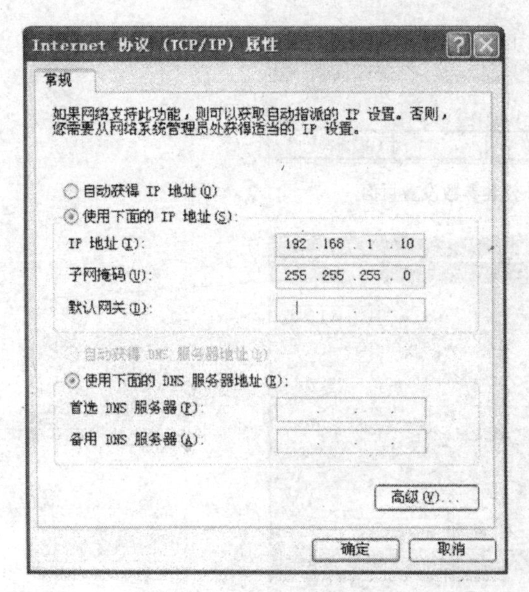

图7.32 本地网络连接属性页面

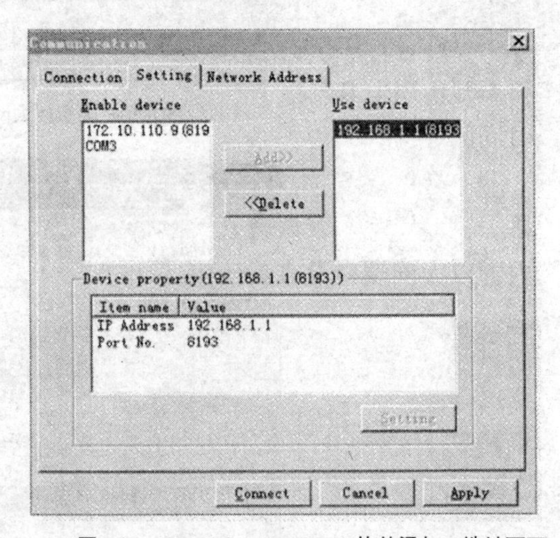

图7.33 FANUC LADDER-III软件添加IP地址页面

② 单击【Setting】选项卡，如图 7.34 所示，确认把与 CNC 系统 IP 地址一样的“Enable device”（可使用设备）通过单击【Add】按钮，添加到“Use device”（使用设备）中，其中“Use device”选择实际连接的接口，如图 7.34 所示。

3. 建立硬件连接

按图 7.34 所示单击【Connect】按钮，若硬件没有故障，则计算机与 CNC 系统就能连接成功，如图 7.35 所示。

4. PMC 数据备份操作

通过以太网接口在 FANUC LADDER-III 软件中备份 PMC 数据的具体方法与通过 RS-232C 的备

份操作方法一样。

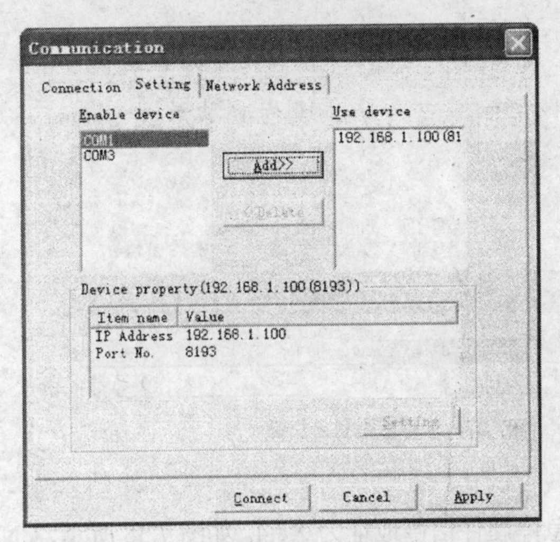

图7.34　FANUC LADDER-III软件通信参数设置页面

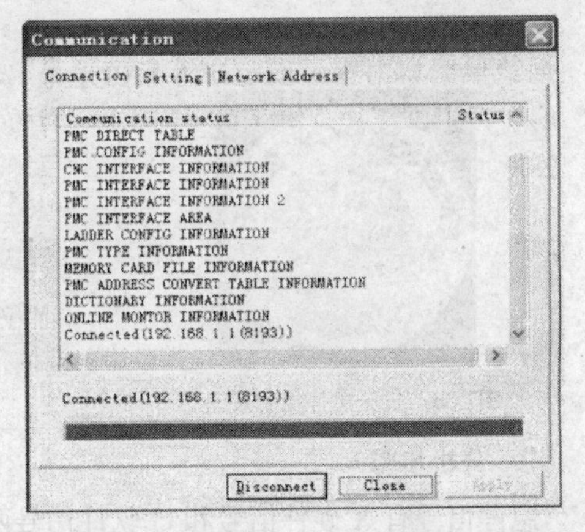

图7.35　计算机与CNC系统连接结束页面

若想在数控系统上看到 PMC 程序，必须在图 7.7 所示的在线监测参数设置页面中把“高速接口”改为“未使用”。

5. PMC 程序恢复到数控系统的操作

通过以太网接口将 PMC 数据从 FANUC LADDER-III 软件中恢复到数控系统的操作方法与通过 RS-232C 的操作方法一样。

若想在数控系统中看到 PMC 程序，必须在图 7.7 所示的在线监测参数设置页面中把“高速接口”改为“未使用”。

在数控系统中按照前面介绍的知识，把数控系统 PMC 程序写入 FLASH ROM。

机床安全保护功能编程

一、急停控制

1. 情境描述

（1）当机床发生紧急情况时，为了保证机床的安全，压下如图 7.36 所示的机床急停控制按钮，瞬时使机床停止移动。

（2）当机床出现急停状态时，通常在系统页面上显示“EMG”、“ALM”报警，如图 7.37 所示。

图7.36 机床急停控制按钮

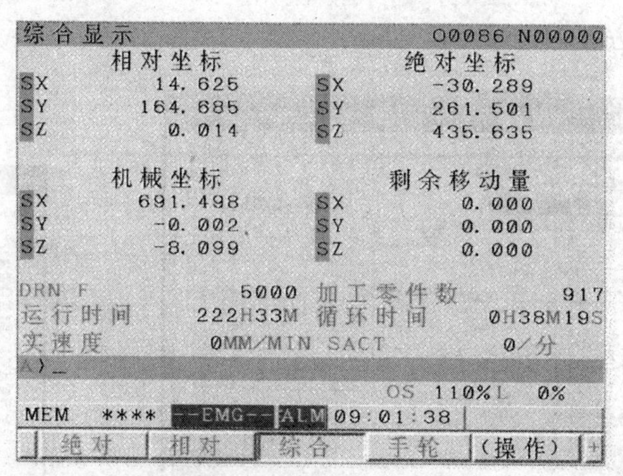

图7.37 急停状态显示页面

2. 分析步骤

急停信号有X硬件信号和G软件信号两种，急停硬件信号地址为X8.4。如图7.38所示，CNC直接读取由机床发出的信号（X8.4）和由PMC向CNC发出的输出信号，两信号之一为0时，系统立即进入急停状态，另一支回路与伺服放大器连接，进入急停状态时，伺服放大器（MCC）断开，同时伺服电动机动态制动。移动中的轴瞬时（CNC不再进行加、减速处理）停止，CNC进入复位状态。

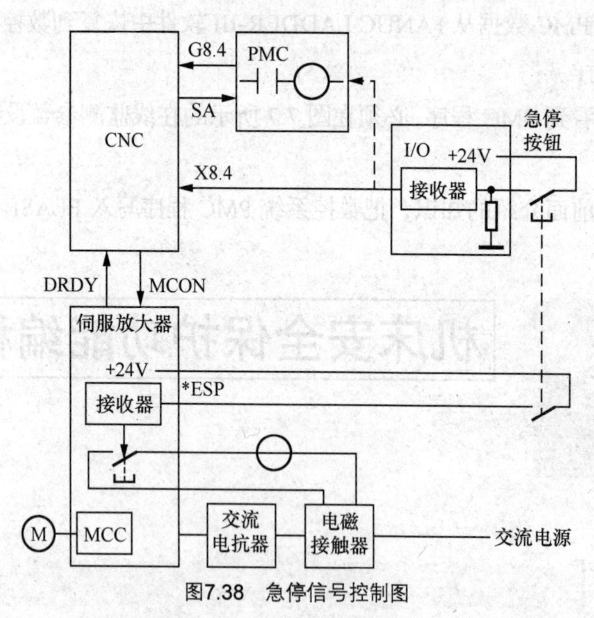

图7.38 急停信号控制图

通常在急停状态下，机床准备好信号G70.7断开；第一串行主轴不能正常工作，G71.1信号也断开。急停功能主要信号如表7.10所示。

表7.10 急停功能主要信号

地　址	#7	#6	#5	#4	#3	#2	#1	#0
X8				*ESP				

续表

地 址	#7	#6	#5	#4	#3	#2	#1	#0
G8				*ESP				
G70	MRDYA							
G71							ESPA	

急停功能程序实时性要求高，通常放在 PMC 第 1 级程序处理，如图 7.39 所示。

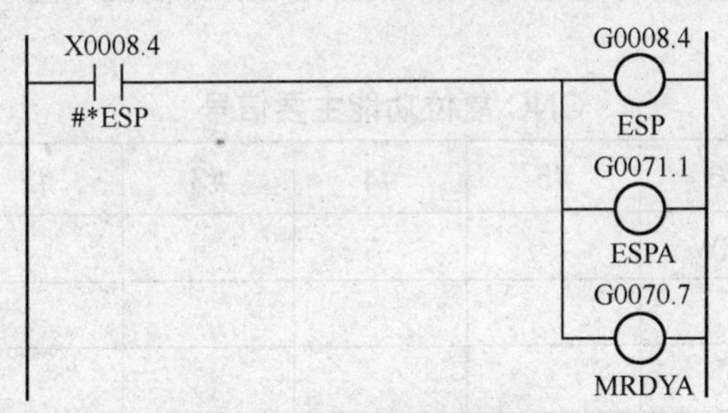

图7.39 急停控制PMC程序

二、复位功能编程

1. 情境描述

（1）复位功能在自动运行、手动运行（JOG 进给、手控手轮进给、增量进给等）时，使移动中的控制轴减速停止；M、S、T、B 等辅助功能动作信号在 100ms 以内成为 0。执行复位时，向 PMC 输入复位信号 RST。

（2）如图 7.40 所示，机床出现复位状态时，通常在系统页面上显示“RESET”信息。

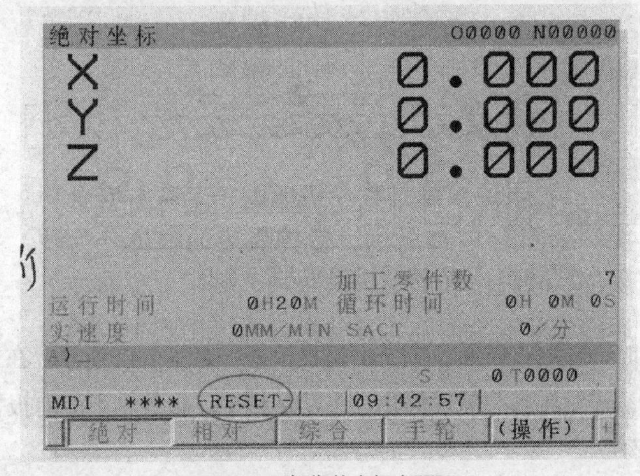

图7.40 复位状态机床页面

2. 分析步骤

（1）功能信号。CNC 在下列情况下执行复位处理，成为复位状态。CNC 复位功能主要信号见表 7.11 所示。

① 紧急停止信号。*ESP 成为 0 时，CNC 即被复位。

② 外部复位信号 G8.7 成为 1 时，CNC 即被复位，成为复位状态。CNC 处在复位处理中时，复位信号 F1.1 成为 1。

③ 复位&倒带信号 G8.6 成为 1 时，复位 CNC 的同时，进行所选的自动运行程序的倒带操作。

④ 按下 MDI 的【RESET】键时，CNC 即被复位。

（2）程序实现。CNC 复位操作通常由 CNC 内部处理，不需设计程序。

表 7.11　　CNC 复位功能主要信号

地　址	#7	#6	#5	#4	#3	#2	#1	#0
G8	ERS	RPW						
F1							RST	
F6							MDIRST	

三、行程限位功能编程

1. 情境描述

（1）限位控制是数控机床的一个基本安全功能。如图 7.41 所示，数控机床的限位分为硬限位、软限位和加工区域限制。硬限位是数控机床的外部安全措施，目的是在机床失控时断开驱动器的使能控制信号。自动运转中，任一轴超程时，所有的轴都将减速停止；手动运行时，不能向发生报警的方向移动，只能向与其相反的方向移动。

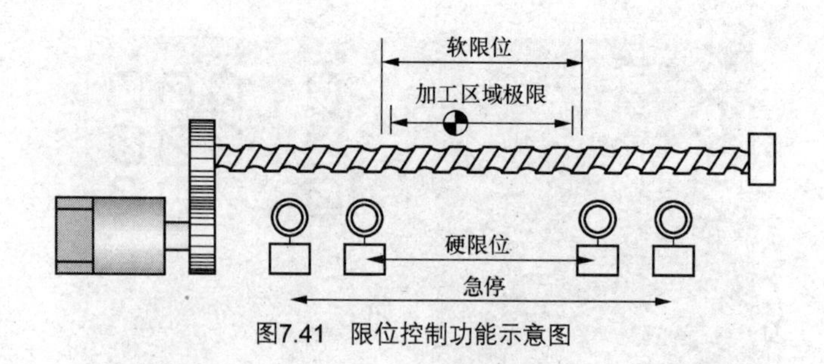

图7.41　限位控制功能示意图

（2）当该功能生效时，发生 OT506、OT507 超程报警，如图 7.42 所示。在自动运行中，当任一轴发生超程报警时，所有进给轴都将减速停止；手动运行中，报警轴不能向报警方向移动，但是可以向与其相反的方向移动。

2. 分析步骤

（1）功能信号。超程信号限位开关常用动断触点。表 7.12 所示为硬件超程主要信号，G114.0～G114.3、G116.0～G116.3 为进给轴已经到达行程终端信号。

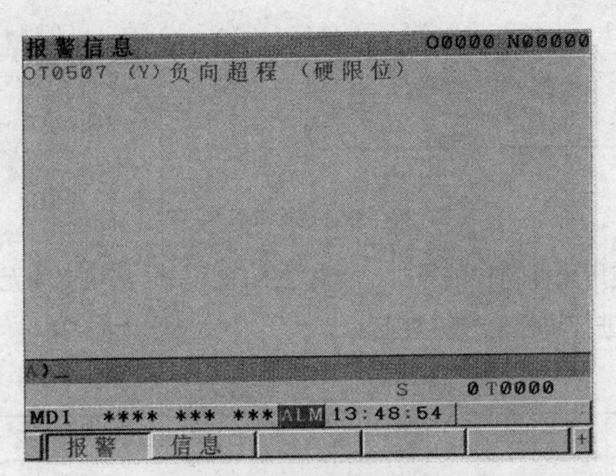

图7.42 硬件超程显示页面

表 7.12 硬件超程主要信号

地 址	#7	#6	#5	#4	#3	#2	#1	#0
X8	*−ZL	*−YL	*−XL			* + ZL	* + YL	* + XL
X26					OVRL			
G114					* + L4	* + L3	* + L2	* + L1
G116					*−L4	*−L3	*−L2	*−L1

（2）PMC 程序。行程开关 X8.0、X8.1、X8.2 输入信号分别控制 G114.0、G114.1、G114.2 正向行程限位信号，行程开关 X8.5、X8.6、X8.7 输入信号分别控制 G116.0、G116.1、G116.2 负向行程限位信号。PMC 程序如图 7.43 所示。

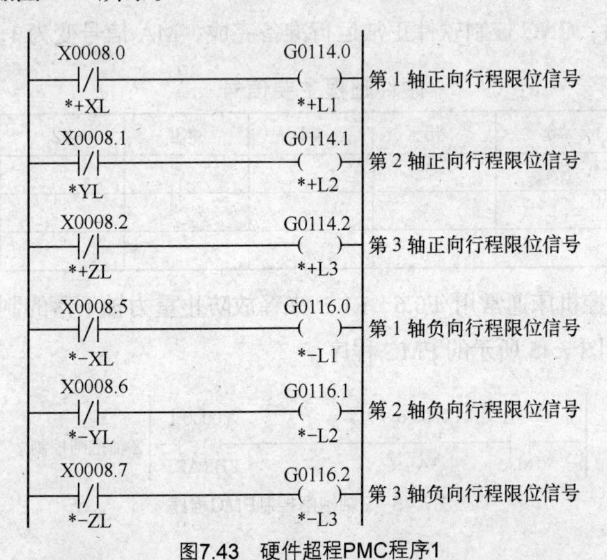

图7.43 硬件超程PMC程序1

为减少 I/O 点数，一般机床的硬限位和急停按钮串联在一个继电器回路中，将硬限位转换为急停处理。超过硬件极限后，机床同时出现急停报警。只有按机床超程解除按键 X26.3（OVRLS）后，机床才解除急停报警。PMC 程序如图 7.44 所示。

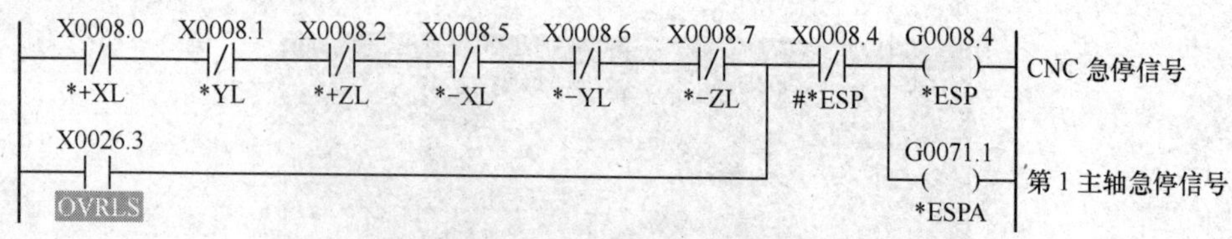

图7.44　硬件超程PMC程序2

（3）参数设置。不使用硬件超程信号时，所有轴的超程信号都将变为无效。设定参数见表 7.13，3004#5 设定为 1 时，不进行超程信号的检查。

表 7.13　　硬件超程生效参数表

参　数	#7	#6	#5	#4	#3	#2	#1	#0
3004			OTH					

四、垂直轴的制动程序

1. 情境描述

数控机床进给轴通常采用滚珠丝杠副传动，而滚珠丝杠副不具有自锁性，对于非水平方向的进给轴，通常会因丝杠传动部件的重力而滑动。通常情况下，机床断电后需要在电动机后面加装抱闸装置。通电后，当 CNC 的电源接通准备就绪时，抱闸装置打开，依靠伺服系统的电磁力来实现制动。当数控机床准备就绪后，会听到非水平轴抱闸装置发出“啪”的打开声。

2. 分析步骤

（1）功能信号。如表 7.14 所示，F0.6 紧急停止解除后，伺服系统准备完成，伺服系统完成信号 SA 变为 1；电源接通后，CNC 控制软件正常运行准备完成，MA 信号变为 1。

表 7.14　　硬件超程主要信号

地　址	#7	#6	#5	#4	#3	#2	#1	#0
F0		SA						
F1	MA							
Y0							ZBRAKE	

（2）程序实现。数控机床通常用 F0.6、F1.7 来释放防止重力轴下落的制动器，输出信号 Y0.1 控制 Z 轴抱闸，添加如图 7.45 所示的 PMC 程序。

F0001.7　F0000.6　Y0000.1
MA　SA　ZBRAKE　Z 轴抱闸控制

图7.45　Z轴抱闸控制PMC程序

五、PMC 编辑功能的开通

（1）按 MDI 面板上的功能键，再按软键【 + 】、【 PMCCNF 】、【 设定 】进入 PMC 设定页面，如图 7.46 所示。按翻页键进行前页与后页的切换，如图 7.47 所示。

① 跟踪启动（K906.5）。

手动：追踪功能从追踪页面上通过软键操作执行。

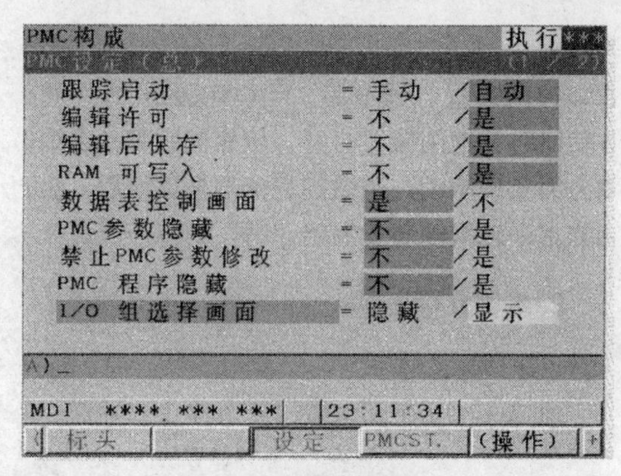

图7.46　PMC设定页面1

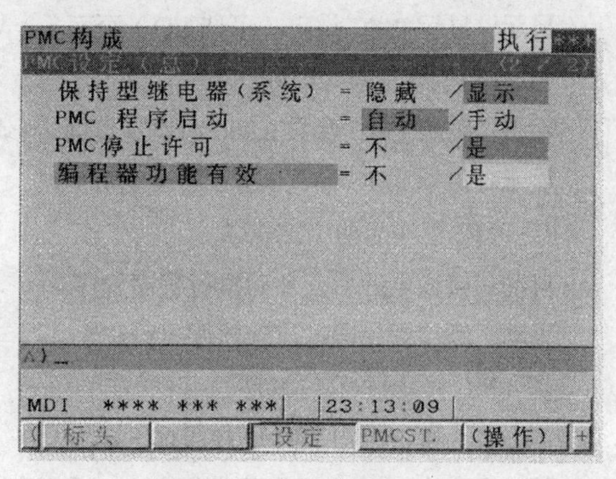

图7.47　PMC设定页面2

自动：接通电源后，自动执行追踪功能。

② 编辑许可（K901.6）。

不：禁止编辑顺序程序。

是：允许编辑顺序程序。

③ 编辑后保存（K902.0）。

不：编辑梯形图后，不自动写入 FLASH ROM。

是：编辑梯形图后，自动写入 FLASH ROM。

④ RAM 可写入（K900.4）。

不：禁止强制功能、倍率功能（自锁强制）。

是：允许强制功能、倍率功能（自锁强制）。

⑤ 数据表控制页面（K900.7）。

是：显示 PMC 参数数据表控制页面。

不：不显示 PMC 参数数据表控制页面。

⑥ PMC 参数隐藏。

不：显示 PMC 参数。

是：不显示 PMC 参数。

⑦ 禁止 PMC 参数修改（K902.7）。

不：允许 PMC 参数的编辑。

是：禁止 PMC 参数的编辑。

⑧ PMC 程序隐藏（K900.0）。

不：允许顺序程序浏览。

是：禁止顺序程序浏览。

⑨ I/O 组选择页面（K906.1）。

隐藏：隐藏 PM 设定（可选 I/O）页面。

显示：显示 PMC 设定（可选 I/O）页面。

⑩ 保持型继电器（K906.6）。

隐藏：隐藏 PMC 参数 K900 后设定页面。

显示：显示 PMC 参数 K900 后设定页面。

⑪ PMC 程序启动（K900.2）。

自动：接通电源后，自动执行顺序程序。

手动：顺序程序通过启动软件执行。

⑫ PMC 停止许可（K902.2）。

不：禁止执行/停止操作顺序程序。

是：允许执行/停止操作顺序程序。

⑬ 编程器功能有效（K900.1）。

不：禁止内置编程器工作。

是：允许内置编程器工作。

（2）设定以下项目。

编辑后保存：是。

编程器功能有效：是。

删除急停功能 PMC 程序。

① 按 MDI 面板上的功能键，再按软键【 + 】、【 PMCLAD 】，显示 PMC 梯形图，如图 7.48 所示。

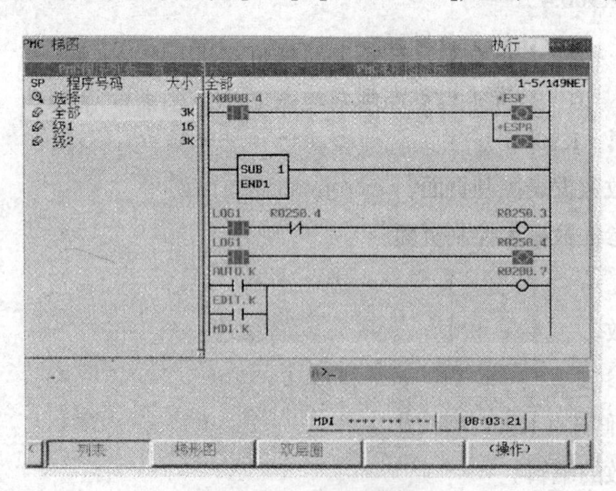

图7.48 进入梯形图页面

② 按软键【列表】，显示梯形图一览页面。

③ 按软键【操作】、【缩放】或【梯形图】，显示梯形图。

④ 按软件【编辑】，进入梯形图编辑页面，如图 7.49 所示。

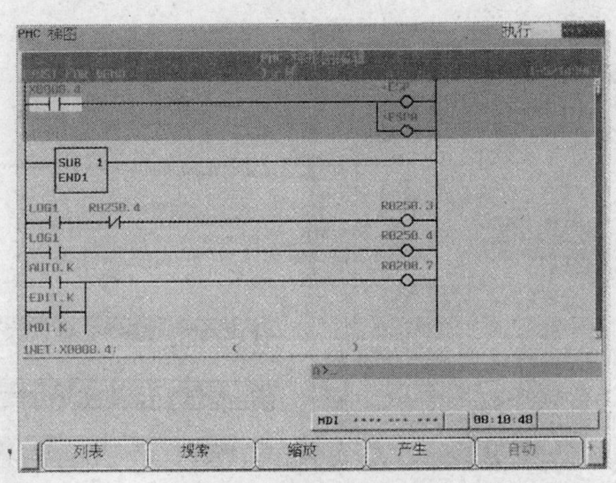

图7.49　梯形图编辑页面

（3）页面中各软键功能如下。

【列表】：显示程序结构的组成。

【搜索】：进入检索方式。

【缩放】：修改光标所在位置的网格。

【产生】：在光标之前编辑新的网格。

【自动】：地址号自动分配（避免出现重复使用地址号的现象）。

【选择】：选择需复制、删除、剪切的程序。

【复制】：复制所选程序。

【删除】：删除所选程序。

【剪切】：剪切所选程序。

【粘贴】：粘贴所选程序到光标所在位置。

【交换】：批量更换地址号。

【地址图】：显示程序所使用的地址分布。

【更新】：编辑完成后更新程序的 RAM 区。

【恢复】：恢复更改前的原程序（更新之前有效）。

【停止】：停止 PMC 运行。

【结束】：编辑完成后退出。

① 通过软键【列表】与光标选择相应的程序段，按软键【缩放】进入单一程序段的编辑，如图 7.50 所示。

顺序程序编辑中所使用的软键的种类如图 7.51 所示。

② 按照案例分析的要求，利用软键【……】删除元件和横线，利用软键【↑__】删除竖线。

③ 按软键【+】，显示【结束】，按下该软键结束单一程序段编辑。

④ 按软键【结束】，结束编辑功能。系统提示“PMC 正在运行，真要修改程序吗?”，按软键【是】，修改程序，如图 7.52 所示。

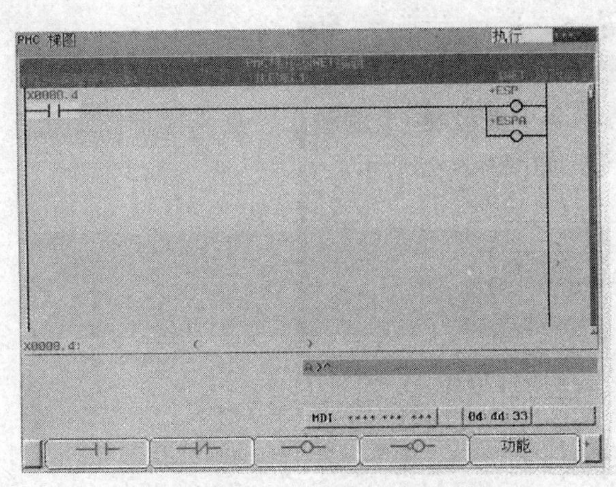

图7.50 进入PMC程序段编辑页面

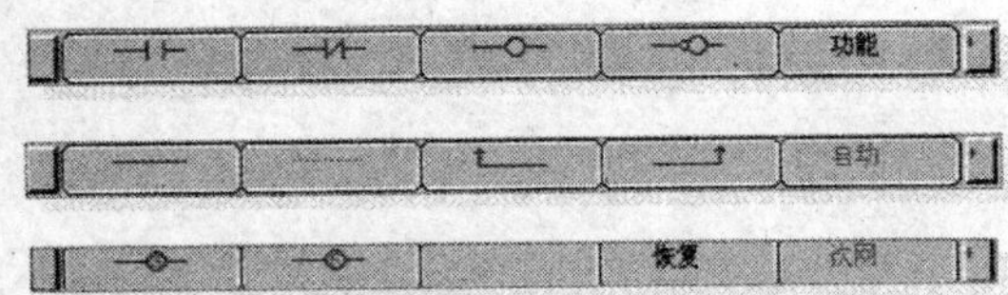

图7.51 程序编辑软件种类

⑤ 系统提示“程序要写到 FLASH ROM 中?”，按软键【是】，将修改后的程序写入 FLASH ROM，如图 7.53 所示。

PMC 程序修改后如不存储到 FLASH ROM 中，CNC 重新上电后将恢复修改前的程序。

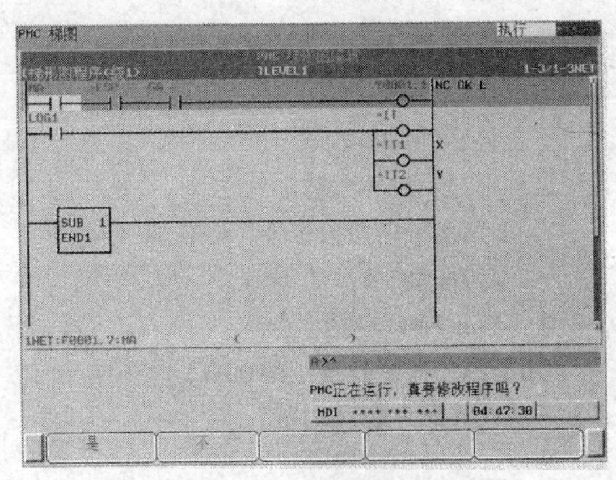

图7.52 进入PMC程序修改页面

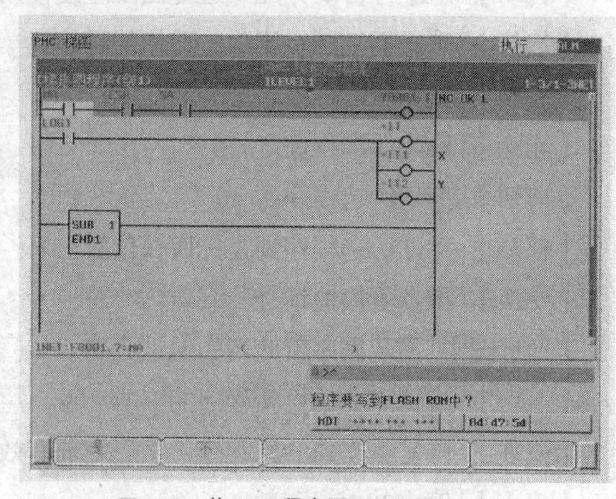

图7.53 将PMC程序写入FLASH ROM

运行 PMC 程序，修改后的 PMC 程序生效。此时，无论急停开关处于何种状态，系统一直处于急停状态。

（4）急停程序的重新输入。

① 重新进入 PMC 编辑页面，将光标移到 END1 程序段中，按软键【缩放】进入单一程序编辑页面。利用软键【行插入】插入一行空白行，输入急停程序，如图 7.54 所示。

② 利用元器件菜单放置 PMC 元件，利用操作面板输入相应的地址，输入急停程序，如图 7.55 所示。

（5）地址符号和注释的设定。

通过设定地址符号和注释，可以在观察顺序程序和信号诊断时了解地址的含义，以便于分析程序。

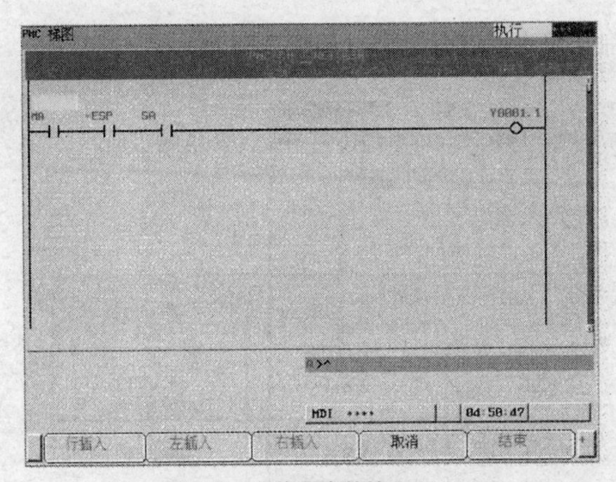

图7.54　急停程序的输入1

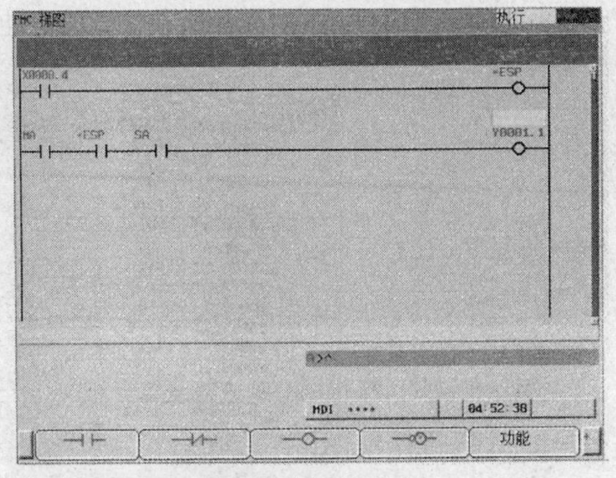

图7.55　急停程序的输入2

① 按 MDI 面板上的功能键【 + 】、【 PMCCNF 】、【 符号 】，显示 PMC 地址符号和注释，如图 7.56 所示。

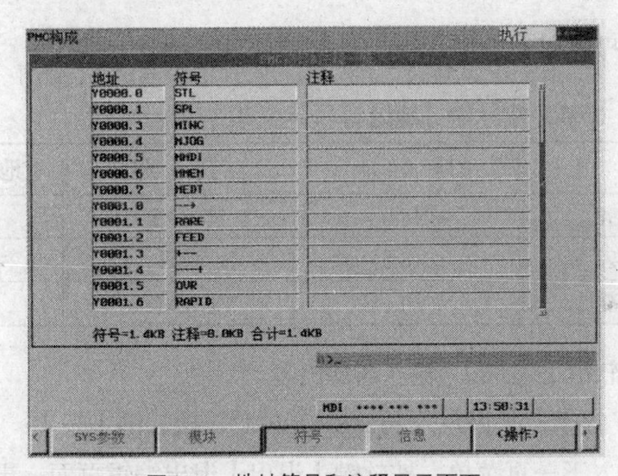

图7.56　地址符号和注释显示页面

② 按软键【 操作 】、【 编辑 】，进入 PMC 地址符号和注释编辑页面，如图 7.57 所示。

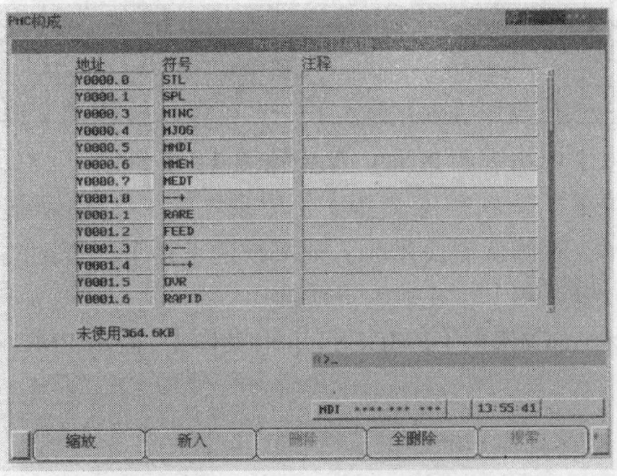

PMC构成
地址　符号　注释
Y0000.0 STL
Y0000.1 SPL
Y0000.3 MINC
Y0000.4 MJOG
Y0000.5 MMDI
Y0000.6 MMEM
Y0000.7 MEDT
Y0001.0 --+
Y0001.1 RAPE
Y0001.2 FEED
Y0001.3 +--
Y0001.4 ---+
Y0001.5 OVR
Y0001.6 RAPID
未使用364.6KB
A>_
MDI **** *** ***　13:55:41
缩放　新入　删除　全删除　搜索

图7.57　地址符号和注释页面1

③ 按软键【缩放】，对光标所在位置的地址符号和注释进行编辑，如图 7.58 所示。

图7.58 地址符号和注释编辑页面2

④ 按软键【新入】可以对表 7.15 所示的新的地址符号进行编辑。

表 7.15 地址符号定义表

地　址	符　号	地　址	符　号	地　址	符　号
X8.4	*ESP	X8.0	* + XL	X8.1	* + YL
X8.2	* + ZL	X8.5	*−XL	X8.6	*−YL
X8.7	*−ZL	Y0.1	ZBRAKE		

⑤ 编辑完成后，按软键【追加】，输入新加内容。

⑥ 按软键【结束】，提示“是否写入 FLASH ROM”，按软键【是】。

⑦ 按软键【 + 】进入下一页菜单，按软键【退出】退出编辑页面。再按软键【 + 】进入下一页菜单，按软键【更新】，出现如图 7.59 所示提示，若确认需要修改，则按软键【是】，否则按软键【不】，反映编辑结果。

图7.59 程序更新提示页面

（6）程序启动。

① 按 MDI 面板上的功能键。

② 按软键【 + 】、【PMCCNF】、【PMCCST】、【操作】，显示 PMC 梯形图启动设定页面，如图 7.60 所示。

③ 按软键【启动】，顺序程序启动。

在启动和停止状态时，在 PMC 页面右上角会有相应的显示，如图 7.61 所示。

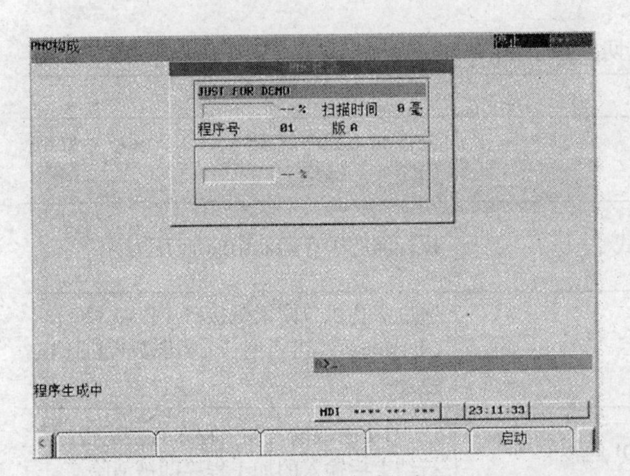

图7.60 PMC梯形图启动设定页面

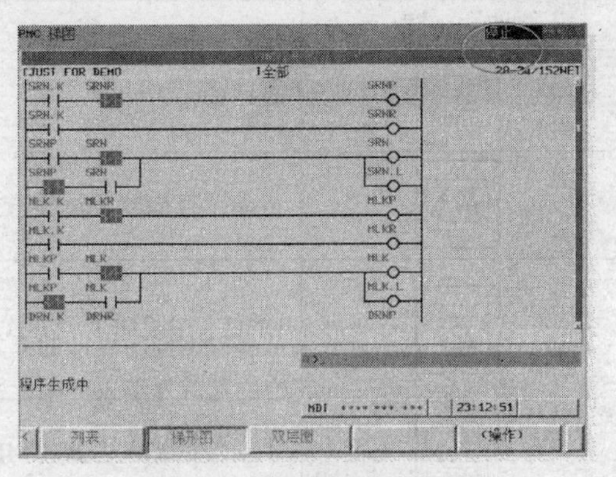

图7.61 PMC状态显示

机床工作方式功能编程

一、系统标准面板

1. 情境描述

图 7.62 所示为 FANUC 数控系统标准面板，它由两部分组成，通过 I/O Link 与 CNC 连接，框中为操作方式控制按钮。

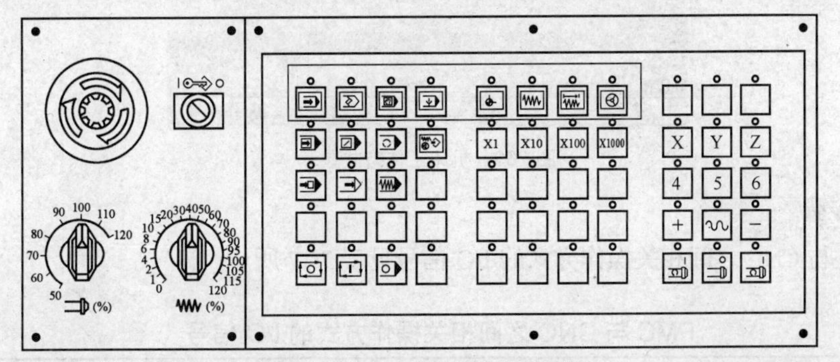

图7.62 FANUC数控系统标准面板

操作方式切换按键可实现操作方式的转换以及相应指示灯的显示，具体功能见表 7.16。

表 7.16 操作方式切换按键功能

按　键	含　义	功　能
	程序编辑方式	进行加工程序的编辑，CNC 参数等数据的输入、输出
	自动（存储器）运转方式	执行储存于存储器中的加工程序
	DNC（在线加工）方式	通过穿孔机、阅读机接口（RS-232C）、CF 卡与系统进行通行，实现数控机床在线加工
	手动数据输入方式（MDI 运转）	用 MDI 面板输入加工程序直接运行，运行结束后输入的加工程序即被清除
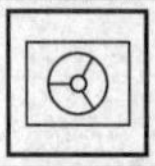	手轮进给方式	转动手摇式脉冲发生器使轴移动
	手动连续进给方式	按手动进给按钮（+X、−X 等）时，轴移动
	回参考点方式	用手动操作回到由机床确定的基准点（参考点）

系统当前工作方式可在系统显示页面左下角显示，如图 7.63 所示。

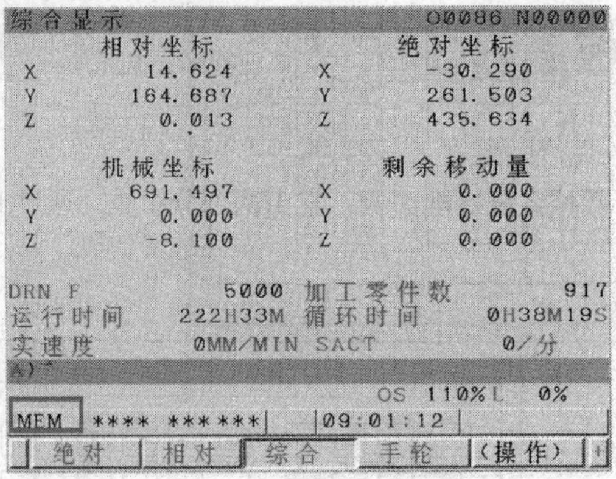

图7.63 机床工作方式显示

2. 分析步骤

（1）PMC 与 CNC 之间相关操作方式的 I/O 信号见表 7.17 所示。

表 7.17 PMC 与 CNC 之间相关操作方式的 I/O 信号

运 行 方 式	PMC→CNC 信号					CNC→PMC 信号
	G43.7	G43.5	G43.2	G43.1	G43.0	
程序编辑（EDIT）	0	0	0	1	1	F3.6（MEDT）
自动方式运行（MEN）	0	0	0	0	1	F3.5（MMEN）

续表

运 行 方 式	PMC→CNC 信号					CNC→PMC 信号
	G43.7	G43.5	G43.2	G43.1	G43.0	
DNC 方式运行	0	1	0	0	1	F3.4（MRMT）
手动数据输入运行（MDI）	0	0	0	0	0	F3.3（MMDI）
手轮进给/增量进给（HND/INC）	0	0	1	0	0	F3.1/F3.0（MH/MINC）
手动连续进给（JOG）	0	0	1	0	1	F3.2（MJ）
手动回参考点（REF）	1	0	1	0	1	F4.5（MREF）

（2）FANUC 数控系统标准面板通过 I/O Link 总线与 CNC 系统连接，面板输入/输出信号地址定义如图 7.64 所示，按键地址如表 7.18 所示。

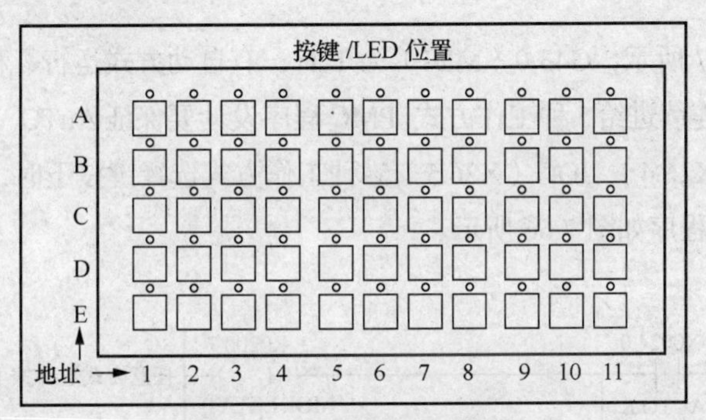

图7.64　机床工作定义地址

表 7.18　按键地址

位 \ 键/LED	7	6	5	4	3	2	1	0
X*m* + 4/Y*n* + 0	B4	B3	B2	B1	A4	A3	A2	A1
X*m* + 5/Y*n* + 1	D4	D3	D2	D1	C4	C3	C2	C1
X*m* + 6/Y*n* + 2	A8	A7	A6	A5	E4	E3	E2	E1
X*m* + 7/Y*n* + 3	C8	C7	C6	C5	B8	B7	B6	B5
X*m* + 8/Y*n* + 4	E8	E7	E6	E5	D8	D7	D6	D5
X*m* + 9/Y*n* + 5		B11	B10	B9		A11	A10	A9
X*m* + 10/Y*n* + 6		D11	D10	D9		C11	C10	C9
X*m* + 11/Y*n* + 7						E11	E10	E9

（3）当 *m* 为 20 时，PMC 与机床之间相关操作方式的 I/O 信号见表 7.19。

表 7.19　PMC 与机床之间相关操作方式的 I/O 信号

输 入 信 号	输入 X 地址及符号	输 出 信 号	输出 Y 地址及符号
自动方式运行按钮	X24.0（AUTO.M）	自动方式运行指示灯	Y24.0（AUTO.L）
程序编辑按钮	X24.1（EDIT.M）	程序编辑指示灯	Y24.1（EDIT.L）

续表

输 入 信 号	输入 X 地址及符号	输 出 信 号	输出 Y 地址及符号
收到数据输入方式按钮	X24.2（MDI.M）	手动数据输入方式指示灯	Y24.2（MDI.L）
DNC 方式运行按钮	X24.3（RMT.M）	DNC 方式运行指示灯	Y24.3（RMT.L）
手动回参考点方式按钮	X26.4（ZRN.M）	手动回参考点方式指示灯	Y26.4（ZRN.L）
手动连续进给方式按钮	X26.5（JOG.M）	手动连续进给方式指示灯	Y26.5（JOG.L）
手轮进给方式按钮	X26.7（HND.M）	手轮进给方式指示灯	Y26.7（HND.L）

（4）PMC 程序设计。

步骤 1：将 AUTO（X24.0）、EDIT（X24.1）、MDI（X24.2）、DNC（X24.3）、ZRN（X26.4）、JOG（X26.5）、H N D（X26.7）中任一种方式选择键按下，接通内部中间继电器 R200.7，PMC 程序如图 7.65 所示。

步骤 2：根据表 7.17 所示，G43.0（MDI）为 1 时，有自动方式运行、程序编辑、DNC 方式运行、手动回参考点、手动连续进给 5 种工作方式。PMC 程序设计要保证 AuTO（X24.0）、EDIT（X24.1）、DNC（X24.3）、ZRN（X26.4）、JOG（X26.5）5 种工作方式选择键按下时，G43.0（MDI）将信号接通并保持信号，PMC 程序如图 7.66 所示。

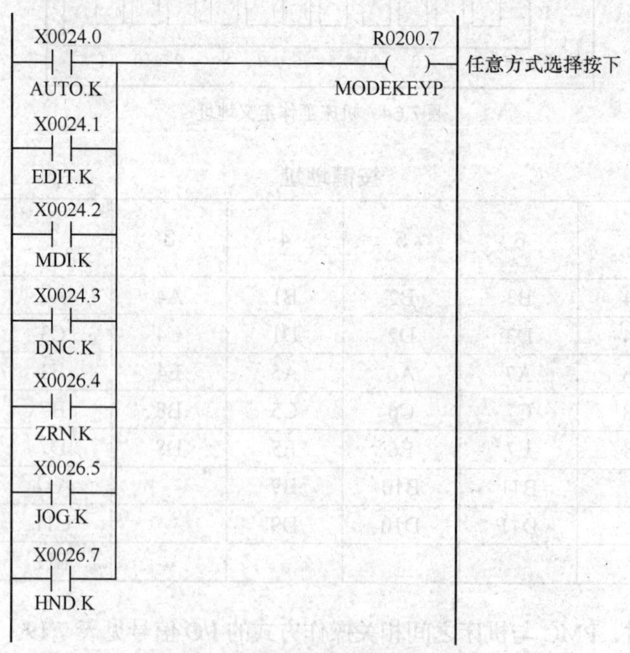

图7.65 机床工作方式PMC程序1

步骤 3：根据表 7.17 所示，C43.1（MD2）为 1 时，只有程序编辑工作方式。PMC 程序设计保证当 EDIT（X24.1）工作方式选择键按下时，G43.1（MD2）将信号接通并保持信号，PMC 程序如图 7.67 所示。

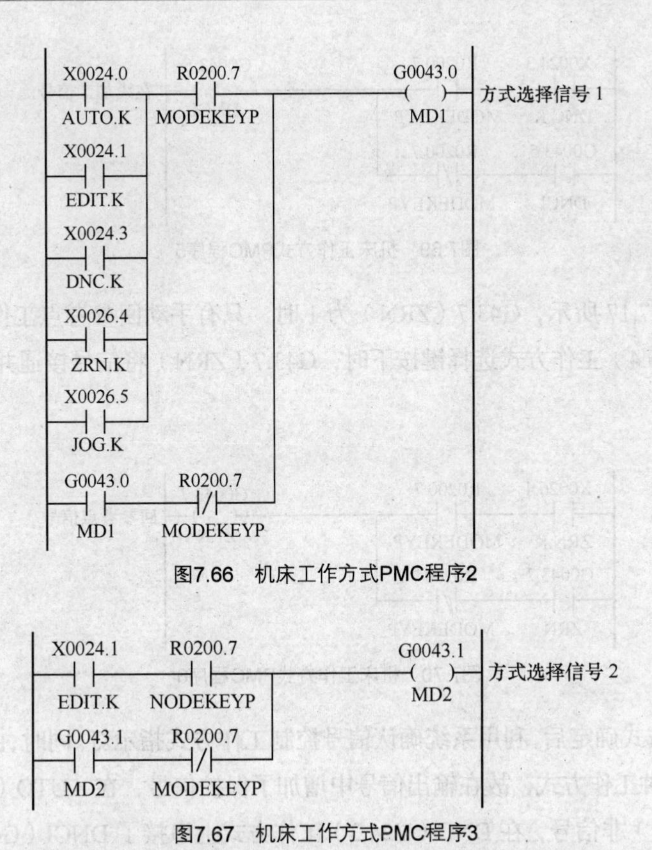

图7.66 机床工作方式PMC程序2

图7.67 机床工作方式PMC程序3

步骤 4：根据表 7.17 所示，G43.2（MD4）为 1 时，有手动回参考点、手动连续进给、手轮进给 3 种工作方式。PMC 程序设计保证当 ZRN（X26.4）、JOG（X26.5）、HND（X26.7）工作方式选择键按下时，G43.2（MD4）将信号接通并保持信号，PMC 程序如图 7.68 所示。

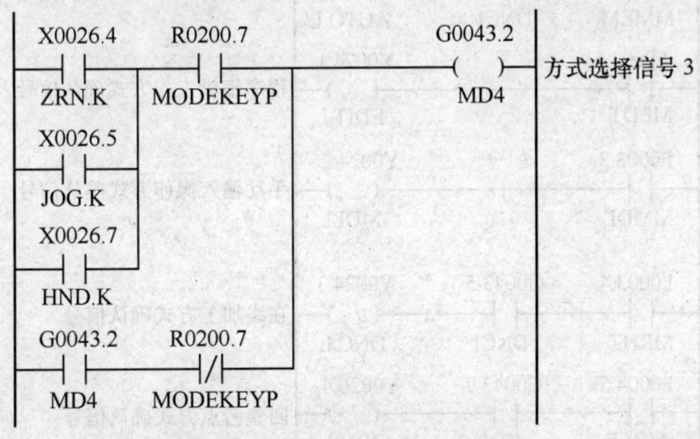

图7.68 机床工作方式PMC程序4

步骤 5：根据表 7.17 所示，G43.5（DNC）为 1 时，只有 DNC 方式运行的工作方式。PMC 程序设计保证当 DNC（X24.3）工作方式选择键按下时，G43.5（DNC）将信号接通并保持信号，PMC 程序如图 7.69 所示。

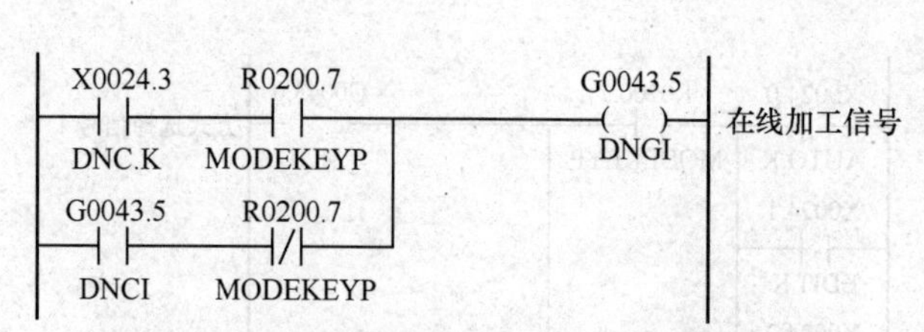

图7.69 机床工作方式PMC程序5

步骤 6：根据表 7.17 所示，G43.7（ZRN）为 1 时，只有手动回参考点工作方式。PMC 程序设计保证当 ZRN（X26.4）工作方式选择键按下时，G43.7（ZRN）将信号接通并保持信号，PMC 程序如图 7.70 所示。

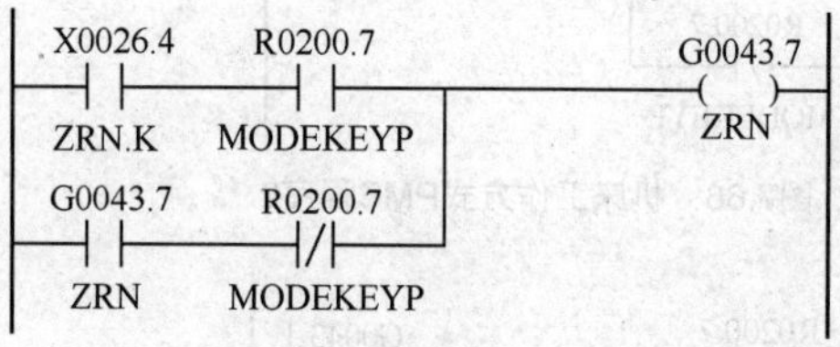

X0026.4
R0200.7
G0043.7
回参考点信号
ZRN.K
MODEKEYP
ZRN
G0043.7
R0200.7
ZRN
MODEKEYP

图7.70 机床工作方式PMC程序6

CNC 系统工作方式确定后，利用系统确认信号控制工作方式指示灯。同时，由于 DNC 和 AUTO、ZRN 和 JOG 是同一种工作方式，故在输出信号中增加了保护信号，在 AUTO（Y24.0）工作方式上串接了 DNCI（G43.5）非信号，在 DNC（Y24.3）工作方式上串接了 DNCI（G43.5）信号，在 ZRN（Y26.4）工作方式上串接 TZRN（G43.7）信号，在 JOG（Y26.5）工作方式上串接了 ZRN（G43.7）信号，PMC 程序如图 7.71 所示。

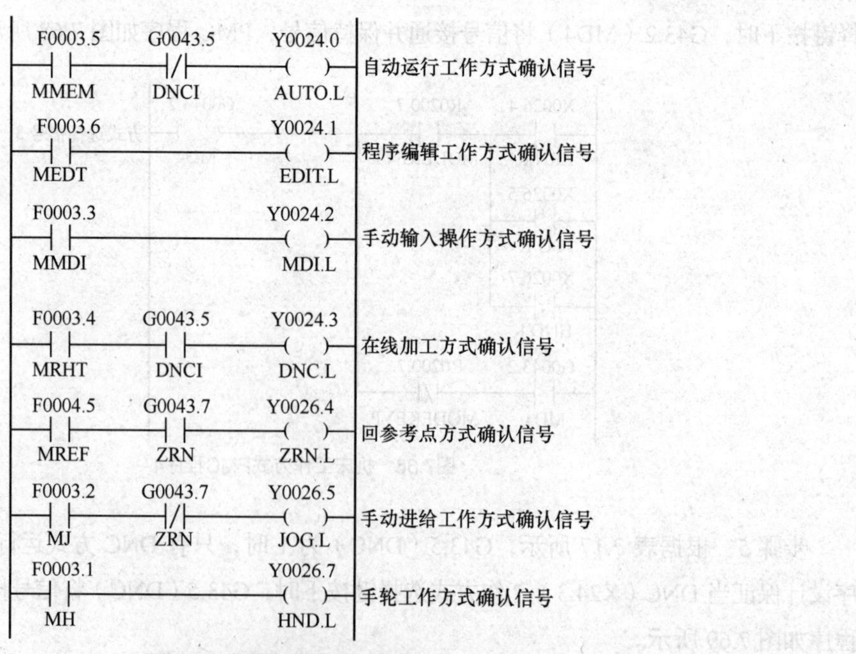

图7.71 机床工作方式PMC程序7

二、设计现场设备实验工作方式 PMC 程序

1. 查找现场实验设备操作方式输入地址

查找并记录现场设备在手动数据输入运行（MDI）、自动方式运行（MEM）、DNC 方式运行（RMT）、程序编辑（EDIT）、手轮进给/增量进给（HND/INC）、手动连续进给（JOG）、手动回参考点（REF）等工作方式下的输入信号，填写在表 7.20 中。

设计工作方式 PMC 程序。

表 7.20　　不同工作方式下的输入信号一览表

工 作 方 式	输入信号地址						
手动数据输入运行（MDI）							
自动方式运行（MEM）							
DNC 方式运行（RMT）							
程序编辑（EDIT）							
手轮进给/增量进给（HND/INC）							
手动连续进给（JOG）							
手动回参考点（REF）							

2. 内置编程器程序修改

步骤 1：梯形图的输入。

（1）将光标移动到要输入网格接点的位置，如图 7.72 所示。

（2）输入相应的信号地址或符号。

（3）按相应的软键输入接点或输出线圈元素符号，如图 7.73 所示。

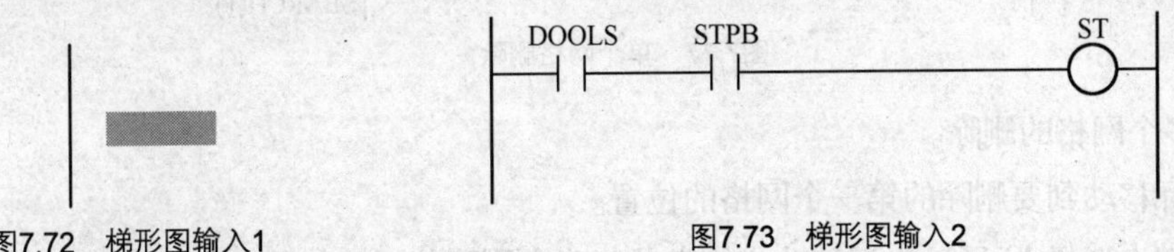

图7.72　梯形图输入1　　　　图7.73　梯形图输入2

步骤 2：连接线的编辑。

（1）将光标移动到要输入网格接点的位置，如图 7.74 所示。

DOOLS　STPB　ST　CYCLE START

RMTST

图7.74　连接线的编辑1

（2）按相应的连接元素符号软键 ，如图 7.75 所示。

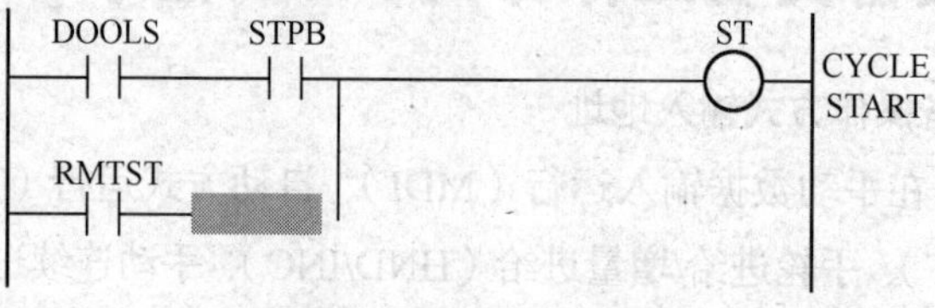

图7.75 连接线的编辑2

（3）按相应的软键，连接横线，如图 7.76 所示。

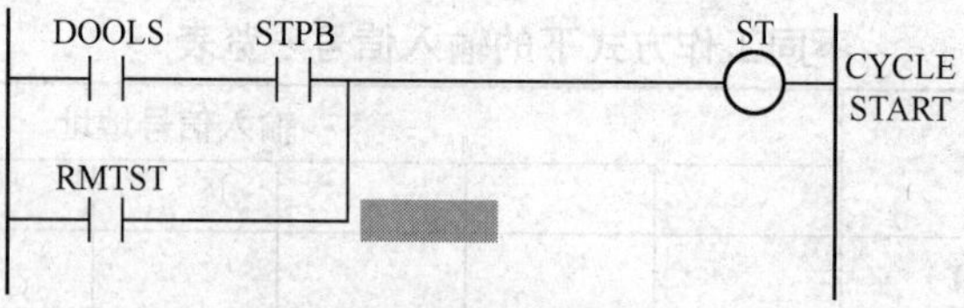

图7.76 连接线的编辑3

步骤 3：地址的变更。

（1）将光标移动到要变更的网格位置。

（2）输入新的地址。

（3）按键输入。

步骤 4：单个网格的删除。

（1）将光标移动到要删除的网格位置，如图 7.77 所示。

（2）按软键【删除】，将当前光标位置的网格删除。

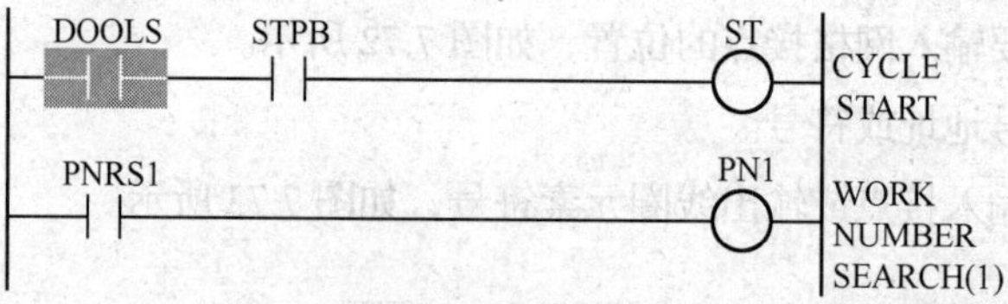

图7.77 单个网格删除

步骤 5：多个网格的删除。

（1）将光标移动到要删除的第一个网格的位置。

（2）按软键【选择】，通过光标移动或检索功能确定删除范围，如图 7.78 所示。

（3）按软键【删除】，将指定范围的网格删除。

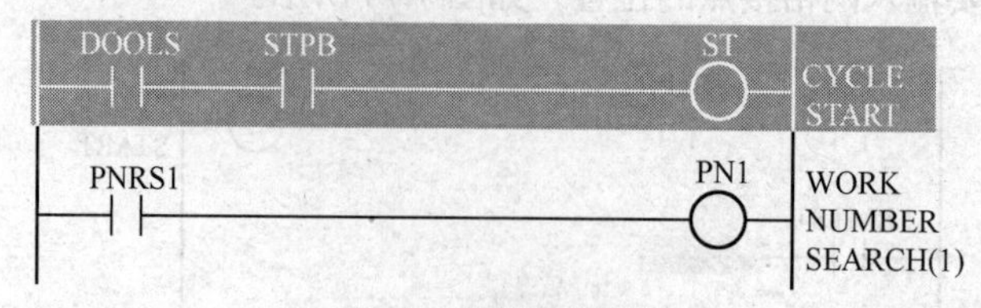

图7.78 选择多个网格

步骤 6：程序的复制和移动。

（1）将光标移动到需要复制或移动范围的起始位置。

（2）按软键【选择】，通过光标移动或检索功能确定范围。

（3）通过移动光标或检索功能，将光标移动到尾部。

（4）复制时，按软键【复制】；移动时，按软键【剪切】。

（5）通过光标移动或检索功能，将光标移动到要复制或移动的位置。

（6）按软键【粘贴】执行插入。

通过表 7.21 所示的软键的使用，可以在空白位置插入接点和线圈。

表 7.21　　插入键的应用

软　键	动　作
【行输入】	在光标所在位置前插入行
【插入列】	在光标所在位置左侧插入列
【列后插入】	在光标所在位置右侧插入列

步骤 7：地址图的显示。

（1）按软键【地址图】，显示地址页面，如图 7.79 所示。图中空白表示未使用过的位，"*" 表示已使用的位，"s" 表示定义了符号但在程序中未使用的位。

（2）将光标移动到使用的位，按软键【跳转】，页面会跳转到程序使用该地址的位置。

步骤 8：程序单元的删除。

（1）按软键【列表】，程序列表如图 7.80 所示。

（2）将光标移动到要删除的程序位置。

（3）按软键【删除】，系统会提示"删除程序吗？"。

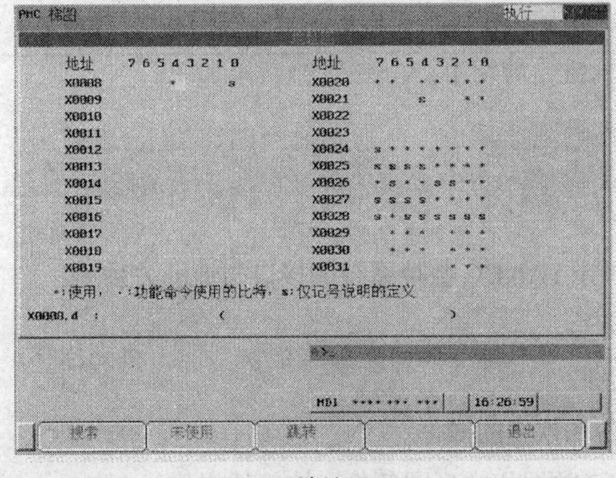

图7.79　地址页面

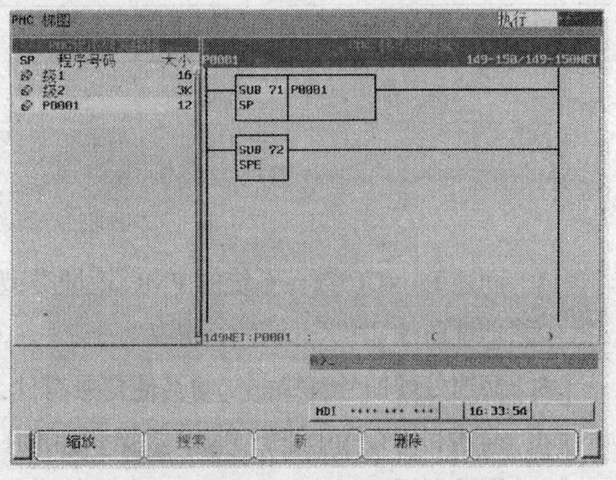

图7.80　程序列表

（4）按软键【是】或【不】，进行确定。

退出编辑前可以选择【恢复】，恢复之前的程序。

3. 下载程序并调试

（1）按 MIDI 面板上的功能键。

（2）多次按功能键，再按软键【+】、【PMCMNT】、【信号】、【操作】，输入信号地址 G43 后按软键【搜索】，出现信号状态页面，如图 7.81 所示。

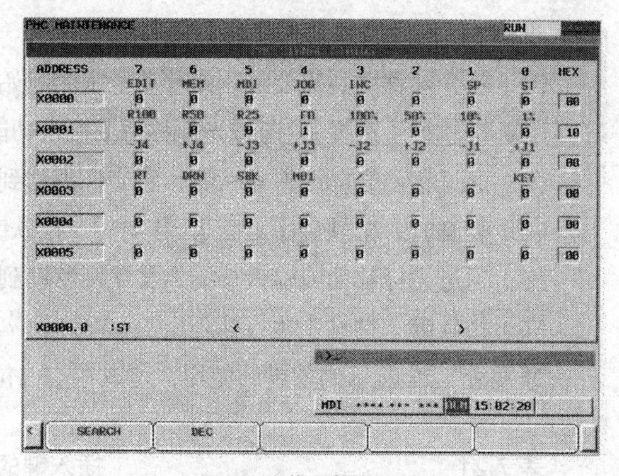

图7.81 信号状态页面

当在操作面板上操作某一方式时，G、F 信号组合变化情况如表 7.22 所示。工作方式对应内部状态生效打“√”，不生效打“×”。

表 7.22 操作方式与 G、F 信号的关系

操 作 方 式	G 信号					输 出 信 号
	ZRN G43.7	DNC1 G43.5	MD4 G43.2	MD2 G43.1	MD1 G43.0	MMD1（F3.3）
手动数据输入运行（MDI）						MMDI（F3.3）
自动方式运行（MEM）						MAUT（F3.5）
DNC 方式运行（RMT）						MRMT（F3.4）
程序编辑（EDIT）						MEDT（F3.6）
手轮进给/增量进给（HND/INC）						MH（F3.1）
手动连续进给（JOG）						MJ（F3.2）
手动回参考点（REF）						MREF（F4.5）

1. 简述 FANUC 数控系统的 PMC 地址类型，画出 FANUC 数控系统的接口与地址关系图。
2. 地址前加“*”表示什么含义?
3. 高速处理信号有哪些？与其他信号有什么区别?
4. 简述利用存储卡进行 PMC 数据和梯形图备份和恢复的操作。
5. 简述利用 FANUC LADDER-III 软件进行 PMC 数据和梯形图备份和恢复的操作。
6. 利用 FANUC 系统内置编程器输入急停控制程序。如果没有该程序，机床出现什么现象?

7. 想一想，为什么急停信号、超程信号等信号采用动断信号?

8. 如何解除超程报警？有几种方法?

9. 机床工作方式有按键式和波段开关两种，PMC 程序在设计时有什么不同?

10. 加工中心（850 型）机床状态转换开关使用 8421 码波段开关，如图 7.82 所示。具体输入信号如表 7.23 所示。设计该机床工作方式的 PMC 程序。

图7.82 波段开关工作方式

表 7.23 机床工作方式输入信号

机床工作方式	输入信号		
	X12.1	X12.0	X11.7
自动方式运行	0	0	0
程序编辑	0	0	1
手动数据输入方式	0	1	0
DNC 方式运行	0	1	1
手轮进给方式	1	0	0
手动连续进给方式	1	0	1
增量进给方式	1	1	0
手动回参考点方式	1	1	1

参考文献

[1] 张永飞. 数控机床电气控制（第二版）. 大连：大连理工大学出版社，2008
[2] 夏燕兰. 数控机床电气控制. 北京：机械工业出版社，2009
[3] 宋运伟. 机床电气控制（第 2 版）. 天津：天津大学出版社，2010
[4] 廖兆荣. 数控机床电气控制. 北京：高等教育出版社，2005
[5] 北京发那科机电有限公司. FANUC CNC 维修与调整. 北京：高等教育出版社，2011
[6] 常斗南. 可编程序控制器原理应用实验. 北京：机械工业出版社，1998
[7] 吕景泉. 可编程序控制器技术教程. 北京：高等教育出版社，2006